高职高专"十四五"规划教材

石油化工火灾防治与救援

慕红梅 主编

北京
冶金工业出版社
2024

内 容 提 要

本书分为上、下两篇，共7个项目。上篇为理论基础，内容主要包括危险化学品、石油化工火灾的特点及分类、石油化工火灾防治与扑救，以及石油化工特殊情况的紧急处置；下篇为实践应用，内容主要包括石油化工消防物资、石油化工火灾消防技术装备，以及石油化工火灾应急救援技术及案例。

本书可作为高职高专院校消防技术专业的教学用书，也可供石油化工领域相关技术人员参考。

图书在版编目（CIP）数据

石油化工火灾防治与救援／慕红梅主编 . —北京：冶金工业出版社，2022.3（2024.1重印）

高职高专"十四五"规划教材

ISBN 978-7-5024-9061-4

Ⅰ. ①石…　　Ⅱ. ①慕…　　Ⅲ. ①石油化工—防火—救援—高等职业教育—教材　　Ⅳ. ①TE687

中国版本图书馆 CIP 数据核字（2022）第 026511 号

石油化工火灾防治与救援

出版发行	冶金工业出版社	电　话	（010）64027926
地　址	北京市东城区嵩祝院北巷 39 号	邮　编	100009
网　址	www.mip1953.com	电子信箱	service@ mip1953.com

责任编辑　刘林烨　美术编辑　彭子赫　版式设计　孙跃红　郑小利
责任校对　梁江凤　责任印制　禹　蕊
北京捷迅佳彩印刷有限公司印刷
2022 年 3 月第 1 版，2024 年 1 月第 2 次印刷
203mm×260mm；12.75 印张；309 千字；194 页
定价 50.00 元

投稿电话　（010）64027932　投稿信箱　tougao@cnmip.com.cn
营销中心电话　（010）64044283
冶金工业出版社天猫旗舰店　yjgycbs.tmall.com
（本书如有印装质量问题，本社营销中心负责退换）

前　言

石油化工行业是我国国民经济的支柱性产业之一，是国家能源战略、能源安全的重要组成部分，在经济建设、国防事业和人民生活中发挥着极其重要的作用。近年来，随着我国石油化工行业的迅猛发展，新能源、新技术不断涌现，整个行业向着"基地化、大型化、规模化"转变，企业数量逐渐增多，自动化程度越来越高，工艺流程越来越细，上下游产业联系越来越紧密，火灾安全风险与日俱增。石油化工行业具有易燃易爆、有毒有害等特点，极具危险性，事故发生概率高，且一旦发生事故，后果极其严重。近几年，随着我国石油化工行业的不断发展，石油化工等企业危险品的生产、储运和使用数量越来越多，范围也越来越广，石油化工企业的火灾与爆炸事故时有发生，这些事故的发生不仅给国家和人民群众的生命与财产带来极大的损失，也给公共安全与社会稳定带来了极大的负面影响，从一定程度上影响了石油化工行业的发展。因此，深入了解石油化工火灾的基本情况、火灾特点、火灾扑救的技术战术方法，对提升消防人员的战斗力、降低火灾事故损失等具有一定的现实意义。

本书以项目划分，任务引领，从石油化工火灾的基本情况到扑救技术进行了详细的介绍。通过七个项目讲述了石油化工火灾概况、扑救基本知识、石油化工消防物资与技术装备，以及火灾应急救援案例。在石油化工火灾概况中，通过两个项目着力介绍了危险化学品的定义和分类、石油化工火灾的特点；在扑救基本知识中，通过两个项目介绍了石油化工火灾如何防治与扑救，对石油化工特殊情况如何进行紧急处置，从而抑制火势扩散，尽可能把伤害降到最低；在石油化工消防物资与技术装备中，通过两个项目介绍了石油化工消防物资和石油化工火灾消防技术装备，介绍了从火灾监测到扑灭所用到的各种设备物资，为火灾的预防和消灭起到了保证；最后一个项目介绍了石油化工道路运输事故救援技术和七个实际应急救援案例。

本书对认识石油化工火灾事故处置，开展石油化工火灾扑救技术训练和实战演练提供一定的借鉴，为高职消防专业学生对石油化工灾害事故的防控和救援能力培养起到积极作用。本书主要内容由慕红梅完成并统稿，冯丹、张明明、刘佳编写了部分内容。

由于作者水平所限，书中不妥之处，恳请读者批评指正。

编　者

2021 年 9 月

目　录

上 篇　理 论 基 础

项目1　危险化学品 ·· 3

  任务1.1　认识危险化学品 ··· 3

    1.1.1　危化品的火灾危险性 ·· 3

    1.1.2　危化品的分类 ·· 3

  任务1.2　危化品的安全要求 ·· 7

    1.2.1　危化品生产安全技术要求 ·· 7

    1.2.2　危化品安全管理要求 ··· 10

    1.2.3　危化品的安全标识 ··· 13

  思考题 ··· 15

项目2　石油化工火灾的特点及分类 ·································· 16

  任务2.1　石油化工概况 ·· 16

    2.1.1　石油化工的含义 ·· 16

    2.1.2　石油化工的发展 ·· 16

    2.1.3　石油化工的作用 ·· 17

  任务2.2　石油化工火灾的特点 ·· 17

    2.2.1　火灾形式的特点 ·· 17

    2.2.2　爆炸的特点 ·· 18

    2.2.3　人员伤亡 ··· 19

    2.2.4　火灾损失及影响 ·· 20

    2.2.5　环境污染 ··· 21

    2.2.6　灭火难度 ··· 21

  任务2.3　石油化工火灾分类 ··· 22

    2.3.1　石油化工生产装置 ··· 22

    2.3.2　储存装置火灾 ··· 24

    2.3.3　液化天然气火灾 ·· 25

    2.3.4　运输罐车交通事故火灾 ··· 26

  思考题 ··· 27

项目3 石油化工火灾防治与扑救 ·············· 28

任务3.1 燃烧 ·············· 28
3.1.1 燃烧理论 ·············· 28
3.1.2 防火理论 ·············· 32

任务3.2 爆炸 ·············· 36
3.2.1 爆炸理论 ·············· 36
3.2.2 防爆理论 ·············· 38

任务3.3 石油化工火灾现场扑救 ·············· 39
3.3.1 基本原则 ·············· 39
3.3.2 注意事项 ·············· 40
3.3.3 初期火灾的扑救 ·············· 40

任务3.4 排除爆炸危险及配合消防队灭火 ·············· 43
3.4.1 排除爆炸危险 ·············· 43
3.4.2 采用搅拌灭火和配合消防队灭火 ·············· 43
3.4.3 配合消防队灭火 ·············· 44

任务3.5 石油化工安全疏散与自防自救 ·············· 44
3.5.1 疏散方法及要求 ·············· 44
3.5.2 疏散要求 ·············· 45
3.5.3 自防自救 ·············· 46
3.5.4 自防自救措施 ·············· 49
3.5.5 特殊情况的紧急处置 ·············· 51

思考题 ·············· 57

项目4 石油化工特殊情况的紧急处置 ·············· 58

任务4.1 可燃物料泄漏事故处置及基本要求 ·············· 58
4.1.1 可燃物料泄漏事故处置 ·············· 59
4.1.2 可燃物料泄漏事故处置的基本要求 ·············· 59

任务4.2 易燃、有毒气体泄漏紧急处置的方法和要求 ·············· 61
4.2.1 易燃、有毒气体泄漏紧急处置的方法 ·············· 61
4.2.2 易燃、有毒气体泄漏紧急处置要求 ·············· 62

任务4.3 石油化工企业火灾的危险性及扑救措施 ·············· 62
4.3.1 石油化工基本产业链 ·············· 62
4.3.2 石油化工企业火灾扑救措施 ·············· 65

任务4.4 石油化工生产装置灭火救援 ·············· 66
4.4.1 常见生产装置及流程 ·············· 66
4.4.2 常见装置火灾危险性 ·············· 69
4.4.3 灭火救援措施 ·············· 75

任务4.5　石油化工储罐灭火措施 ·· 79

4.5.1　储罐 ··· 79

4.5.2　火灾形式与防控 ··· 80

4.5.3　灭火救援措施 ·· 83

任务4.6　液化天然气接收站火灾 ·· 87

4.6.1　液化天然气及接收站 ··· 88

4.6.2　事故形式及防控 ··· 93

4.6.3　灭火救援措施 ·· 94

4.6.4　生产企业的防火安全 ··· 96

思考题 ··· 98

下篇　实　践　应　用

项目5　石油化工消防物资 ··· 101

任务5.1　灭火剂 ··· 101

5.1.1　水 ·· 101

5.1.2　泡沫灭火剂 ·· 102

5.1.3　干粉灭火剂 ·· 105

5.1.4　卤代烷灭火剂 ·· 106

5.1.5　二氧化碳灭火剂 ··· 107

任务5.2　灭火器 ··· 108

5.2.1　灭火器的种类 ·· 108

5.2.2　灭火器的使用 ·· 108

5.2.3　灭火器的维护 ·· 110

任务5.3　防火服 ··· 111

5.3.1　防火服的分类 ·· 112

5.3.2　防火服的穿戴方法 ·· 112

5.3.3　防火服的保养方法 ·· 112

思考题 ··· 113

项目6　石油化工火灾消防技术装备 ·· 114

任务6.1　泄漏检测报警设备 ··· 114

6.1.1　固定式气体检测报警系统的结构与特点 ································ 114

6.1.2　气体探测器分类 ··· 115

任务6.2　火灾自动报警装置 ··· 120

6.2.1　火灾自动报警系统的基本组成及基本形式 ···························· 120

6.2.2　火灾自动报警系统的日常管理维护 ····································· 126

任务 6.3　石油化工企业自动喷水灭火系统 ··· 129

6.3.1　自动喷水灭火系统的分类与特点 ··· 129

6.3.2　水雾灭火系统 ··· 130

6.3.3　气体灭火系统 ··· 132

6.3.4　泡沫灭火系统 ··· 135

6.3.5　海上平台消防水灭火系统的设置要求 ··· 141

任务 6.4　石油化工室外消防给水系统 ··· 143

6.4.1　室外消防给水系统的类型及组成 ·· 143

6.4.2　消防水池 ··· 145

6.4.3　石油化工室外消火栓 ·· 147

任务 6.5　石油化工消防车 ··· 148

6.5.1　常用消防车的分类 ·· 149

6.5.2　消防车奔赴火场的注意事项 ··· 152

6.5.3　消防车的操作要求 ·· 152

思考题 ·· 154

项目 7　石油化工火灾应急救援技术及案例 ··· 155

任务 7.1　石油化工道路运输事故救援技术 ··· 155

7.1.1　道路运输罐车分类 ·· 155

7.1.2　危险化学品道路运输管理 ··· 156

7.1.3　石油化工危险品的性质 ·· 158

7.1.4　石油化工常见事故特点 ·· 163

任务 7.2　石油化工事故救援措施 ·· 165

7.2.1　LPG 罐车事故灭火救援措施 ·· 165

7.2.2　LNG 罐车事故灭火救援措施 ·· 169

7.2.3　CNG 罐车事故灭火救援措施 ·· 171

7.2.4　注意事项 ··· 172

7.2.5　预防措施 ··· 173

任务 7.3　石油化工火灾应急救援案例 ··· 175

7.3.1　石油化工生产火灾应急救援案例——吉林石化分公司双苯厂爆炸事故 ··· 175

7.3.2　石油化工储存火灾应急救援案例——新疆独山子在建原油储罐特大
爆炸事故 ·· 176

7.3.3　化工生产装置火灾扑救与救援案例——九江市"1·24"星火化工厂
火灾扑救 ·· 178

7.3.4　石油化工常温常压储罐火灾应急救援——上海市"7·25"石化油罐
爆燃火灾扑救 ·· 181

7.3.5　石油化工承压储罐火灾应急救援案例——南京市"2·5"天然气泄漏
爆炸事故 ·· 184

目 录 ·Ⅶ·

7.3.6 公路运输常压危险品事故应急救援案例——铜川市油罐车爆燃事故 ·············· 187

7.3.7 公路运输储压危险品事故应急救援案例——洛阳市"10·11"液氨
槽车泄漏事故 ··· 189

参考文献 ··· 194

上 篇
理论基础

项目1 危险化学品

教学目标

(1) 掌握危险化学品的定义与分类；
(2) 掌握危化品的各种安全要求；
(3) 了解各种危险品的安全标识。

任务1.1 认识危险化学品

1.1.1 危化品的火灾危险性

《危险化学品安全管理条例》第三条规定：危险化学品是指具有毒害、腐蚀、爆炸、燃烧、助燃等性质，对人体、设施、环境具有危害的剧毒化学品和其他化学品，例如氨、氮、氢气、天然气、煤气、盐酸、硫酸、丙酮、稀释剂、氢氧化钠、乙炔、煤油、硫化氢等。

具有剧烈急性毒性危害的化学品包括人工合成的化学品及其混合物和天然毒素，还包括具有急性毒性易造成公共安全危害的化学品，如碘化汞、氯气、磷化氢、氯化汞、氰化钾、丙烯醇、四亚甲基二砜四胺（毒鼠强）、氟、尼古丁等。

1.1.2 危化品的分类

危险化学品按其危险性分为以下八大类：
(1) 第一类：爆炸品，如硝酸铵；
(2) 第二类：压缩气体和液化气体，如乙炔瓶、氮气瓶、煤气罐；
(3) 第三类：易燃液体，如乙醇、醚类、石油、汽油；
(4) 第四类：易燃固体、自燃物品和遇湿易燃物品，如红磷及其磷化物、硫黄、白磷、金属硫化物、碳化钙（电石）、金属钾、氢化钠；
(5) 第五类：氧化剂和有机过氧化物，如H_2O_2、过硫酸钠；
(6) 第六类：有毒品，如氟化钠氰化钾；
(7) 第七类：放射性物品；
(8) 第八类：腐蚀品，如硝酸、硫酸、盐酸。

1.1.2.1 第一类：爆炸品

爆炸品是指在外界触发因素作用下，能发生剧烈化学反应，瞬时产生大量气体和热量，使周围压力急剧上升，发生爆炸，对周围环境造成破坏的物品，其包括爆炸性物质、爆炸性物品等。爆炸品在国家标准中分为五项，其中包含危险化学品三项，另外两项专指弹药等。爆炸品具有以下特征。

（1）爆炸性。爆炸品的爆炸性是由本身的组成和性质决定的，而爆炸的难易程度则取决于物质本身的敏感度。一般来讲，敏感度越高的物质越易爆炸。在外界条件作用下，爆炸品受热、撞击、摩擦、遇明火（或酸碱）等因素的影响都易发生爆炸。

（2）殉爆。当炸药爆炸时，能引起位于一定距离之外的炸药也发生爆炸，这种现象称为殉爆，这是炸药所具有的特殊性质。殉爆的发生是冲击波的传播作用，距离越近冲击波强度越大，殉爆越明显。

1.1.2.2　第二类：压缩气体和液化气体

本类物品是指压缩、液化或加压溶解的气体，符合下述两种情况之一的气体均为本类物品。

（1）临界温度低于50℃（或在50℃）时，其蒸气压力大于294kPa的压缩或液化气体。

（2）温度在21.1℃时，气体的绝对压力大于275kPa的压缩气体；温度在54.4℃时，气体的绝对压力大于715kPa的压缩气体；温度在37.8℃时，雷德蒸气压大于275kPa的液化气体或加压溶解气体。

这类物品当受热、撞击或强烈震动时，容器内压力急剧增大，致使容器破裂（物理爆炸），物质泄漏、爆炸（化学爆炸）。

一般说来，压缩气体是指温度为20℃时，在储存容器内完全处于气态的气体；液化气体是指温度为20℃时，在储存容器内完全处于液态的气体；溶解气体是指在储存容器内压缩气体溶解在溶剂中的气体。

按危险性分为三项：第一项为易燃气体，如氢气、一氧化碳、甲烷、石油液化气、天然气等；第二项为不燃气体（指无毒、不燃气体），如压缩空气、氮气、氧气等；第三项为有毒气体，如一氧化氮、氯气、氨气等。

本类物品当受热、撞击或强烈震动时，容器内压力会急剧增大，致使容器破裂爆炸，或导致气瓶阀门松动漏气，酿成火灾或中毒事故。

1.1.2.3　第三类：易燃液体

本类物品指闭杯闪点不大于61℃的易燃液体、液体混合物或含有固体物质的液体，但不包括由其危险性已列入其他类别的液体。闭杯闪点是指采用闭杯的方式测定得到的闪点。

本类物品在常温下容易挥发，其蒸气与空气混合能形成爆炸性混合物。在汽车加油站存在地沟、洼坑等时，汽油蒸气在此集聚，遇到引火源就会发生爆炸，其原因就是汽油属于此类易燃液体，具有形成爆炸性混合物的危险特性。

闪点（又称闪燃点）是指可燃性液体表面上的蒸气和空气的混合物与火接触而

初次发生蓝色火焰的闪光时的温度。闪点小于等于60℃的液体为危险化学品。易燃液体按闪点可分为：

（1）低闪点液体，即闭杯闪点小于-18℃的液体，如乙醛、乙醚、汽油、丙酮、二乙胺等，该液体用水灭火无效；

（2）中闪点液体，即-18℃≤闭杯闪点<23℃的液体，如苯、甲苯、乙苯、乙醇、乙酸乙酯、丙烯腈、丙烯酸清烘漆、硝基清漆等，该液体用水灭火无效；

（3）高闪点液体，即闭杯试验闪点在23~61℃的液体，如丁醇、氯苯、二甲苯、环己酮、糠醛、松节油、醇酸清漆、环氧清漆等，除用泡沫、干粉、二氧化碳外，还可用雾状水、沙土灭火。

易燃液体具有以下特性：

（1）高度易燃性：几乎全部为有机液体，闪点低，遇火源极易燃烧；

（2）易爆性：挥发出来的易燃蒸汽与空气混合，当浓度达到一定范围，遇明火（或火花）即能引起爆炸；

（3）高度流动扩散性：黏度小、易渗透，浸润、毛细现象易发生，流动使火灾面积增大；

（4）受热膨胀性：内压增大，鼓桶，容器应有5%以上的空隙，不可灌满；

（5）忌氧化剂和酸，如氧化放热；

（6）毒性，如甲醇、苯、二硫化碳等。

1.1.2.4　第四类：易燃固体、自燃物品和遇湿易燃物品

易燃固体是指燃点低，对热、撞击、摩擦敏感，易被外部火源点燃，燃烧迅速，并可能散发出有毒烟雾或有毒气体的固体（不包括已列入爆炸品的物品），如红磷、硫黄等。

自燃物品是指自燃点低，在空气中易发生氧化反应或生物反应，放出热量而自行燃烧的物品。例如黄磷、堆积的浸油物、硝化棉、金属硫化物、堆积植物等，都是常见的自燃物品。黄磷的自燃点为30℃，在空气中会冒白烟燃烧，受撞击、摩擦或与氯酸钾等氧化剂接触能立即燃烧甚至爆炸。磷化氢（H_3P）不仅是有毒的气体，而且是自燃点为100℃的自燃性气体，在微生物的作用下，地下的磷酸盐或含磷酸盐的物质（如蛋壳）可转化成磷化氢，自燃的结果就像火源。

遇湿易燃物品（忌水性物品）是指遇水或受潮时，发生剧烈化学反应，放出大量易燃气体和热量的物品，如金属钠、钾、电石等。有些忌水性物品不需要明火即能燃烧起火爆炸。

忌水性物品不仅包括与水反应生成可燃气体的物质，还包括与水生成有毒气体的物质。在使用和储存过程中，了解此类物质的特性，对保证安全十分重要。遇水反应的危险化学品主要分为以下三类。

（1）遇水反应后引起燃烧，但不产生大量的有毒有害气体。所谓遇水反应后引起燃烧，有两种具体情况：一是遇水反应能生成可燃气体，并放出大量的热，直接引起可燃气体燃烧；二是遇水反应后不放出可燃气体，但有大量的热释放，足以使周围的可燃物着火。遇水反应后不产生大量的有毒有害气体，主要是指遇水的化学

反应过程中没有大量的有毒有害气体生成，但不等于整个处置过程没有防毒要求，如燃烧产物有一定毒性，有的液体受热后易挥发，其蒸气本身有毒或固体粉尘及液体本身就有毒，仍需要加强安全防护。

（2）遇水反应后引起燃烧，并产生大量的有毒有害气体，其可分为以下几类。

1）盐型磷化物。该类磷化物主要有磷化钾、磷化钠、磷化镁、磷化锶、磷化铝镁、磷化铝、磷化钙等，与水反应放出热量，产生有毒的磷化氢气体，从而引起燃烧。磷化铝和磷化钙是谷物和烟草仓库的熏蒸剂，在仓库熏蒸中，若反应器设置不妥、滴水反应过量，则会产生大量热，加上磷化氢自燃点较低，极易引起火灾。

2）金属有机化合物。如钾汞齐、钠汞齐等，遇潮湿空气和水，能发生放热产生氢气的化学反应，引起燃烧并产生高毒的汞蒸气。

3）盐类。如连二亚硫酸钠（俗称保险粉）、低亚硫酸钠遇水或吸收潮湿空气能发热，引起冒黄烟燃烧、放出有毒易燃的二氧化硫。

4）酸性腐蚀品。如硫酸、硝酸、高氯酸、氯磺酸、亚硝基硫酸、三氧化硫、氧氯化铬、五氧化二磷、五氯化磷、三氯化铝（无水）、一氯化碘等，当液体外溢，遇潮湿空气或接触周围可燃物时，这些酸性腐蚀品会吸收水分，同时放出大量的热。例如，1kg的硫酸与水反应放出的热量，足以使8kg的水煮开。可燃物很快被碳化而引起燃烧，同时产生大量的有毒气体，随着燃烧的发展，可燃包装物被引燃，容器破裂，液体外溢增加，恶性循环加剧，灾情不断扩大。

（3）遇水反应后不引起燃烧，但能产生大量的有毒有害气体。这类物品主要有氯化乙酰、三氯化铝、五氯化锑、氯化铬酰、氯化二苯甲酰、甲基二氯硅烷、甲基三氯硅烷、三氯氧磷、正丙基三氯硅烷、氯化锡、一氯化硫、氯化亚砜、二氯亚砜、四氯化钛、三氯硅烷、三氯三聚氰酸、四氯化砜、四氯化锆、五氟化锑、五氟化溴、三氟化溴、三氟化氯、五硫化二磷等。这些物质遇水反应会产生氯化氢、氯气、氟化氢、硫化氢、二氧化硫、三氯化氮、碳酰氯（光气）等有毒有害气体。

1.1.2.5　第五类：氧化剂和有机过氧化物

氧化剂是指处于高氧化态，具有强氧化性、易分解并放出氧和热量的物质，如过氧化钠、高锰酸钾、氯酸钾、重铬酸钾等，这类物品具有强氧化性，易引起燃烧、爆炸。这类物质包括：含有过氧化基的无机物，其本身不一定可燃，但能导致可燃物燃烧；与粉末状可燃物能组成爆炸性混合物，对热、震动或摩擦较为敏感。按其危险性大小，分为一级氧化剂和二级氧化剂。

有机过氧化剂指分子组成中含有过氧基的有机物，其本身易燃易爆，极易分解，对热、震动或摩擦较为敏感，如过氧化苯甲酰、过氧化甲乙酮等。

这类物品按组成分为两种：第一种为氧化剂，如氯酸钾、高锰酸钾等；第二种为有机过氧化物，如过氧化甲乙酮等。

1.1.2.6　第六类：毒害品

毒害品（如各种氰化物、砷化物、化学农药等）是指进入肌体后，积累达到一定的量，能与体液和器官组织发生生物化学作用或生物物理作用，扰乱或破坏肌体的正常生理功能，引起暂时性或持久性的病理改变，甚至危及生命的物品。像氰化钠、氰化钾、砷酸盐、酚类、氯化钡、硫酸二甲酯及列入危险货物品名的农药等，均属于此类物品。

毒害品的毒性判断：半数致死量或浓度（LD50 或 LC50），即染毒动物半数死亡的剂量或浓度（这是将动物实验所得的数据经统计处理而得）。化学物质的急性毒性分级见表1-1。

表1-1　化学物质的急性毒性分级

毒性分级	大鼠一次经口 LD50 /mg·kg^{-1}	6只大鼠吸入 4h 死亡 2~4 只的浓度/%	兔涂皮时 LD50 /mg·kg^{-1}	对人可能致死量 /g·kg^{-1}	总量（体重 60kg）/g
剧毒	<1	<0.001	<5	<0.05	0.1
高毒	1~50	0.001~0.01	5~44	0.05~0.5	3
中等毒	50~500	0.01~0.1	44~350	0.5~5	30
低毒	500~5000	0.1~1	350~2180	5~15	250
微毒	>5000	>1	>2180	>15	>1000

1.1.2.7　第七类：放射性物品

放射性物品（不属于《危险化学品安全管理条例》管理范畴）是指比活度大于 7.4×10^4 Bq/kg 的物品。《危险化学品安全管理条例》中的危险化学品不包括放射性物品，因为放射性物质对人的伤害作用与其他种类不同，安全管理措施也不相同。

1.1.2.8　第八类：腐蚀品

腐蚀品是指能灼伤人体组织并对金属等物品造成损伤的固体或液体，即与皮肤接触使人体形成化学灼伤，与皮肤接触在 4h 内出现坏死现象的固体或液体，或温度在55℃时，对20号钢的表面均匀年腐蚀率超过6.25mm的固体或液体。有些腐蚀品本身能着火，有的本身并不着火，但与其他可燃物品接触后能着火。

腐蚀品分为三种：第一种为酸性腐蚀品，如硫酸、硝酸、盐酸等；第二种为碱性腐蚀品，如氢氧化钠、硫氢化钙等；第三种为其他腐蚀品，如二氯乙醛、苯酚钠等。

任务1.2　危化品的安全要求

1.2.1　危化品生产安全技术要求

1.2.1.1　重要法规目录

（1）《中华人民共和国安全生产法》；
（2）《危险化学品安全管理条例》（国务院令第344号）；
（3）《危险化学品生产企业安全生产许可证实施办法》（总局令第41号）；
（4）《危险化学品建设项目安全监督管理办法》（总局令第45号）；

（5）《危险化学品经营许可证管理办法》（总局令第 55 号）；

（6）《危险化学品安全使用许可证实施办法》（总局令第 57 号）；

（7）《湖北省危险化学品安全管理办法》（湖北省政府令第 364 号）。

1.2.1.2 《中华人民共和国安全生产法》

《中华人民共和国安全生产法》（以下简称《安全生产法》）相关内容要点如下。

《安全生产法》颁布于 2002 年 6 月 29 日，于 2009 年和 2014 年分别对其进行了修订。

第三条：安全生产工作应当以人为本（原则），坚持安全发展，坚持安全第一、预防为主、综合治理的方针，强化和落实生产经营单位的主体责任，建立生产经营单位负责、职工参与、政府监管、行业自律和社会监督的机制。

第六条：生产经营单位的从业人员有依法获得安全生产保障的权利，并应当依法履行安全生产方面的义务。

第一百零三条：生产经营单位与从业人员订立协议，免除或者减轻其对从业人员因生产安全事故伤亡依法应承担的责任的，该协议无效；对生产经营单位的主要负责人、个人经营的投资人处二万元以上十万元以下的罚款。

A　从业人员享有权利

根据《安全生产法》第三章"从业人员的安全生产权利义务"，从业人员依法享有以下八项权利。

（1）知情权：

1）本岗位技能和安全知识；

2）所在的岗位存在哪些危险因素；

3）所在岗位可能导致事故的防范措施或者逃生的方法和方式。

（2）建议权：从业人员有权对本单位的安全生产工作提出意见和建议。

（3）批评权、检举权、控告权：从业人员有权对本单位的安全生产过程中存在的问题提出批评、检举和控告，生产经营单位不得因此进行打击报复。

（4）拒绝权：从业人员有权拒绝违章指挥和强令冒险作业，企业不得因此扣发工资或者给予处罚措施来处罚职工。

（5）紧急避险权：从业人员在发现直接危害人身安全的紧急情况的时候，有权停止作业，或者采取有效的应急措施撤离作业场所进行紧急避险。

（6）工伤保险和伤亡求偿权。

（7）获得劳动保护用品的权利。

（8）获得安全生产教育和培训的权利。

B　从业人员应尽义务

（1）服从安全管理的义务。从业人员在作业过程中，应当严格遵守本单位的安全生产规章制度和操作规程，服从管理，正确佩戴和使用劳动防护用品。

（2）安全生产教育培训的义务。从业人员应当接受安全生产教育和培训，掌握本职工作所需的安全生产知识，提高安全生产技能，增强事故预防和应急处理能力。

（3）从业人员的报告义务。从业人员发现事故隐患或者其他不安全因素，应当立即向现场安全生产管理人员或者本单位负责人报告；接到报告的人员应当及时予以处理。

1.2.1.3 《危险化学品安全管理条例》

根据《危险化学品安全管理条例》（以下简称《危化品条例》），安全生产监督管理部门的职责包括：

（1）负责危险化学品安全监督管理综合工作；

（2）组织确定、公布、调整危险化学品目录；

（3）对新建、改建、扩建生产、储存危险化学品的建设项目进行安全（条件）审查；

（4）核发危险化学品安全生产许可证、危险化学品安全使用许可证和危险化学品经营许可证；

（5）负责危险化学品登记工作。

危险化学品安全管理方针是"安全第一、预防为主、综合治理"。

危险化学品安全监管执法具体行政行为包括以下三种形式。

（1）行政许可，其包括：

1）危化品安全生产许可；

2）危化品经营许可；

3）危化品安全使用许可（化工）；

4）危化品建设项目"三同时"。

（2）行政处罚，其包括：

1）警告；

2）罚款（主要）；

3）没收违法所得、非法财物；

4）责令停产停业（主要）；

5）暂扣或吊销许可证（主要）；

6）其他行政处罚。

（3）行政强制，其包括：

1）财产：查封、扣押；

2）通知有关单位停止供电：《安全生产法》第 67 条，协调供电部门，排查和关闭非法化工厂。

1.2.1.4 《危险化学品经营许可证管理办法》

危险化学品经营许可证的范围包括从事列入《危险化学品目录（2015 版）》的危险化学品的经营（包括仓储经营）活动。

（1）国家对危险化学品经营实行许可制度。未取得经营许可证，任何单位和个人不得经营危险化学品。

（2）民用爆炸物品、放射性物品、核能物质和城镇燃气的经营活动（不适用）。

（3）危险化学品生产企业在其厂区范围内销售本企业生产的危险化学品，不需要取得危险化学品经营许可。

（4）取得港口经营许可证的港口经营人，在港区内从事危险化学品仓储经营，不需要取得危险化学品经营许可。

许可条件核心包括：

（1）经营和储存场所、设施、建筑物符合《建筑设计防火规范》（GB 50016—2014）、《石油化工设计防火规范》（GB 50160—2018）等标准规范；

（2）主要负责人、安全生产管理人员、特种作业人员和其他人员资格与培训教育；

（3）安全生产规章制度和岗位操作安全规程；

（4）应急预案和应急器材设备；

（5）符合《危险化学品安全管理条例》《危险化学品重大危险源监督管理暂行规定》和《常用危险化学品贮存通则》（GB 15603—2020）的相关规定。

1.2.2 危化品安全管理要求

1.2.2.1 建立完备安全管理体系

（1）机构人员：

1）按要求建立安全管理机构或配备专职、兼职安全管理人员（公司红头文件）；

2）安全管理人员持证上岗（危险化学品）；

3）保管员需经消防知识、危险化学品知识培训合格。

（2）规章制度：

1）安全岗位责任制；

2）双人收发、双人双锁管理制度；

3）安全教育培训制度；

4）安全检查和隐患排查制度；

5）安全奖惩制度；

6）危险化学品管理制度；

7）编制事故应急救援预案。

（3）操作规程：装卸操作规程。

1.2.2.2 采取安全技术措施

为防止危险化学品在储存过程中发生火灾、爆炸、泄漏中毒等安全事故，针对危险化学品易燃、易爆、有毒有害、腐蚀等特性采取的消除或减弱危险有害的技术措施称为安全技术措施。

（1）建筑防火应满足以下要求。

1）危险化学品仓库不得有地下室或其他地下建筑。

2）仓库的防火等级通常应在二级及以上。

3）仓库中的防火分区之间必须采用防火墙分隔。

4）仓库内严禁设置员工宿舍、办公室和休息室。

5）仓库与其他建筑，明火或散发火花地点、铁路、道路，以及民房和重要公共建筑物的防火间距应符合《建筑设计防火规范》规定。

（2）危险化学品仓库防爆应满足以下要求。

1）防爆地面：应采用不发火地面，一般采用环氧树脂覆盖地面；采用绝缘材料作整体地面时，应采取防静电措施。

2）泄压设施：仓库应设置泄压设施，泄压设施宜采用轻质屋面板、轻质墙体和易于泄压的门、窗等，不应采用普通玻璃；泄压设施的设置应避开人员密集场所和主要交通道路；屋顶上的泄压设施应采取防冰雪积聚措施。

3）防爆门：防爆门应具有很高的抗爆强度（外开）。

4）防爆设备：仓库内的灯具、开关、火灾探测器、机械进排风系统等电气设施均应是防爆电器（带有 EX 标志）。

5）防雷防静电设施：仓库应进行防雷和防静电设计；定期聘请具有相应资质的检测部门对防雷和静电设施进行检测。

6）通风设施：为保证易燃、易爆、有毒物质在仓库的浓度不超过危险浓度，仓库必须采取有效的通风排气措施，通风方式一般应采取自然通风，当自然通风不能满足要求时应采取机械通风。

1.2.2.3　危化品出入库管理

（1）危险化学品入库时，应检查物品的包装，有无泄漏等异常情况。

（2）仓库管理员应定期检查，发现化学品存在包装破损、渗漏等异常情况，应及时报告上级并处理。

（3）仓库管理员要定期记录化学仓库的温度、湿度，发现异常，立即报告。

（4）危险化学品出入库应进行出入库登记，包括出入库化学品名称、数量、领取部门等。

（5）化学品堆放应牢固、整齐，以出入方便为原则。

1.2.2.4　危化品搬运

（1）搬运危险化学品时，应做到轻装、轻卸，严禁摔、碰、撞、击、拖拉、倾倒和滚动。

（2）搬运危险化学品时，搬运人员应佩戴相应的劳动防护用品。

（3）搬运危险化学品时，应使用盆等设施，以避免化学品发生泄漏。

（4）搬运危险化学品时，不宜过高，以不会发生倾倒为原则。

1.2.2.5　危化品分装

必须使用符合要求的容器盛装危险化学品，严禁使用饮料瓶盛装危险化学品。分装的容器表面必须张贴危险化学品安全标签。

1.2.2.6　危化品安全使用

（1）严禁将危险化学品作为非工艺用途，如洗地板、洗手等。

（2）严禁使用剪刀、铁器等会产生火花的工具，作为化学品的开桶器具。

（3）严禁在化学品仓库中进行分装、改装、调油等作业。

（4）严禁将可燃气体浓度报装装置堵塞，影响监测效果。

（5）危险化学品作业场所严禁烟火。

（6）作业人员作业时应当穿工作服，戴化学品防护手套、防护口罩或面罩，严禁穿钉鞋、穿易起静电的化纤服装。

（7）必须使作业场所保持良好通风。

（8）危险化学品使用、储存场所，应当远离热源、火源。

（9）作业场所危险化学品领用量不超过一个班的使用量，车间临时存放点要使用防爆柜，远离热源、火源及避免太阳直接照射的地方。

（10）盛装易燃化学品的容器用完后，要及时盖上盖，防止挥发。

（11）严禁使用普通胶管抽取易燃液体。

1.2.2.7　仓库安全管理注意事项

仓库安全管理应注意如下事项。

（1）储存安全：

1）危险化学品应分区分类存放（标明物品名称），严禁禁忌类物品混放；

2）物品堆码规范（主要通道大于 2m，垛与垛间大于 1m，垛与墙大于 0.5m，垛高不超 3 层）；

3）严禁超量储存。

（2）仓库安全出口设置：危险化学品仓库安全出口不应小于 2 个，占地面积小于 300m² 的可设置一个出口。

（3）消防器材配备包括消防栓、灭火器、消防沙、灭火毯（数量配足、位置合理、定期检查）。

（4）防雷防静电措施包括静电消除桩、防静电鞋服、库内带电设备静电接地等。

（5）个人防护用品管理包括配备防毒面具、防渗手套、防护鞋、防护眼镜（员工必须熟悉如何穿戴）。

（6）现场防火管理：

1）按要求设置安全警示标识（严禁烟火、危险化学品安全周知卡、"一责双卡"）；

2）严禁带入火种（人员、车辆），库内严禁私自动火作业；

3）严格做好人员、货物出入登记；

（7）仓库温度、湿度管理：配备温湿度计，并做好相关记录。

危险化学品安全周知卡（MSDS）如图 1-1 所示。

项目 1　危险化学品　·13·

危险化学品安全周知卡(MSDS)			
品名与分子式	危险性提示词	防护标志	危险性标志
天然气 CH_4	易燃! 爆炸!	禁止烟火	当心火灾　　当心爆炸
危险性理化数据		危险特性	健康危害
熔点(℃): −182.5　　沸点(℃): −160 爆炸上限(%V/V): 15 爆炸下限(%V/V): 5 相对蒸气密度(空气=1): 0.62		与空气混合能形成爆炸性混合物, 遇高热或明火即爆炸。与氟、氯、溴等卤素会剧烈的化学反应。其蒸气遇明火会引着回燃。	急性中毒时, 可有头昏、头痛、呕吐、乏力甚至昏迷。并可出现精神症状, 步态不稳。昏迷过程久者, 醒后可有运动性失语及偏瘫。长期接触天然气者, 可出现神经衰弱综合征。
现场急救措施		个人防护	
【吸入】迅速脱离现场至空气新鲜处。保持呼吸道通畅。如呼吸困难, 给输氧。呼吸、心跳停止, 立即进行心肺复苏术。就医。			
现场急救措施泄漏处理与防火防爆措施			
切断泄漏源　　切断火源　　回收		消除所有点火源。根据气体的影响区域划定警戒区, 无关人员从侧风、上风向撤离至安全区。建议应急处理人员戴正压自给式呼吸器, 穿防静电服。作业时使用的所有设备应接地。尽可能切断泄漏源。喷雾状水抑制蒸气或改变蒸气云流向。防止气体通过下水道、通风系统和密闭性空间扩散。隔离泄漏区直至气体散尽。 【灭火方法】切断气源。若不能切断气源, 则不允许熄灭泄漏处的火焰。消防人员必须佩戴空气呼吸器、穿全身防火防毒服, 在上风向灭火。尽可能将容器从火场移至空旷处。喷水保持火场容器冷却, 直至灭火结束。用雾状水、泡沫、二氧化碳、干粉灭火。	
火警: 119		医疗: 120	

图 1-1　危险化学品安全周知卡（MSDS）

1.2.3　危化品的安全标识

危险化学品的分类和消防安全标志分别见表 1-2 和表 1-3。

表 1-2　危化品的分类

标　签	描　述	标　签	描　述
爆炸品 1	爆炸品标志（符号为黑色, 底色为橙红色）	1.5 爆炸品 1	爆炸品标志（符号为黑色, 底色为橙红色）
1.4 爆炸品 1	爆炸品标志（符号为黑色, 底色为橙红色）	易燃气体 1	易燃气体标志（符号为黑色或白色, 底色为正红色）

续表 1-2

标　签	描　述	标　签	描　述
不燃气体 2	不燃气体标志（符号为黑色或白色，底色为绿色）	剧毒品 6	剧毒品标志
有毒气体 2	有毒气体标志（符号为黑色，底色为白色）	有毒品 6	有毒品标志
易燃液体 3	易燃液体标志（符号为黑色或白色，底色为正红色）	有害品（远离食品）6	有害品标志
易燃固体 4	易燃固体标志（符号为黑色，底色为白色红条）	感染性物品 6	感染性物品标志
自燃物品 4	自燃物品标志（符号为黑色，底色为上白下红）	一级放射性物品 7	一级放射性物品标志（符号为黑色，底色为白色，附一条红竖线）
遇湿易燃物品 4	遇湿易燃物品标志（符号为黑色或白色，底色为蓝色）	二级放射性物品 7	二级放射性物品标志（符号为黑色，底色为上黄下白，附两条红竖线）
氧化剂 5.1	氧化剂标志（符号为黑色，底色为柠檬黄色）	三级放射性物品 7	三级放射性物品标志（符号为黑色，底色为上黄下白，附三条红竖线）
有机过氧化物 5.2	有机过氧化物标志（符号为黑色，底色为柠檬黄色）	腐蚀品 8	腐蚀品标志（符号为上黑下白，底色为上白下黑）

学会识图认图，在重要场所，遇到危险物品合理规避风险。

表 1-3　消防安全标志

标　签	描　述	标　签	描　述
	禁止阻塞		禁止带火种
	禁止锁闭		禁止燃放鞭炮
	禁止用水灭火		当心火灾——易燃物质
	禁止吸烟		当心火灾——氧化物
	禁止烟火		当心爆炸——爆炸性物质
	禁止放易燃物		击碎板面

思考题

1-1　不同的危险化学品如何定义？
1-2　危险化学品如何进行分类？
1-3　对危险化学品有哪些安全要求？

项目 2　石油化工火灾的特点及分类

教学目标

（1）了解石油化工产品的概况；
（2）熟悉石油化工火灾的特点及预防；
（3）掌握石油化工火灾的分类。

任务 2.1　石油化工概况

2.1.1　石油化工的含义

石油化学工业（简称石油化工）是化学工业的重要组成部分，在国民经济的发展中有重要作用，是我国的支柱产业部门之一。石油化工是指以石油和天然气为原料，生产石油产品和石油化工产品的加工工业。石油产品又称油品，主要包括各种燃料油（汽油、煤油、柴油等）和润滑油，以及液化石油气、石油焦炭、石蜡、沥青等。生产这些产品的加工过程常被称为石油炼制（简称炼油）。石油化工产品是由炼油过程中提供的原料油进一步化学加工获得。

生产石油化工产品的第一步是对原料油和气（如丙烷、汽油、柴油等）进行裂解，生成以乙烯、丙烯、丁二烯、苯、甲苯、二甲苯为代表的基本化工原料；第二步是以基本化工原料生产多种有机化工原料（约 200 种）及合成材料（如塑料、合成纤维、合成橡胶）。

2.1.2　石油化工的发展

石油化工的发展与石油炼制工业、以煤为基本原料生产化工产品和三大合成材料的发展有关。石油炼制起源于 19 世纪 20 年代。20 世纪 20 年代，汽车工业飞速发展，带动了汽油生产。为扩大汽油产量，以生产汽油为目的的热裂化工艺开发成功，20 世纪 40 年代，催化裂化工艺开发成功，加上其他加工工艺的开发，形成了现代石油炼制工艺。为了利用石油炼制副产品的气体，1920 年开始以丙烯生产异丙醇，这被认为是第一个石油化工产品。20 世纪 50 年代，在裂化技术基础上开发了以制取乙烯为主要目的的烃类水蒸气高温裂解（简称裂解技术），裂解工艺的发展为发展石油化工提供了大量原料。同时，一些原来以煤为基本原料（通过电石、煤焦油）生产的产品陆续改由石油为基本原料，如氯乙烯等。在 20 世纪 30 年代，高分子合成材料大量问世，按工业生产时间排序为：1931 年为氯丁橡胶和聚氯乙烯，

1933 年为高压法聚乙烯，1935 年为丁腈橡胶和聚苯乙烯，1937 年为丁苯橡胶，1939 年为尼龙 66。第二次世界大战后，石油化工技术继续快速发展，1950 年开发了腈纶，1953 年开发了涤纶，1957 年开发了聚丙烯。

石油化工高速发展的原因是：

（1）有大量廉价的原料供应（20 世纪 50 ~ 60 年代，原油每吨约 15 美元）；

（2）有可靠的、有发展潜力的生产技术；

（3）产品应用广泛，开拓了新的应用领域。

原料、技术、应用三个因素的综合，实现了由煤化工向石油化工的转换，完成了化学工业发展史上的一次飞跃。20 世纪 70 年代以后，原油价格上涨（1996 年每吨约 170 美元），石油化工发展速度下降，新工艺开发趋缓，并向着采用新技术，节能、优化生产操作，综合利用原料，向下游产品延伸等方向发展。一些发展中国家大力建立石化工业，使发达国家所占比重下降。1996 年，全世界原油加工能力为 38 亿吨，生产化工产品用油约占总量的 10%。

2.1.3　石油化工的作用

（1）石油化工是能源的主要供应者。石油炼制生产的汽油、煤油、柴油、重油和天然气是当前主要能源的主要供应者。1995 年，我国生产了 8000 万吨的燃料油。目前，全世界石油和天然气消费量约占总能耗量的 60%；我国因煤炭使用量大，石油的消费量不到 20%。石油化工提供的能源主要用作汽车、拖拉机、飞机、轮船、锅炉的燃料，少量用作民用燃料。能源是制约我国国民经济发展的一个因素，石油化工约消耗总能源的 8.5%，应不断降低能源消费量。

（2）石油化工是材料工业的支柱之一。金属、无机非金属材料和高分子合成材料被称为三大材料。全世界石油化工提供的高分子合成材料目前产量约 1.45 亿吨，1996 年，我国已超过 800 万吨。除合成材料外，石油化工还提供了绝大多数的有机化工原料。在属于化工领域的范畴内，除化学矿物提供的化工产品外，石油化工生产的原料在各个部门大显身手。

（3）石油化工促进了农业的发展。农业是我国国民经济的基础产业，石化工业提供的氮肥占化肥总量的 80%。农用塑料薄膜的推广使用、农药的合理使用，以及各类燃料被大量农业机械所需，形成了石化工业支援农业的主力军。

任务 2.2　石油化工火灾的特点

2.2.1　火灾形式的特点

石油化工火灾不同于其他火灾，由于石油化工行业自身的特点，即生产和使用物质的火灾危险性、特殊的生产工艺过程、建（构）筑物特殊等因素，石油化工火灾具有火灾形式多样、爆炸危险性严重、火灾损失大，以及影响大、灭火难度大、消防力量耗费多等特点。

（1）爆炸性火灾多。爆炸引起火灾或火灾中产生爆炸是石油化工企业火灾的显著特点。在石油化工生产中，火灾和爆炸虽属两种不同性质的事故，但因为连锁反应及其因果关系往往会同时出现或连续发生，故常常把两者合称为火灾爆炸事故。

（2）大面积流淌性火灾多。石油化工生产中有许多可燃液体，而液体具有良好的流动特性，当其存放设备遭受严重损坏时，其中的液体便会急速涌泻而出，如伴随火源会造成大面积的流淌状火场局面。大面积流淌性火灾容易发生在存储油品的罐区或桶装油品库房，处理大量可燃液体的生产装置区也会发生火灾。流淌性火灾火势蔓延快，如果不能及时控制，那么极易造成大面积燃烧和设备爆炸事故。

（3）立体性火灾多。石油化工企业内存在着物质的易燃易爆和流淌扩散性、生产设备密集布置的立体性和建筑的孔洞多且互相串通性，因此一旦初期火灾控制不力，就会使火势上下左右迅速扩展而形成立体火灾。立体火灾对周围相邻建筑威胁性大，火势蔓延迅速，火灾扑救难度大。

（4）火势发展速度快。石油化工企业的生产车间和库房是可燃物极为集中的场所，一旦着火，其燃烧强度大、火场温度高、辐射热强；加之可燃气体的快速扩散性和液体的流动性、建筑的互通性等条件因素的影响，其火势蔓延速度都较快。据实验数据表明，石油化工企业火灾的燃烧速度较普通建筑物火灾的燃烧速度快1倍以上，燃烧区的温度一般要在500℃以上。其火焰及热量传递不但会使着火设备升温快，还会加热相邻设备及可燃物，造成爆炸和引燃危险，而使火势蔓延速度更为快速。

（5）火灾损失大、影响大。石油化工火灾造成的损失较公共或民用建筑的火灾损失要大，根据火灾统计资料概算的结果显示，每次火灾的经济损失比其他生产企业要高5倍左右，而且经常会出现损失高达数百万元的火灾。石油化工企业的火灾除造成直接经济损失和伤亡外，还会造成停产、修复所致的间接损失，尤其是对于生产化工原料、中间体原料的企业。火灾造成的停产，往往还要使得相关企业停工待料，甚至会使某些社会急需的产品出现短缺，引起社会性的供需失衡。

（6）灭火难度大，消防力量耗费多。石油化工企业的火灾特点、火场形式等决定了其火灾扑救难度和消防力量的消耗不同于一般火灾。石油化工火灾在初期不易控制，多以大火场的形式出现，或大面积火灾，或立体火灾，或多点火灾，火势发展迅速猛烈，爆炸危险极大，燃烧物质和产物多有毒副作用，扑救火灾耗费的人力物力都很多，且扑救的技术要求也远非一般火灾所能比拟。

因此，做好石油化工行业的消防安全工作，防止或减少火灾爆炸事故的发生，对保护国家和人民的财产与生命安全、维护社会稳定、促进整个行业的健康发展有着十分积极的作用。

2.2.2 爆炸的特点

（1）爆炸发生概率高。石油化工生产中物料、产品的易燃易爆性，工艺流程的苛刻性及设备布置的密集性，决定了其火灾发生概率比其他行业高。统计资料表明，日本石油化工行业爆炸性火灾发生的概率为32.4%，机械行业为23.5%，金属制造和钢铁加工业为 17.1% ，冶金行业为 13.9% ，其他类型的工业企业为 12.5% 左右。

（2）突发性强。爆炸突发性主要表现在生产设备运行过程中所发生的爆炸事故。生产设备在反应失控或设备内形成爆炸性混合物的条件下，遇到摩擦、撞击或其他火源可能瞬间引起爆炸，呈现出爆炸诱发时间短、先兆不明显、瞬间完成的特征。突发性爆炸因人员来不及疏散或隐蔽易导致人员伤亡惨重，爆炸性混合气体的空间爆炸或通风管道内的粉尘爆炸，危害波及更大。因此，深入研究探讨预防突发性爆炸事故的安全措施显得极为重要。

（3）爆炸的连续性大。由于石油化工企业生产设备布置紧密、相互贯通，发生火灾或爆炸后极易引起连续性爆炸事故。有可燃气体爆炸混合物或粉尘爆炸危险的场所，初次爆炸后易导致周围的可燃气体或粉尘发生第二次、第三次甚至多次的连续爆炸。

（4）系统性爆炸危险大。石油化工生产是连续性的工艺生产过程，工艺流程中的各种设备相互关联，某一环节或设备出现故障，会影响相邻设备甚至整个生产系统出现异常反应，某一生产设备爆炸，会迅速波及相邻设备乃至整个生产系统发生爆炸。

2.2.3 人员伤亡

石油化工生产具有高温高压、易燃易爆、有毒有害等特点，属于连续化大生产、工艺比较复杂、生产条件苛刻、危险因素较多、发生各类事故的概率高、危害大，是与人们生产、生活较为密切的危险源。发生在石油化工生产过程中的事故不但可能迫使生产、经营活动暂时或较长期地中断，而且可能造成人员伤亡或者财产损失，严重威胁生命和财产的安全，影响社会稳定、经济发展的进程。

据统计，在 2013—2018 年国内外石油化工行业生产过程中的 646 起事故案例的基础上，综合考虑引起事故的诱导性因素、起因物、致害物、伤害方式等，对石油化工行业事故进行分类，统计见表 2-1。

表 2-1　石油化工事故类型统计表

序号	事故类型	数量	占比/%
1	爆炸事故	241	37.31
2	火灾事故	197	30.50
3	泄漏事故	118	18.27
4	人员伤亡事故	65	10.06
5	设备事故	14	2.17
6	生产事故	5	0.77
7	环境污染事故	6	0.93
8	交通事故	4	0.62

由表 2-1 可以清楚地看出，爆炸事故所占比例最高，高达 37.31% ，火灾事故所

占比例达到 30.50%，泄漏事故所占比例为 18.27%，人员伤亡事故所占比例为 10.06%，其他事故所占比例为 4.49%。故在石油化工行业中，高风险事故主要包括爆炸、火灾、泄漏、人员伤害四大类。

对 2000—2015 年中国石油化工行业发生的 100 起高风险事故的人因特征进行数据统计，事故统计维度有四个，即人的不安全行为、管理缺失、物的不安全状态和不良作业环境。其中，人的不安全行为是指导致事故发生或影响事故进程的人的行为，可分为故意违章、误操作和其他失误；管理缺失归根到底还是人的不作为，例如教育培训不到位，安全监护不到位，规章制度不健全等；物的不安全状态是物的状态不完整，存在缺陷，如作业工具有缺陷、设备带故障运行等；不良作业环境包括照度不足、作业场所狭窄、恶劣天气等。

2.2.4　火灾损失及影响

石油化工企业在国民经济建设中的重要性不言而喻，但是它的原料、成品或半成品大多是可燃气体、液化烃等可（易）燃液体和可（易）燃固体。其工艺装置和全厂储运设施占地面积大，生产通常又都是在特定条件下进行的，发生火灾和爆炸的危险性较大。因此，做好石油化工企业的防火防爆具有十分重要的意义。

装置规模的大型化、生产过程的连续化充分体现了石油化工生产的优势，装置规模越大，装置内储存的物料量越大，发生火灾、爆炸事故造成的损失也越大，停产 1 天的损失也越大。年产 $3 \times 10^5 t$ 的合成氨装置每停产 1 天，就少生产合成氨 $1 \times 10^3 t$。开停车越频繁，经济上损失越大，亦丧失了装置大型化的优越性，对装置本身的损坏也严重，发生事故的可能性也大。1980 年 1 月，伊朗一家石油精制工厂新投产的乙烯装置发生大火灾，影响了该国化学工业的聚乙烯和聚氯乙烯装置的生产。同年，比利时一家化工厂发生火灾，导致连续 3 次爆炸，致使氰化钠逸出，附近 3500 名居民不得不紧急转移，12 名消防人员负伤。总而言之，石油化工企业的重大灾害事故造成人员伤亡，引起生产停顿，社会不安。安全生产已成为石油化工企业发展的关键问题。

从工艺上讲，石油化工生产具有高温、高压、深度冷冻的特点，因此决定了设备、容器容易遭受破坏，引起泄漏，造成大面积火灾和中毒事故。例如高压聚乙烯生产，高温可达 850～900℃，压力可高达 294MPa，深冷温度在 −100℃ 以下。

从原材料上讲，石油化工生产中使用的原材料（包括成品及半成品），大多数属于易燃、易爆物品。其蒸气与空气混合到一定比例，形成的可爆性气体遇明火爆炸时的破坏程度不亚于烈性炸药的威力。同时，这些材料大多数有毒，有的毒性还极强，这也决定了石油化工生产防火和防毒工作的艰巨性。

从生产方式上讲，石油化工生产具有高度自动化、密闭化、连续化的特点，因此要求参与生产活动的人安全素质较高。随着工艺的不断发展变化，大型、高温、高压设备日益增多，尽管采用危险性较大的化学反应工艺较少，但火灾事故还是经常发生。就一个企业来讲，在各类大的事故中，以火灾、爆炸事故的发生率为最高，造成的损失也最大。

2.2.5 环境污染

现代石化企业日趋向装置密集化、设备庞大化和管线复杂化发展，而且其原料和产品大多是易燃、易爆和有毒的物质，同时生产过程也存在着诸多不确定因素，因此石化企业发生突发性环境污染事故的概率非常大。随着石化行业规模不断扩大，其发生突发性环境污染事故的潜在危险也在不断扩大，石化企业一旦发生突发性污染事故，其经济后果和环境后果不堪设想。

突发性污染事故没有固定的排入方式或排放途径，是指在日常生产和生活中所使用的危险品在产生、运输、使用、储存和处置的整个过程中，由于自然灾害或者人为操作失误、疏忽等因素，瞬间导致具有剧毒或者恶性的污染物质大量、非正常的排放或泄漏，对环境产生严重污染和破坏，给国家和人民群众的生命财产安全造成巨大损失和严重威胁的恶性事故。

根据《建设项目环境风险评价技术导则》（HJ/T 169—2004）的定义，最大可信事故是指在所有预测的概率不为零的事故中，对环境（或健康）危害最严重的重大事故。而重大事故是指导致有毒有害物泄漏的火灾、爆炸和有毒有害物泄漏事故，给公众带来严重危害，对环境造成严重污染。污染的途径可以分为直接污染和次生/伴生污染两种。

（1）直接污染主要由物料泄漏引发，这类事故通常的起因是设备（包括管线、阀门或其他设施出现故障或操作失误、仪表失灵等）使易燃或可燃物料泄漏，弥散在空气中，此时的直接危险是有毒物质的扩散对周围环境的污染。事故发生后，通常采取切断泄漏源、切断火源，隔离泄漏场所的措施，通过适当方式合理通风，加速有害物质的扩散，降低泄漏点的浓度，避免引起爆炸。对泄漏点附近的下水道、边沟等限制性空气应采取覆盖或用吸收剂吸收等措施，防止泄漏的物料进入，引发连锁性爆炸。

（2）次生/伴生污染主要是可燃或易燃泄漏物若遇明火将会引发火灾，发生次生灾害，火灾燃烧时产生的烟气为伴生污染物，将会对周围环境造成一定污染。发生火灾时，首先对着火点实施救火，同时应对周围设施喷淋降温，倒空物料，事故废气送入火炬系统，火炬的燃烧也将产生伴生烟气污染。火灾事故严重而解决措施不当时，可能引起爆炸等连锁效应，罐区可能发生多米诺效应从而引起重叠事故。

2.2.6 灭火难度

众所周知，石油化工中蕴含很多化学易燃易爆物品，这些物品沸点低、挥发性强，一旦发生火灾能够迅速点燃，蔓延速度相当快，一瞬间火势大增，并迅速地向周围其他设施设备、建筑等蔓延，从而导致大面积立体火灾的出现，引发严重的连锁反应。尤其是一些残存易燃易爆物料的石油化工生产设备，在火灾中很可能出现管线破裂、物料喷洒的情况，为火势的多火点燃烧扩散提供了可能。

其次，石油化工火灾伴有爆炸危险，会造成严重的损失。与一般火灾不同的是，石油化工火灾还伴有爆炸危险，且爆炸不定时、无规律、难以预测，对于灭火救援人员也会带来生命威胁，大大增加了灭火的难度。因此，石油化工火灾才会引起各方高度关注。加之石油化工火灾中还存在设备管道破裂、建筑倒塌、易燃易爆物料泄漏等情况，让火情千变万化，异常复杂，所造成的损失也是不可估量的。

最后，石油化工火灾潜在危险多，灭火扑救难度大。石油化工中存在大量易燃易爆、有毒化学物品，本身具有一定的危险，遭遇火灾后就会扩大化学气体的传播范围，对人员身体健康或是生命安全造成危害；且挥发在空气中的易燃气体，与飘散的零星火点相遇导致出现二次爆炸或是燃烧的可能性很大，对于灭火救援人员来说相当危险，无形中加大了石油化工火灾灭火救援的难度。

上述石化火灾的特点决定了其火灾扑救的难度。火灾现场泄漏的毒性物质的扩散和腐蚀性物质的喷溅流淌，严重影响着灭火战斗行动，给火灾扑救带来很大的困难。不同性质的燃烧物质，需选用不同的灭火剂；不同的装置设备和着火部位，需采取不同的灭火技术和战术方法。石油化工生产工艺过程复杂，灭火需要采取工艺控制措施，需要专业技术人员的配合，故进一步增加了火灾扑救的难度。火灾发生后，如果在初期得不到控制，则多以大火场的形式出现。因此，只有调集较多的灭火力量，才有可能控制发展迅猛的火势。

任务 2.3　石油化工火灾分类

2.3.1　石油化工生产装置

（1）常压蒸馏和减压蒸馏装置。常压蒸馏和减压蒸馏习惯上合称常减压蒸馏，常减压蒸馏基本属于物理过程。原料油在蒸馏塔里按蒸发能力分成沸点范围不同的油品（称为馏分），这些油有的经调和、加添加剂后以产品形式出厂，相当大的部分是后续加工装置的原料，因此常减压蒸馏又被称为原油的一次加工。常减压蒸馏包括三个工序，包括：原油的脱盐、脱水，常压蒸馏，以及减压蒸馏。

（2）原油的脱盐、脱水装置。原油的脱盐、脱水装置一般又称预处理装置。从油田送往炼油厂的原油往往含盐（主要是氯化物）、带水（溶于油或呈乳化状态），可导致设备的腐蚀，在设备内壁结垢和影响成品油的组成，因此需在加工前脱除。常用的办法是加破乳剂和水，使油中的水集聚，并从油中分出，而盐分溶于水中，再加以高压电场配合，使形成的较大水滴顺利除去。

（3）催化裂化装置。催化裂化是在热裂化工艺上发展起来的，是提高原油加工深度，生产优质汽油、柴油最重要的工艺操作，其原料主要是原油蒸馏或其他炼油装置的 $350 \sim 540$℃馏分的重质油。催化裂化工艺由三部分组成，分别为原料油催化裂化、催化剂再生和产物分离。催化裂化所得的产物经分馏后可得到气体、汽油、柴油和重质馏分油。有部分油返回反应器继续加工，称为回炼油。催化裂化操作条件的改变或原料波动，可使产品组成波动。

（4）催化重整装置。催化重整（简称重整）是在催化剂和氢气存在下，将常压蒸馏所得的轻汽油转化成含芳烃较高的重整汽油的过程。如果以 $80 \sim 180$℃馏分为原料，产品为高辛烷值汽油；如果以 $60 \sim 165$℃馏分为原料油，产品主要是苯、甲苯、二甲苯等芳烃，重整过程副产氢气，可作为炼油厂加氢操作的氢源。重整的反应条件是：反应温度为 490~525℃，反应压力为 1~2MPa。重整的工艺过程可分为原料预处理和重整两部分。

（5）加氢裂化。加氢裂化是在高压、氢气存在下进行，需要催化剂，把重质原料转化成汽油、煤油、柴油和润滑油。加氢裂化由于有氢存在，原料转化的焦炭少，可除去有害的含硫、氧、氮的化合物。该装置操作灵活，可按产品需求调整，产品收率较高、质量好。

（6）延迟焦化。延迟焦化是在较长反应时间下，使原料深度裂化，以生产固体石油焦炭为主要目的，同时获得气体和液体产物。延迟焦化用的原料主要是高沸点的渣油。延迟焦化的主要操作条件是：原料加热后温度约 500℃，焦炭塔在正压下操作。改变原料和操作条件可以调整汽油、柴油、裂化原料油、焦炭的比例。

（7）加氢精制。加氢精制也称加氢处理，是石油产品最重要的精制方法之一，是指在氢压和催化剂存在下，使油品中的硫、氧、氮等有害杂质转变为相应的硫化氢、水、氨而除去，并使烯烃和二烯烃加氢饱和、芳烃部分加氢饱和，以提高油品的质量。有时加氢精制是指轻质油品的精制改质，而加氢处理指重质油品的精制脱硫。

（8）乙烯装置。乙烯装置是以石油或天然气为原料，以生产高纯度乙烯和丙烯为主，同时副产多种石油化工原料的石油化工装置。裂解原料在乙烯装置中通过高温裂解、压缩、分离得到乙烯，同时得到丙烯、丁二烯、苯、甲苯及二甲苯等重要的副产品。

（9）化肥装置。化肥装置是以煤为原料，其生产流程较长，成套设备主要有：煤的储运系统、水煤浆气化炉（含炉体、工艺喷嘴、耐火砖、破渣机等）、粗煤气变换炉；合成气净化的低温"三塔"、多股流大型缠绕管式换热器、液氮洗冷箱；氨合成塔、氨合成废热锅炉、合成气蒸汽过热器、合成气压缩机组、氨冷冻压缩机组、二氧化碳压缩机组；大型双转鼓流化床大颗粒尿素装置、双金属管汽提塔；有关泵类及各种专用阀门等。

（10）丙烯装置。丙烯装置是指生产丙烯物质的装置。丙烯是一种有机化合物，分子式为 C_3H_6，为无色、无臭、稍带有甜味的气体；易燃，燃烧时会产生明亮的火焰，在空气中的爆炸极限是 2%~11%；不溶于水，溶于有机溶剂，是一种低毒类物质。丙烯是三大合成材料的基本原料之一，其用量最大的是生产聚丙烯。另外，丙烯可制备丙烯腈、环氧丙烷、异丙醇、苯酚、丙酮、丁醇、辛醇、丙烯酸及其酯类、丙二醇、环氧氯丙烷、合成甘油等。

（11）聚乙烯装置。聚乙烯装置是生产高密度聚乙烯和低密度聚乙烯的装置。

1）高密度聚乙烯（HDPE），是以聚合级乙烯为原料，以氧（或空气）或有机过氧化物为触媒，在管式反应器（或釜式反应器）内，使用 130~280MPa 超高压和 300℃ 左右高温工艺进行聚合而成。

2）低密度聚乙烯又称高压聚乙烯，常缩写为 LDPE，是以高纯度乙烯为原料，丙烯或 1-丁烯等为共聚单体，以烷烃作溶剂，在高活性催化剂存在下，使用一定的温度（65~85℃）和压力（0.1~0.7MPa）进行溶液聚合，再经分离、干燥、混炼、造粒而成。

（12）合成橡胶装置。合成橡胶的生产工艺大致可分为：单体的合成，精制、聚合过程，以及橡胶后处理三部分。单体生产合成橡胶的基本原料是单体，精制常用的方法有精馏、洗涤、干燥等。聚合过程是单体在引发剂和催化剂作用下进行聚合反应生成聚合物的过程，有时用一个聚合设备，有时多个串联使用。合成橡胶的聚合工艺主要应用乳液聚合法和溶液聚合法两种。时下，采用乳液聚合的有丁苯橡胶、异戊橡胶、丁丙橡胶、丁基橡胶等。后处理是使聚合反应后的物料（胶乳或胶液），经脱除未反应单体、凝聚、脱水、干燥、包装等步骤，最后制得成品橡胶的过程。乳液聚合的凝聚工艺主要采用加电解质或高分子凝聚剂，破坏乳液使胶粒析出；溶液聚合的凝聚工艺以热水凝析为主。凝聚后析出的胶粒含有大量的水，因此需脱水、干燥。

2.3.2 储存装置火灾

2.3.2.1 石油产品的总分类

（1）石油溶剂是对某些物质起溶解、稀释、洗涤、抽提等作用的轻质石油产品。石油沥青是原油加工过程的一种产品，在常温下是黑色或黑褐色的黏稠的液体、半固体或固体，主要含有可溶于三氯乙烯的烃类及非烃类衍生物，其性质和组成随原油来源和生产方法的不同而变化。石油溶剂的主要用途是作为基础建设材料、原料和燃料。

石油焦是指石油的减压渣油，经焦化装置，在 $500\sim550℃$ 下裂解焦化而生成的黑色固体焦炭。石油焦可视其质量而用于冶炼、化工等工业。

（2）石油按照产品用途，通常可分为以下九类：

1）石油燃料类，如汽油、喷气燃料、煤油、柴油、燃料油等；

2）溶剂油类，如石油醚、橡胶溶剂油和油漆溶剂油；

3）润滑油类，如内燃机润滑油、齿轮油、车轴油、机械油、仪表油、压缩机油、汽缸油等；

4）电气用途类，如变压器油、电容器油、断路器油等；

5）润滑脂类，如钙基润滑脂、钠基润滑脂、钙钠基润滑脂、锂基润滑脂、专用润滑脂等；

6）固体产品类，如石蜡类、沥青类、石油焦类等；

7）石油气体类，如石油液化气、丙烷、丙烯等；

8）石油化工原料类，如石脑油、重整油、AGO 原料、戊烷、抽余油、拔头油等；

9）石油添加剂类，燃料油添加剂和润滑油添加剂。

2.3.2.2 石油产品的储存特性

（1）易燃性。燃烧的难易与石油产品的闪点、燃点和自燃点三个指标有密切关系。石油闪点是鉴定石油产品馏分组成和发生火灾危险程度的重要标准。油品越轻闪点越低，着火危险性越大，但轻质油自燃点比重质油自燃点高，因此轻质油不会自燃。对重质油来说，闪点虽高，但自燃点低，着火危险性同样也较大，故罐区不应有垃圾堆放，尤其是夏天，防止自燃起火。

（2）易爆性。油品的爆炸极限很低，尤其是轻质油品，浓度在爆炸极限范围的可能性大，引爆能量仅为0.2MJ，绝大多数引爆源都具有足够的能量来引爆油气混合物。油品的易爆性还表现在爆炸温度极限越接近环境温度，越容易发生爆炸。冬天室外储存汽油，发生爆炸的危险性比夏天还大。夏天在室外储存汽油因气温高，在短时间内，汽油蒸气的浓度就会处于饱和状态，遇火源往往发生燃烧，而不是爆炸。

（3）易挥发、易扩散、易流淌性。饱和蒸气压是石油产品很重要的特性参数之一。在密闭容器中，当从液面逸出的分子数量等于返回液面的分子数量时，气相和液相保持相对平衡，这种平衡称为饱和状态，液体就不会因为蒸发而减少，这时的蒸气称为饱和蒸气，饱和蒸气产生的气压称为饱和蒸气压。石油产品中轻质成分越多，饱和蒸气压越大，低温启动性能越好，蒸发损耗越大，越容易产生气阻。

影响蒸发的因素可以分为两方面：一方面是油品本身性质方面的因素，如沸点、蒸气压、黏度等；另一方面是外界条件因素，如周围空气的温度和压强、空气流动速度、蒸发面积及容器的密封程度等。在石油产品的储运中，采取喷淋降温、安装呼吸阀等都是减少油品蒸发的措施。

（4）易产生静电。静电的产生和积聚同物体的导电性有关。石油产品的电阻率很高，是静电非导体。电阻率越高，导电率越小，积累电荷的能力越强。汽油、煤油、柴油在泵送、灌装、装卸、运输等作业过程中，流动摩擦、喷射、冲击、过滤都会产生大量静电，很容易引起静电荷积聚，静电电位往往可达几万伏。而静电积聚的场所，常有大量的油蒸气存在，很容易造成事故。

油品静电积聚不仅能引起静电火灾事故，还限制油品的作业条件。静电电荷量与容器内壁粗糙程度、介质的流速、流动时间、温度（柴油相反）、通过过滤网的密度、流经的闸阀、弯头数量、电阻率成正比；与空气湿度成反比。为了防止静电引起火灾，在油品储运过程中，设备都应装有导电接地设施。

（5）易受热膨胀性。热胀冷缩是所有物质的特性。石油产品受热后，温度上升，体积迅速膨胀，饱和蒸气压增大；温度降低，体积收缩，饱和蒸气压减小。在油品受热膨胀后，若遇到容器内油品充装过满或管道输油后内部未排空而又无泄压设施，很容易使容器或管件爆破损坏。为了防止设备因油品受热膨胀而受到损坏，装油容器不准充装过满，一般只准充装全容积的85%～95%，输油管线上均应装泄压阀。

2.3.3 液化天然气火灾

天然气属于易燃、易爆的介质，液化天然气是天然气储存和输送的一种有效的方法。在实际应用中，液态天然气要转变为气态使用，因此在考虑液化天然气（LNG，Liquefied Natural Gas）设备或工程的安全问题时，不仅要考虑天然气所具有的易燃易爆的危险性，还要考虑转变为液态以后，其低温特性和液体特征所引起的安全问题。

对于液化天然气的生产、储运和气化供气各个环节，主要考虑的安全问题是：围绕如何防止天然气泄漏，与空气形成可燃的混合气体，消除引发燃烧爆炸的基本条件，以及 LNG 设备的防火及消防要求；防止低温液化天然气设备超压，引起超压排放或爆炸；由于液化天然气的低温特性，对材料选择和设备制作方面的相关要求；在进行 LNG 操作时，操作人员的防护等。

LNG 溢出或泄漏是属于一种比较严重的事故，是由设备的损坏或操作失误等原因引起的。正确评估 LNG 的溢出及蒸气云的产生与扩散，是有关安全的一个重要问题。

LNG 溢出或泄漏能使现场的人员处于非常危险的境地。这些危害包括低温灼烧、冻伤、体温降低、肺部伤害、窒息等。当蒸气云团被点燃发生火灾时，热辐射也将对人体造成伤害。

在意外情况下，如果系统或设备发生 LNG 溢出或泄漏，LNG 在短时间内将产生大量的蒸气，与空气形成可燃的混合物，并将很快扩散到下风处，于是产生 LNG 溢出的附近区域均存在发生火灾的危险性。LNG 的溢出可分溢出到地面和溢出到水面两种类型。

焊缝、阀门、法兰和与储罐壁连接的管路等，是 LNG 容易产生泄漏的地方。当 LNG 从系统中泄漏出来时，冷流体将周围的空气冷却至露点以下，形成可见雾团。通过可见的蒸气云团可以观测和判断有无 LNG 的泄漏。

2.3.4 运输罐车交通事故火灾

运输汽油、液氯等易燃易爆危化品的载货汽车在碰撞事故中，易因危化品泄漏而导致燃烧甚至爆炸，造成严重人员伤亡和财产损失，如 2015 年荣乌高速烟台莱州段"1·16"事故，因汽油泄漏致 12 死 6 伤。另外，载货汽车（尤其是重型货车）质量大、车身结构强度高，在与其他车辆的相撞事故中易造成自身或其他车辆严重的碰撞变形，甚至破损，从而造成油箱泄漏、电路短路而起火，如 2015 年山东青银高速"8·16"较大事故和"6·30"内蒙古阿尔山车辆相撞事故暴露出此类事故风险。

2015 年 1 月 16 日 17 时许，荣乌高速公路烟台莱州段西向东 305km + 449m 饮马池大桥处，一辆重型罐式货车（核定载质量 16230kg，实载 21920kg）侧滑失控，先后与大桥护栏和先前因事故停车的小型面包车相撞，其又被后方一辆大型普通客车追尾碰撞，造成罐式货车卸油口损坏，所载汽油泄漏（约 2t），随后一辆小型越野客车又追尾碰撞大型普通客车，撞击产生的火花引起重型罐式货车泄漏的汽油蒸气与空气的混合物爆燃，引燃 4 辆事故车辆，共造成 12 人死亡、6 人受伤。经调查，该车辆碰撞原因为：肇事重型罐式货车超载，并在冰雪路面超速行驶，因操作失误造成车辆失控发生碰撞事故；肇事小型越野客车在冰雪路面超速行驶，遇前方事故车辆后采取措施过晚，碰撞大型普通客车后产生火花，引起爆燃。油罐车押运员违反紧急切断阀操作规程，在非装卸时未关闭紧急切断阀，导致油罐车因大型普通客车碰撞损坏其罐体卸料口后，泄漏了大量汽油，且因肇事小型越野客车碰撞大型普通客车后产生火花，引起油罐车泄漏的汽油蒸气与空气的混合物爆燃。经尸体检验，12 名事故死亡人员中的 7 人被车祸着火烧死。

此外，从上述货车碰撞起火事故可以看出，运输易燃易爆危险化学品的货车在发生碰撞泄漏事故时，存在较大起火爆炸风险，并对其他车辆造成严重危险，特别是与大客车碰撞时，极易导致群死群伤事故。

2-1 请简述石油化工火灾的特点。
2-2 请简述石油化工中爆炸的特性。
2-3 石化火灾对环境污染的途径分为哪几类？请分别列举。
2-4 请简述石油产品的储存特性。

项目 3 石油化工火灾防治与扑救

(1) 理解燃烧、爆炸的相关理论；
(2) 掌握石油化工火灾现场扑救方法；
(3) 掌握排除爆炸危险及配合消防队灭火的方法。

任务 3.1 燃　　烧

3.1.1 燃烧理论

3.1.1.1 燃烧的类型

A　自燃

可燃物在空气中没有外来火源，靠自热和外热面发生的燃烧现象称为自燃。根据热的来源不同，自燃可分为本身自燃和受热自燃。使可燃物发生自燃的最低温度称为自燃点，物质的自燃点越低，发生火灾的危险性越大。自燃有固体自燃、气体自燃和液体自燃。

(1) 热自燃：可燃物因被预先均匀加热而产生的自燃；
(2) 化学自燃：可燃物在常温下因自身的化学反应所产生的热量造成的自燃。部分油品的自燃点见表 3-1。

表 3-1　部分油品的自燃点

油品名称	自燃点/℃	油品名称	自燃点/℃
原油	380~530	渣油	230~270
汽油	415~530	沥青	230~240
轻煤油	415	航空润滑油	306~380
煤油	380	润滑油	300~350
灯油	360	苯	580~659
轻柴油	350~380	甲苯	522
丙酮	570		

B　闪燃

可燃液体挥发的蒸气与空气混合，达到一定浓度遇明火发生一闪即逝的燃烧称为闪燃。发生闪燃的最低温度称为闪点，液体闪点越低，火灾危险性越大。部分油品的闪点见表3-2。

表3-2　部分油品的闪点

油品名称	闪点/℃	油品名称	闪点/℃
汽油	−50	二硫化碳	−30
煤油	38~74	甲醇	11
酒精	12	丙酮	−18
苯	−14	乙醛	−38
乙醚	−45	松节油	35

C　着火

可燃物质（如油类、酮类）发生持续燃烧的现象称为着火。可燃物开始持续燃烧所需要的最低温度称为燃点，燃点越低，越容易起火。部分物质的燃点见表3-3。

表3-3　部分物质的燃点

物质名称	燃点/℃	物质名称	燃点/℃	物质名称	燃点/℃
氢	580~600	黄磷	60	汽油	415
甲烷	650~750	赤磷	260	柴油	350
乙烷	520~630	硫黄	190	纸张	130
乙烯	542~547	铁粉	315~320	棉花	150
乙炔	406~440	镁粉	520~600	沥青	250
一氧化碳	641~658	铝粉	550~540	酒精	510
硫化氢	346~379	高温焦炭	440~600	氨	780
聚苯烯	420	可可粉	420	尼龙	500
密胺	790~810	咖啡	410	煤油	380

其着火条件为：使可燃体系在一段时间后出现剧烈的反应过程，从而使其在某一瞬间达到高温反应态（燃烧态）的初始条件。评定物质火灾危险性的主要指标见表3-4。

表3-4　评定物质火灾危险性的主要指标

物料状态	评定指标	火灾危险性大	其余影响因素
气体	爆炸极限	范围越大，下限越低	化学性质活泼与否、扩散性、相对密度、带电性和受热膨胀性等
	自燃点	越低	
液体	闪点	越低（蒸气压越高）	爆炸温度极限、受热蒸发性、流动扩散性和带电性
	自燃点	越低	
固体	熔点	越低	反应危险性、燃烧危险性、毒害性、腐蚀性和放射性
	燃点	越低	
	评定粉状可燃固体是以爆炸浓度下限作为标志的，评定遇水燃烧固体是以与水反应速度快慢和放热量的大小为标志，评定自燃性固体物料是以其自燃点作为标志，评定受热分解可燃固体是以其分解温度作为评定标志		

3.1.1.2 常用的着火理论

燃烧是指剧烈的发光发热的氧化还原反应，其可分为有焰燃烧和无焰燃烧。

（1）有焰燃烧：发生在蒸气或气体状态下的燃烧。气体、液体只会发生有焰燃烧，容易热解、升华或融化蒸发的固体主要为有焰燃烧。

（2）无焰燃烧：燃烧只发生在固体表面（不容易热解、升华或融化蒸发的固体）的氧化还原反应。松散多孔的固体可燃物常伴有无焰燃烧，如焦炭、香火、香烟等。

注意：

（1）气体、液体只会发生有焰燃烧，只有固体才存在无焰燃烧；

（2）焦炭、香火、香烟为典型的无焰燃烧，其他类固体大多数是有焰燃烧。

A 链式反应理论

燃烧的必要条件是可燃物、氧化剂、温度（引火源），有焰燃烧还需具备未受抑制的链式反应自由基。燃烧三角形、燃烧四面体链式反应如图 3-1 所示。

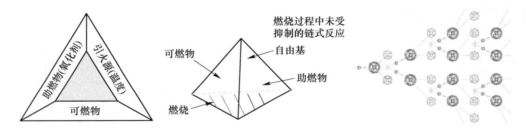

图 3-1 燃烧三角形、燃烧四面体链式反应

（1）链引发。当游离基在少量外能作用下被激活后导致游离基活化反应，物质连锁反应开始，这些外能包括加热、光照射、放射性照射、催化作用等。

（2）链传递。链式反应中链的传递模式为：

$$激活游离基 + 化合物分子反应 \longrightarrow 新游离基 + 生成物$$

链传递分为直链链式反应和分支链链式反应两种。

1）直链链式反应方式反应速度慢，每一次连锁反应消失一个游离基，产生一个新游离基，通过链传递的系统反应，把反应一直进行下去。

2）分支链链式反应是指一个游离基在链传递过程中，生成最终产物的同时，产生两个或两个以上的游离基。游离基的数目在反应过程中随时间增加，因此反应速率是加速的。

（3）链终止。当游离基在反应中碰到杂质或抑制剂时，使游离基失去活性，结合成非活性物质，其反应式为：

$$游离基 + 抑制剂 \longrightarrow 失去活性游离基 + 结合成非活性物质$$

例如：

（1）直链链式反应，其总反应式为：

$$Cl_2 + H_2 \longrightarrow 2HCl$$

在光的作用下，活化分子被激活成游离基。

1）链引发：

$$Cl\cdot + H_2 = HCl + H\cdot （反应较慢）$$

2）链传递：

$$H\cdot + Cl_2 = HCl + Cl\cdot （反应较快）$$

3）链中止：

$$Cl\cdot + H_2 + Cl_2 \longrightarrow 2HCl + Cl\cdot （重复以上过程）$$

同时，部分游离基间相撞或游离基与壁相撞，能量被释放，活化中心消失，发生链中止。

$$Cl\cdot + Cl\cdot = Cl_2$$
$$H\cdot + H\cdot = H_2$$
$$H\cdot + 壁 \longrightarrow H$$
$$Cl\cdot + 壁 \longrightarrow Cl$$

（2）支链反应，其总反应式为：

$$2H_2 + O_2 \longrightarrow 2H_2O$$

1）链引发：

$$H_2 + M\cdot \longrightarrow 2H\cdot + M\cdot$$

2）链传递（分支方式）：

$$H\cdot + O_2 \longrightarrow OH + O\cdot$$
$$O\cdot + H_2 \longrightarrow H\cdot + OH\cdot$$
$$OH\cdot + H_2 \longrightarrow H_2O + H\cdot$$

3）链终止：

$$H\cdot + H\cdot \longrightarrow H_2$$
$$O\cdot + O\cdot \longrightarrow O_2$$
$$OH\cdot + H\cdot \longrightarrow H_2O$$

以上各式相加，可得：

$$2H_2 + O_2 + M = 2H_2O + M（惰性物质）$$

最简单的氢分子可作为燃烧反应的惰性物质基本例子进行燃烧反应的机理分析，而多分子的反应过程十分复杂。

B 活化能理论

燃烧是化学反应，而分子间发生化学反应的必要条件是互相碰撞。但并不是所有碰撞的分子都能发生化学反应，只有少数具有一定能量的分子互相碰撞才会发生反应，这些少数分子称为活化分子。活化分子的能量要比分子平均能量超出一定值，这超出分子平均能量的定值称为活化能。活化分子碰撞时发生了化学反应，称为有效碰撞。

当明火接触可燃物质时，部分分子获得能量成为活化分子，有效碰撞次数增加而发生燃烧反应。例如，氧原子与氢反应的活化能为 25.10kJ/mol，在 27℃、0.1MPa 时，有效碰撞仅为碰撞总数的十万分之一，不会引发燃烧反应。

C 过氧化理论

在燃烧反应中，氧首先在热能作用下被活化而形成过氧键（—O—O—），可燃物质与过氧键加合成为过氧化物。

过氧化物不稳定，在受热、撞击、摩擦等条件下，容易分解甚至燃烧或爆炸。过氧化物是强氧化剂，不仅能氧化能形成过氧化物的物质，也能氧化其他较难氧化的物质。如氢和氧的燃烧反应，首先生成过氧化氢，而后过氧化氢与氢反应生成水，其反应式为：

$$H_2 + O_2 \longrightarrow H_2O_2$$
$$H_2O_2 + H_2 \longrightarrow 2H_2O$$

有机过氧化物可视为过氧化氢的衍生物，即过氧化氢（H—O—O—H）中的一个或两个氢原子被烷基所取代。因此，过氧化物是可燃物质被氧化的最初产物，是不稳定的化合物，极易燃烧或爆炸，如蒸馏乙醚的残渣中常由于形成过氧乙醚而引起自燃或爆炸。

3.1.2 防火理论

3.1.2.1 控制可燃物

A 气态可燃物的控制

控制气态可燃物常见措施为：

（1）当容器装有可燃气体或蒸气时，可根据生产工艺要求，增加可燃气体浓度或用可燃气体置换容器中的原有空气，使容器中可燃气体浓度高于爆炸浓度上限；

（2）仓库、车间或密闭空间，应加强通风换气，防止形成爆炸性混合气体；

（3）在泄漏大量可燃气体或蒸气的场所要在泄漏点周围设立禁火警戒区；

（4）盛装可燃性液体的容器在需要动火检修时，用可燃气体测爆仪测容器中蒸气浓度，在确定无爆炸危险时才能动火进行检修。

B 液态可燃物的控制

控制液态可燃物常见措施为：

（1）通过降低可燃液体的温度进而降低可燃蒸气的浓度，使液体的温度低于该液体的爆炸温度下限或闪点；

（2）用不燃液体或燃点较高的液体代替闪点较低的液体，例如用四氯化碳代替汽油作溶剂；

（3）利用不燃液体稀释可燃性液体，如用水稀释乙醇会起到这一作用；

（4）在储存过程中应加入阻聚剂，防止该物质爆聚而发生火灾或爆炸事故。

C 固态可燃物的控制

控制固态可燃物常见措施为：

（1）选用不燃材料等代替可燃材料作为建筑材料；

（2）选用燃点或自燃点较高的可燃材料或难燃材料代替易燃材料，例如船厂采用防火布、阻燃布隔离电火花和切割火花起到阻燃、防火作用；

（3）用防火涂料刷纸张、木材、纤维板金属构件、混凝土构件等可燃材料或不燃材料，可以提高这些材料的燃点、自燃点或耐火极限；

（4）易燃易爆品控制。对易燃易爆物品，例如爆炸物品、可燃的压缩气体和液化气体、易燃液体、易燃固体自燃物品和遇湿易燃物品，应按《化学危险品安全管理条例》的规定，进行生产、储存经营、运输和使用。

D　特殊处理物料

利用负压操作可以降低液体物料沸点和烘干温度，对易燃物料进行安全干燥、蒸馏过滤或输送。例如，真空干燥和蒸馏在高温下易分解、聚合、结晶的硝基化合物、苯乙烯等物料；减压蒸馏原油，分离汽油、柴油、煤油等，可防止高温引起燃油自燃；真空过滤有爆炸危险的物料，可免除爆炸危险；对于干燥、松散、流动性好的粉状可燃物料，采用负压输送。

3.1.2.2　隔绝助燃物

隔绝助燃物就是使可燃性气体、液体、固体不与空气、氧气或其他氧化剂等助燃物接触，或将它们隔离开，常常采取以下措施达到这一目的。

（1）密闭设备系统。把可燃性气体、液体或粉尘放在密闭设备中储存或操作，为了保证设备系统的密闭性，要求做到：

1）对有危险物料的设备和管道，减少法兰连接，尽量采用焊接接头，管道材质最好选用无缝钢管；

2）必须采用符合工艺温度、压力和介质要求的密封垫圈；

3）生产传动装置更要严格密封，经常清洗、定期更换润滑油；

4）在投入生产前和做定期检修时，应做气密性检验和耐压强度试验，对可燃气输气管进行定期检测，输气过程中也可采用皂液、洗衣粉液对可能漏气的点进行检查（气密性检查）。

（2）用惰性气体保护。惰性气体是指那些化学活泼性差、没有燃爆危险的气体，如氮气、二氧化碳、水蒸气、烟道气等。在有高温、高压、易燃、易爆的生产中，常采用惰性气体加以保护，其中使用较多的是氮气。惰性气体保护主要应用于：

1）充氮保护非防爆型电器、仪表；

2）氮封可燃性气体发生系统的料口和排气系统的尾部；

3）覆盖保护易燃固体的粉碎、研磨、筛分、混合及粉状物料的输送；

4）在停车检修或开工生产前，吹扫或置换设备系统内的易燃物料或空气；

5）保护可燃气体混合物的处理过程。

（3）隔绝空气储存。遇空气或受潮、受热极易自燃的物质应采用隔绝空气储存，如金属钠储于煤油中，黄磷存于水中，二硫化碳用水封存等。

3.1.2.3　消除点火源

A　常见管理措施

消除点火源常见的管理措施为：

（1）使用醒目的"禁止烟火"标志，严禁动火吸烟；

（2）使用电焊、气焊、喷灯进行安装或维修作业时，应按作业危险等级办理动火审批手续，领取动火证，并在消除物件和环境的危险状态时备好灭火器材，确认安全无误后方可动火，必要时，应派专人监火员监护。

B　摩擦撞击起火的防止

防止摩擦撞击起火的常见措施为：

（1）对机械轴承，要定期加油，保持良好润滑，并清除附着的可燃污垢；

（2）装置磁力离析器，剔除物料中的金属杂质；

（3）搬运盛装易燃、可燃液体的金属容器时，禁止抛掷、拖拉、摔滚；

（4）倾倒或抽取易燃、可燃液体时，为防止金属容器与金属盖磨碰产生火花，应用不发火的材料将易磨碰部位覆盖起来等。

C　防止高热表面接触易燃物着火

有切割焊渣掉的地方应预先清理可燃物、气管、可燃液体物质；有热传导的金属物件高温作业时应采取冷却措施。

D　防止日光照射和聚焦

常见防止日光照射和聚焦的措施为：

（1）化学易燃易爆物品仓库的门窗外部应设置遮阳板，窗户玻璃应采用毛玻璃或涂刷白漆；

（2）储存受热易蒸发离析气体的易燃易爆物品（如乙炔瓶）不得露天放置，应存放在有遮阳光措施的架子内或库房内；

（3）不得用球形玻璃瓶盛装易燃液体，用其他玻璃瓶储存易燃液体时，也不得露天放置。

E　防止自燃

防止自燃常见措施为：

（1）使用过的油棉纱、油抹布及刚切削下来的沾油金属屑应放存在带盖的金属箱内，并定期清除处理；

（2）对硝化、氧化、聚合等有放热化学反应的生产过程，应设置灵敏好用的控温仪表，保证冷却用水搅拌运行中断。

F　控制点火源

点火源包括电热和电火花两部分，它们分别来自工作时的电器元件发热和电气设备开闭回路、断开配线、接点启闭的弧光放电，以及电气设备的短路、过载、漏电、接触电阻过大等。其防范措施如下。

（1）为防止电热引起火灾危险，电热器具的功率和电线截面必须选配得当。安装合适的熔断器和使用耐高温的绝缘材料，远离可燃建筑构件和可燃物质或中间采取隔热措施。较大的电热设备应安装温度自动控制调节器及信号报警连锁装置。

（2）为防止漏电引起火灾危险，导线与电缆的绝缘强度不应低于网路的额定电压。

（3）为防止短路和过负荷引起火灾危险，必须使导线绝缘符合线路电压及使用环境的要求，合理选用导线截面，不在线路中接入过量或功率过大的用电设备，并安装合适的熔断器和断路器（自动开关）。

（4）为防止电阻过大引起火灾危险，导线与导线（或导线与电气设备）的连接

项目3　石油化工火灾防治与扑救　　　·35·

必须牢固可靠，可采用焊接法和压接法连接。

（5）为防止电火花和电弧引起火灾危险，裸导线间或导体与接地体间应有足够的距离。对焊线的绝缘层，要经常检查和维护。熔断器或开关应安装在非燃烧体的基座上，并有箱盒保护。

G　防止静电火花

防止静电火花，主要是设法消除或减少静电荷的产生和积聚，其基本方法有：

（1）抑制静电产生：选择静电不同物质的带电性能，使材质匹配能互相抵消产生的静电荷；

（2）限制物料流速：对可燃性气体一般限速为 4~8m/s；

（3）导体接地：将所有在加工、储存运输中易产生静电的物体，通过焊接或跨接连成一体予以接地；

（4）添加抗静电剂：抗静电剂具有较好的导电性能和较强的吸湿性能，加入易产生静电的绝缘材料中，能降低其体积电阻和表面电阻，加速静电泄漏；

（5）添加导电填料：用掺入导电性能良好的物质来降低其电阻率；

（6）设置浮式液面导电网：用金属丝和棉纱织成网浮于容器中的液面上，与容器壳体相连并接地，可以随时将液面静电导入大地，使液面电位降至安全电位以下；

（7）采用导电性地面：导走设备上和人体上的静电；

（8）防止雷击：雷击危害有直接雷击、感应雷击、雷电波浸入等多种形式。

3.1.2.4　阻止火势蔓延

阻止火势蔓延就是防止火焰或火星作为火源窜入有燃烧爆炸危险的设备、管道或空间，或者阻止火焰在设备和管道间扩散（展），或者把燃烧限制在一定的范围不致向外延烧，能起这种作用的有阻装置和阻火设施，见表3-5。

表3-5　阻止火势蔓延方法的根本原理

灭火的根本原理		破坏燃烧条件
冷却灭火	原理	将可燃物温度降到一定温度（着火点）以下，燃烧即会停止。对于可燃固体，将其冷却在燃点以下；对于可燃液体，将其冷却在闪点以下，燃烧反应就会中止（温度）
	举例	水灭火
隔离灭火	原理	可燃物是燃烧三要素的主要因素。将可燃物与氧气、火焰隔离，就可以中止燃烧、扑灭火灾（可燃物）
	举例	如泡沫灭火、关闭输送可燃液体和可燃气体的管道上的阀门
窒息灭火	原理	可燃物的燃烧是氧化作用，需要在最低氧浓度以上才能进行，一般氧浓度低于15%时，就不能维持燃烧，火灾即被扑灭（氧化剂）
	举例	灌注非助燃气体，如二氧化碳、氮气、蒸气（水喷雾）、泡沫等
化学抑制灭火	原理	有效地抑制自由基的产生或降低火焰中自由基浓度，即可使燃烧中止。对于有焰燃烧火灾效果好，对深度火灾，由于渗透性较差灭火效果不理想（链式反应自由基）
	举例	干粉和七氟丙烷灭火

任务 3.2 爆　　炸

3.2.1　爆炸理论

爆炸是一种非常急剧的物理或化学变化过程，系统本身的能量借助于气体的急剧膨胀而转化为对周围介质做机械功，通常伴随有强烈放热、发光和声响的效应。

在此过程中，空间内的物质以极快的速度把其内部所含有的能量释放出来，转变成机械功、光和热等能量形态。因此一旦失控，就会发生爆炸事故，产生巨大的破坏作用，而爆炸发生破坏作用的根本原因是构成爆炸的体系内存有高压气体或在爆炸瞬间生成高温高压气体。

爆炸体系和它周围的介质之间发生急剧的压力突变是爆炸的最重要特征，这种压力差的急剧变化是产生爆炸破坏作用的直接原因。

3.2.1.1　爆炸概况

爆炸是一种非常剧烈的物理或化学变化过程，是一种在限制状态下系统潜能突然释放并转化为机械能而对周围介质发生作用的过程，一般可以看作气体或蒸气在瞬间剧烈膨胀的现象。

爆炸机理主要是指在爆炸发生当时产生的稳定爆轰波，即有一定的气体在短时间内以恒定的辐射性高速膨胀（压力变化），没有指明一定要有热量或光的产生，其爆炸只有压力变化和气体生成，而不会有热量或光的产生。而爆炸音的产生，主要是源自爆炸时所产生的气体膨胀速度高于音速所致。

爆炸通常可以划分为以下两个阶段。

（1）气体和能量在极短时间和有限体积内产生、积累，造成高温、高压；在无约束或者约束受到破坏的情况下，累积的高温、高压对系统外部形成急剧突跃的压力的冲击，造成机械性破坏作用，周围介质受震动产生声响。

（2）爆炸伴随着巨大的能量释放，其表现的破坏形式也有多种，冲击波是爆炸最直接的、最主要的破坏力量，爆炸的绝大部分能量都以冲击波的形式表现出来。如果是容器发生爆炸，一部分能量会驱动容器破裂产生的碎片对外界目标形成打击作用，工业中的爆炸事故通常伴随有碎片打击伤害。除了冲击波和碎片两种直接的伤害形式外，爆炸还可以导致一些间接的破坏，在冲击波或者碎片的作用下，建（构）筑物常常会发生结构破坏甚至垮塌，对建（构）筑物内的人员、设备造成伤害；一些类型的爆炸有可能引燃附近的易燃物质引起火灾，如果爆炸的容器内含有毒害物质或者爆炸产生的冲击波和碎片导致周围盛装毒害物质的容器发生破裂，亦会导致中毒事故的发生。

3.2.1.2　爆炸的分类

A　按照爆炸能量的来源分类

按照爆炸能量的来源，爆炸可分为物理爆炸和化学爆炸。

（1）物理爆炸是指由物理变化而引起的，物质因状态或压力发生突变而形成爆炸的现象，如容器内液体过热气化引起的爆炸、锅炉的爆炸或压缩气体、液化气体超压引起的爆炸等。物理爆炸前后物质的性质及化学成分均不改变。

（2）化学爆炸是指由物质发生极迅速的化学反应，产生高温、高压而引起的爆炸。化学爆炸前后物质的性质和成分均发生了根本的变化。化学爆炸按爆炸时所产生的化学变化，又可分为以下三类。

1）简单分解爆炸。引起简单分解爆炸的爆炸物在爆炸时并不一定发生燃烧反应，爆炸所需的热量是由爆炸物质本身分解时产生的。属于这一类的有叠氮铅、乙炔银、三碘化氮、氯化氮等。这类物质是非常危险的，受轻微振动即引起爆炸。

2）复杂分解爆炸。这类爆炸性物质的危险性较简单，分解爆炸物低，所有炸药均属于这一类。爆炸时伴有燃烧现象，燃烧所需的氧由本身分解时供给。各种氮及氯的氧化物、苦味酸等都是属于这一类。另外，硝酸酯类物质和芳香族硝基化合物也属于此类爆炸品。

3）爆炸性混合物爆炸。爆炸性混合物是指至少由两种化学上不相联系的组分所构成的燃爆系统，所有可燃气体、蒸气及粉尘与空气混合所形成的混合物的爆炸均属于此类。这类物质爆炸需要一定条件，如爆炸性物质的含量、氧气含量及激发能量等。因此其危险性虽较前两类低，但极普遍，造成的危害性也较大，见表3-6。

表3-6 爆炸性混合物爆炸的类别及特点

物理爆炸	定义	物质因状态变化导致压力发生突变而形成的爆炸（如锅炉的爆炸）
物理爆炸	特点	（1）爆炸前后物质的化学成分均不改变； （2）本身虽没有进行燃烧反应，但它产生的冲击力可直接或间接地造成火灾
化学爆炸	定义	由于物质急剧氧化或分解产生温度、压力增加或两者同时增加而形成的爆炸现象
化学爆炸	特点	（1）化学爆炸前后，物质的化学成分和性质均发生了根本的变化； （2）爆炸速度快，爆炸时产生大量热能和很大的气体压力，并发出巨大的声响； （3）化学爆炸能直接造成火灾，具有很大的火灾危险性
核爆炸	定义	由于原子核裂变或聚变反应，释放出核能所形成的爆炸，如原子弹、氢弹、中子弹的爆炸

B 按照爆炸物的相态分类

爆炸按爆炸物的相态分为气相爆炸、液相爆炸和固相爆炸。

（1）气相爆炸物包括可燃性气体和助燃性气体混合物的爆炸、气体的分解爆炸、喷雾爆炸、可燃粉尘的爆炸等。根据气体爆炸发生的环境，可以将气体爆炸分为受限爆炸和非受限爆炸，两者表现出差别巨大的爆炸效应。在完全无约束的情况下，预混气体被点燃后，更多表现为闪火，几乎完全没有压力效应，而对于高度约束的混合气体，如弥散在集装置区内的油气，则会产生十分显著的压力效应，极端情况下，甚至会产生剧烈的爆轰现象。粉尘爆炸和喷雾爆炸是工业中常见的另外两种爆炸事故，尽管其爆炸物质分别属于固相和液相，但由于其微小的粒径及与气云爆炸极其相似的爆炸性状，一般也属于气相爆炸。

（2）液相爆炸包括聚合爆炸、蒸发爆炸，以及由不同液体混合所引起的爆炸，如通常所讲的液体炸药爆炸。

（3）固相爆炸包括爆炸性物质的爆炸、固体物质混合引起的爆炸，以及由电流过载所引起的电缆爆炸等。常规的炸药多属于此类。

C　按照爆炸速度分类

爆炸从本质上讲是一种快速的化学反应。反应速度越快，短时间内积聚的能量就越高，对周围环境产生的伤害也越大，所以反应速度（爆炸速度）是衡量爆炸的一个重要指标。

按照爆炸速度的高低，可以将爆炸划分为轻爆炸、爆炸和爆轰三个类别。

轻爆炸通常指传播速度为每秒数十厘米至数米的爆炸过程；爆炸是指传播速度为每秒 10 米至数百米的爆炸过程；爆轰是指传播速度为每秒 1 千米至数千米的过程。

3.2.2　防爆理论

爆炸是物质从一种状态，经过物理或化学变化，突然变成另一种状态，释放出巨大的能量的现象。急剧速度释放的能量，将使周围的物体遭受到猛烈的冲击和破坏。

爆炸必须具备爆炸性物质、氧气、点燃源三个条件，防爆原理就是防止以上三个基本条件同时存在。预防爆炸的技术措施有消除可燃物、防止空气进入容器设备及燃料管道系统、控制着火源等。

3.2.2.1　可燃物化学性爆炸的条件

现代用于工业生产的可燃物种类繁多，数量庞大，而且生产过程情况复杂，因此需要根据不同的条件采取各种相应的防护措施。从爆炸破坏力的形成来看，爆炸一般需要具备以下五个条件：

（1）提供能量的可燃性物质（释放源）；

（2）辅助燃烧的助燃剂（氧化剂）；

（3）可燃物质与助燃剂的均匀混合；

（4）混合物放在相对封闭的空间（包围体）；

（5）有足够能量的点火源。

上述条件中的点火源、可燃物质和助燃剂是燃烧爆炸的三要素。

3.2.2.2　防爆基本原理及应用

防爆实质上是制止化学性爆炸（即爆炸性物质、氧气、点燃源）三个基本条件的同时存在。但从总体来说，预防爆炸的技术措施，是在防爆技术基本理论指导下采取的。

（1）在消除可燃物这一基本条件方面，通常采取防止可燃物（可燃气体、蒸气和粉尘）的泄漏，即防止跑、冒、滴、漏，这是化工、炼油、制药、化肥、农药和其他使用可燃物质的工矿企业，甚至居民住宅所必须采取的重要技术措施。某些遇水能产生可燃气体的物质，如碳化钙遇水产生乙炔气，则必须采取严格的防潮措施，这是电石库为防止爆炸事故而采取一系列防潮技术措施的理论依据。凡是在生产中可能产生可燃气体、蒸气和粉尘的厂房必须通风良好。

（2）为消除可燃物与空气（或氧气）混合形成爆炸性混合物，通常采取防止空气进入容器设备和燃料管道系统的正压操作、设备密闭、惰性介质保护，以及测爆仪等技术措施。

（3）控制着火源，例如采用防爆电机电器、静电防护，采用不产生火花的铜质工具或镀铜合金工具，严禁明火，保护性接地或接零，以及采取防雷技术措施等。

任务3.3　石油化工火灾现场扑救

3.3.1　基本原则

结合危化品和化工企业火灾发生的诸多特点，在进行危化品加工企业火灾扑救时应遵循如下主要原则。

（1）抓住时机，以快制胜。抓住火灾初期阶段或火势暂时较弱的时机，利用环境条件，做到查明情况快、信息传递快、战术决策快、战斗展开快。以极快的战斗行动，控制消灭火灾。

（2）以冷制热，防止爆炸。采用一定的给水强度，在灭火的同时，对着火的设备及四周邻近设备进行冷却降温。不能顾此失彼，防止设备、容器因受高温影响而引起燃烧、爆炸。

（3）先重点，后一般。在扑救危化品和化工企业火灾时，一般可以先扑灭外围火，然后进行内攻，以控制火势向周围蔓延扩大，防止形成大面积火灾。但在灭火力量不足时，则应根据着火部位的不同情况，先重点后一般、先易后难控制火势，待增援力量到达后，再一举消灭火灾。

（4）各个击破，适时合围。对于较大面积的火灾，应采取各个击败、堵截火势、适时围歼的方法。

（5）采取工艺灭火措施。危化品和石油化工火灾，采取工艺灭火措施是十分有效的，常用的有以下几种措施。

1）关阀断料。关阀断料就是控制、断绝流向火源处的能够燃烧的物质，使燃烧中止。

2）开阀导流。开阀导流就是将着火储罐、设备的可燃物导出，以缩短燃烧时间或使燃烧中止。

3）搅拌灭火。当储罐、容器等设备内液体着火，处于燃烧初期阶段或燃烧温度值不高时，可以从设备底部输入一定量的冷却液或冷水，也可输入惰性气体，使储罐、设备内的燃烧液体上下搅动，通过上层高温液与下层低温液的迅速冷热交换，使其温度降至自燃点以下，减少燃烧液体的蒸发量，达到自行灭火的目的，或辅以相应的灭火剂灭火。

（6）输入灭火剂灭火。危化品和化工企业火灾，除从外部喷射灭火剂灭火外，还可以往设备、管道内输入灭火剂灭火。这是扑救高大设备及死角部位的可燃气体火灾的重要灭火措施。

（7）利用固定灭火装置灭火。有固定自动灭火装置的设备着火，一般均可自动灭火，如自动系统损坏时，可以使用手动装置打开灭火装置灭火。有半固定灭火装置的，可将到达火场的相应消防车与设备上的半固定装置接合器组合灭火。

3.3.2 注意事项

（1）危化品和石油化工生产装置，管道纵横交错，灭火人员的行动必须注意安全。

（2）危化品和石油化工生产主要就是危险化学品，一旦发生火灾，要认真了解情况，准确把握化工产品的毒性和毒理作用，灭火时，必须佩戴空气呼吸器。

（3）注意隐蔽场所。若有人被围困，必须先救人。

（4）密切观察火势变化情况，如有特殊变化应立即采取行动，随后向领导报告。

（5）正确选择进攻路线和冷却灭火阵地，充分发挥灭火剂的效能。

（6）合理运用射流，减少水流损失，加强后方供水，确保前方用水不间断。

（7）位于高层灭火阵地的人员，水带的铺设要留有机动，并用水带挂钩固定，以免水带下坠威胁灭火人员。

（8）充分利用地形地物，防止坍塌及爆炸对人的危害。

（9）搞好协同作战，特别是火场上出现上下布置阵地时，要相互照应以免影响灭火行动。

3.3.3 初期火灾的扑救

初期火灾是指火灾开始发生一段时间内，燃烧的速度比较缓慢，火焰不高，燃烧出的辐射热能较低，燃烧面积不大，烟热积聚在起火建筑的原有空间范围内。因此应抓住火灾初期火势蔓延扩大的有利时机，采取不同的灭火措施，迅速地扑灭火灾，减少火灾损失。

据统计，以往发生的火灾中有70%以上是由在场人员在火灾的初期阶段扑灭的，所以应该把火灾消灭在萌芽状态。火灾初期，一般燃烧面积小，如能采取正确的方法，就能控制火势将火扑灭。及时报警，以便公安消防队、本单位（地区）专职和义务消防队、人民群众前来参加扑救，并使其他人员及时做好疏散准备。

（1）报警对象：

1）向周围人员报警，召集他们前来参加扑救；

2）向本单位（地区）专职、义务消防队报警；

3）向公安消防队报警。

（2）报警方法。除装有自动报警系统的单位会自动报警外，分别采取下列方法报警：

1）有手动报警设施的使用手动报警系统；

2）使用电话报警；

3）离消防队（室）较近的可直接派人去消防队报警；

4）大声呼喊。

总之，要因地制宜采用各种方法迅速将发生火灾的情况告知消防部门和本单位人员，即使在场人员认为有能力将火扑灭，仍应向消防部门报警。

（3）关阀断料。关阀断料就是关闭有关阀门，切断流向火源处的可燃物质，使燃烧中止，危化品和石油化工企业火灾的着火部位，通常在储存输送易燃、可燃液体或可燃气体的容器、设备、管道及管道的法兰连接处，由于危化品和石油化工生产的连续性，易燃、可燃液体或可燃气体的不断输送，使着火部门不间断地得到燃料而持续燃烧。当关闭进料阀门或关闭阻火闸门后，切断了燃料的来源，就能从根本上控制火势。这样设备或管道中剩余的燃料燃尽后便会自行中止燃烧，流动而有压力的着火部位变为不流动、无压力的部位，从而为灭火创造了先决条件。

实施关阀断料灭火措施，一定要明确关阀后是否会造成前一道工序的高温高压设备出现超温超压而爆炸，导致设备由正压变为负压，导致加热设备温度失控等事故。因此，在关阀断料的同时，应依据具体情况采取相应的断电、停泵、切断输送、断热，以及泄压、导流、放空等措施。

关阀断料时，应注意以下几点：

1）应检查阀门是否完好，关闭的阀门是否为有关的进出料阀门，防止因错关而导致意外事故；

2）在关阀断料的同时，要不间断地冷却着火部位，火灭以后还要按规定的时间持续冷却；

3）当火焰威胁进出料阀门而难以接近时，可在落实堵漏措施的前提下，先灭火，后关阀；

4）对于密集装置群中的某一部位着火，除关闭着火处的进料阀门外，还应关闭邻近（前道工序的）设备的进出料阀门。防止出现倒流现象。

（4）开间导流。开间导流是将着火储罐、设备中的可燃物料导出，缩短燃烧时间或使燃烧中止的灭火措施。

1）易燃、可燃液体储罐，设备火灾的导流灭火，储罐、设备的着火位置，一般均在上部。可关闭进料阀门，打开出料阀门，将着火储罐、设备内的可燃物料导向其他的储罐和设备，随着着火储罐、设备内残留物料的减少，燃尽后火将自然熄灭。对有安全水封装置的储罐和设备，可采取临时措施，用泵抽出储罐、设备中的可燃、易燃液体，装入空桶中，并转移到安全地点。

2）可燃气体导流灭火，储存可燃气体的压力储罐、设备着火时，关闭进气阀，打开出气阀，将气体导入安全储箱、设备。导流后，压力储罐、设备的压力降低，可以防止爆炸；残余气体燃尽后，火势即可自行熄灭。

3）对有压力的设备导流灭火时，要防止造成负压，产生回火爆炸。导流时应注意观察设备的压力，当压力接近表压时，应立即关闭导流阀门，停止导流。

4）采用泥土、黄沙筑堤等方法，阻止流淌的可燃液体流向燃烧物。

(5) 冷却与窒息。发生火灾后，要及时利用灭火器材，如果是手动灭火系统，应立即启动。

1) 冷却。冷却的主要方法是喷水或喷射其他灭火剂灭火。

① 本单位（地区）如果有消防给水系统、消防车或泵，则使用这些设施。

② 本单位如果配有相应的灭火器，则使用这些灭火器灭火。

③ 利用化工企业配置在建筑或设备上的固定和半固定干粉、氮气、蒸气、烟雾等灭火装置灭火。当固定灭火装置无自动灭火系统或自动灭火系统损坏时，可以使用手动装置打开灭火装置灭火。

2) 窒息：

① 使用泡沫灭火器喷射泡沫覆盖燃烧物表面；

② 利用容器、设备的顶盖盖住燃烧区，如放下着火船舱船盖，盖上油罐、油槽车、油池、油桶的顶盖等；

③ 用砂、土覆盖燃烧物，对忌水物质则必须采用干燥砂、土扑救。

火灾发生的处置程序为：

(1) 报警；

(2) 疏散，救援，灭火；

(3) 安全警戒和防护；

(4) 善后处理。

3.3.3.1 初期火灾的扑灭原则

(1) 先控制，后消灭。对于不能立即扑灭的火灾要首先控制火势的蔓延和扩大，然后在此基础上一举消灭火灾。例如，燃气管道着火后，要迅速关闭阀门，断绝气源，堵塞漏洞，防止气体扩散，同时保护受火威胁的其他设施；当建筑物一端起火向另一端蔓延时，应从中间适当部位控制。

在灭火过程中，先控制、后消灭是紧密相连，不能截然分开的。特别是对于扑救初期火灾来说，控制火势发展与消灭火灾，两者没有根本的界限，几乎是同时进行的。应该根据火势情况与本身力量灵活运用这一原则。

(2) 救人重于救火。当火场上有人受到火势围困，首先要做的是把人从火场中救出来，即救人胜于救火。实际操作中，可以根据人员和火势情况，救人和救火同时进行，但决不能因为救火而贻误救人时机。

(3) 先重点，后一般。在扑救初期火灾时，要全面了解和分析火场情况，区分重点和一般。很多时候，在火场上，重点与一般是相对的。一般来说，要分清以下情况：

1) 人重于物；

2) 贵重物资重于一般物资；

3) 火势蔓延迅猛地带重于火势蔓延缓慢地带；

4) 有爆炸、毒害、倒塌危险的方面要重于没有这些危险的方面；

5) 火场下风向重于火场上风向；

6) 易燃、可燃物集中区域重于这类物品较少的区域；

7) 要害部位重于非要害部位。

（4）快速，准确，协调作战。火灾初期越迅速，越准确靠近火点及早灭火，越有利于抢在火灾蔓延扩大之前控制火势，消灭火灾。协调作战是指参加扑救火灾的所有组织、个人之间的相互协作，密切配合行动。

3.3.3.2 初起火灾的基本扑救方法

（1）隔离法。该方法是拆除与火场相连的可燃、易燃建筑物；或用水流水帘形成防止火势蔓延的隔离带，将燃烧区与未燃烧区分隔开。在确保安全的前提下，将火场内的设备或容器内的可燃、易燃液（气）体泄出、排放，转移至安全地带。

（2）冷却法。该方法是使用水枪、灭火器等，将水等灭火剂喷洒到燃烧区，直接作用于燃烧物使之冷却熄灭；将冷却剂喷洒到与燃烧物相邻的其他尚未燃烧的可燃物或建筑物上进行冷却，以阻止火灾的蔓延。用水冷却建筑构件、生产装置或容器，以防止受热变形或爆炸。

（3）窒息灭火法。该方法是用湿棉被、湿麻袋、石棉毯等不燃或难燃物质覆盖在燃烧物表面；较密闭的房间发生火灾时，封堵燃烧区的所有门窗、孔洞，阻止空气等助燃物进入，待其氧气消耗尽使其自行熄灭。

（4）隔离法。该方法是使用卤代烷、干粉灭火器喷射灭火剂干扰和抑制燃烧的链式反应，使燃烧过程中产生的游离基消失，形成稳定分子或低活性的游离基，从而使燃烧反应停止。

任务 3.4 排除爆炸危险及配合消防队灭火

3.4.1 排除爆炸危险

当发生火灾时，还需观察周围情况，了解周围存在的危险。

（1）将受到火势威胁的易燃易爆物质、压力容器、槽车等疏散到安全地区；

（2）对受到火势威胁的压力容器、设备应立即停止向内输送物料，并将容器内物料设法导走；

（3）停止对压力容器加温，打开冷却系统阀门，对压力容器设备进行冷却；

（4）如果有手动放空泄压装置的，应立即打开有关阀门放空泄压。

3.4.2 采用搅拌灭火和配合消防队灭火

采用搅拌灭火方法时，要注意以下几点。

（1）搅拌灭火只适用于储量较大的高闪点可燃液体的储罐、设备火灾；若储存量少的物品闪点低，则不可使用此法。

（2）搅拌灭火的同时，对储罐、设备的外壁要射水冷却，形成内外同时降温，既防止设备变形或爆炸，又可加快灭火速度。

（3）应定量输入冷液或冷水，防止过量而造成外溢引起大面积流散火，对高液位可燃液体火灾不应使用此法，以免在搅拌过程中发生外溢，但可与导流工艺灭火措施组合，等液位降低后，再采用搅拌方法灭火。

（4）对于敞开式储罐、容器火灾灭火，应采用惰性气体搅拌。

3.4.3 配合消防队灭火

在火场人员，还应积极与消防队配合，保障人员与财产的安全。

（1）在场人员如已将初期火灾扑灭，应注意保护现场，以便公安部门或本单位保卫部门到场周密调查火灾原因和损失情况。

（2）如果火势已经扩大，在场人员无力将火扑灭时，一方面要采取措施制止火势蔓延，同时要积极配合消防部门灭火。要求在消防车可能驶来的方向派人守候，迎接消防车，为它开道引路；消防人员到场后，应及时向消防人员介绍火场情况，如有无燃烧物质、有无人员被火围困、灭火中要注意什么问题等；同时维持好火场秩序，禁止无关人员入内，以便于消防人员灭火。

另外，在灭火时还需注意以下几个方面。

（1）对忌水物质则不可用水进行扑救。同样，灭火剂也要慎重使用。因为在危化品和石油化工企业火灾中大多是危化品引起的，要根据燃烧对象、燃烧状态采用相应的灭火剂。如果灭火剂使用不当，不仅不能将火扑灭，反而会使火势扩大，甚至发生爆炸。

（2）防止中毒。危化品燃烧常产生大量的有毒气体，直接影响灭火战斗和在场人员的安全。因此在灭火过程中，需要采取措施，预防人员中毒，同时要防止毒气产生和扩散。

（3）危化品和石油化工企业火灾发展速度快，引起爆炸危险性大。在场人员很难准确判断火势发展情况及发生爆炸的可能性。在无法控制的情况下，应及时撤离，以免爆炸危及人员的生命。

任务 3.5　石油化工安全疏散与自防自救

3.5.1 疏散方法及要求

对于危化品和化工单位，应根据本单位的地理环境、事故发生的规模和形式等，制定相应的《应急疏散方案》。而且要定期或不定期进行演练，要做到如果单位或部位调整或变动（如增加储罐数量、添加车间设备），根据消防部门的审定，变动安全疏散通道等，都要及时修改方案，不断地推敲方案的可操作性，做到用时忙而不乱。方案要做到领导负责制，具体操作人员要熟知自身的工作任务，一旦发生险情，按照各自的分工，合理有序地进行安全疏散。

在专业救援队伍没有到达事故现场之前，受害单位首要考虑的是受到毒害性气体或储罐爆炸威胁的人员，一般是在下风和侧风方向，或者在泄漏或储罐爆炸地点的上部和下部。其中利用广播设备向人们告知现场情况，使人们切实认识到自己所处的危险境地，按照现场广播的指示，迅速地撤离到安全地带，就是一个很有效的方法。

广播时重点要讲清楚以下几个方面。

（1）告知事故现场的危险性。告知确实存在的危险性，如气体泄漏可能导致事故区域的人们中毒、储罐有可能爆炸而造成人员伤亡等情况，通过现场广播告知处于事故区域及可能爆炸后所波及的区域，使人们清楚地知道自己所处的危险境地，这样在求生本能的作用下会迅速地撤离危险区域。

（2）告知避难的安全场所。在现场广播人们避难时，应告知人们到达警戒区域外的安全场所。在通常的情况下，要根据处于危险区域的人员多少指定避难场所。人数多时切不要只指定一个场所，这样不利于人员迅速疏散，而且还可能会出现疏散时人们慌不择路，从而出现混乱、拥挤、踩踏情况，造成人员伤亡。

在现实的生活中，特别是在井喷带有硫化氢气体泄漏的事故中，如果一开始就能够得到有关部门的高度重视，第一时间有组织地进行安全疏散，就会大大减少人员的死亡数量。目前我国在石油化工企业的生产中，造成因气体中毒，而没有及时地进行安全疏散，导致无辜人员伤亡的案例很多。

（3）告知疏散的途径。为了便于人们的快速疏散，现场广播时，要告知 A 处的人员从甲路疏散，B 处的人员从乙路疏散，防止 A、B 处乃至 C 处的人员都从甲路疏散而造成甲路的拥挤，从而减缓疏散的速度，延长了疏散时间，甚而出现拥挤、踩踏，造成人员伤亡事故。

（4）禁止疏散气体扩散区域的车辆。如果是气体泄漏事故，禁止疏散处于事故地点较近的机动车辆。处于气体泄漏地点较近的车辆，泄漏的气体可能已经扩散到停放车辆的位置，甚至已经将车辆包围。如果此时疏散车辆，就可能因发动车辆排气管产生火花将扩散的气体引爆，酿成大的灾祸。因此，要绝对禁止气体泄漏地点的车辆离开，并要派出人员严格监管。

3.5.2 疏散要求

进入毒害区域，要正确选择行进路线，也就是要在毒害区的上风方向进入，并且要选择好防化服、防护的安全器具，前方与后方指挥员要保持通信联络畅通，然后再实施人员疏散行动。

3.5.2.1 一般情况下的疏散要求

针对危化品和化工行业的特点，在进行安全疏散时，应主要做好以下几个方面。

（1）所有参加疏散的人员必须熟悉事故发生后所能产生的危害程度、防范措施、周边环境的地理位置、安全通道、正确的疏散路线。

（2）无论是有毒害性气体，还是储罐有燃烧爆炸的危险，参加疏散的人员必须要在有组织的情况下，穿戴好个人防护装备，侦检仪器经检查合格后，方可进入事故现场。

（3）即使是穿戴好个人防护装备，也严禁一个人进入事故现场，必须按照《应急疏散方案》中的编组程序。如果情况特殊需要更换编组成员，要使用后备力量或日常参加过演练的人员担任，决不允许没有事故现场经验或对事故情况不了解的人员参加疏散工作。

（4）必须保证前方疏散人员与后方指挥员通信联络畅通，如果通信中断，指挥员要立即组织其他人员进入事故现场寻找通信中断的人员。

（5）如果事故现场有毒害性气体，进入疏散区域的人员必须配有相应的气体检测仪，夜晚还要配有防爆照明灯。所有疏散人员必须全部在上风方向进入事故现场，严防次生事故的发生。

（6）当发生事故后，参加疏散的人员要掌握大部分人员在事故发生时大致可能逃生的路线，同时根据事故现场毒害性气体的种类、数量、毒害性气体物理、化学性质及毒害性程度，以及毒害性气体的扩散方向等，进行安全疏散。

（7）所有参加疏散的人员必须做到令行禁止，一切行动听指挥，一定要杜绝个人英雄主义。

3.5.2.2 硫化氢泄漏疏散要求

硫化氢气体泄漏时疏散的人员应主要做到以下几个方面。

（1）要求进入毒害区的人员必须从上风方向进入，并要穿戴好个人防护用品。

（2）前方要随时将疏散情况向后方指挥员报告。

（3）根据气体扩散的范围，及时疏散周边地区生活生产的人们，将其疏散到警戒区以外的安全地带。

（4）必须保证前方参加疏散的人员与后方指挥员的通信联络不中断。

（5）进入毒害区的疏散人员必须配有相应的气体检测仪，夜晚还要配有防爆照明灯。

（6）如果是重特大事故发生，涉及疏散的范围特别大，以及疏散的人员情况特别复杂，需要武警、公安、防疫、医疗等相关部门参加疏散队伍，每组成员要有会讲普通话和当地民族语言的人员参加，防止语言不通，阻碍疏散工作的顺利进行，从而造成更大的人员伤亡发生。

例如，2003 年 12 月，中石油川东北气田罗家寨 16 号井的井喷事故，剧毒的硫化氢殃及了 4 个乡镇 28 个村庄，夺走了 243 条生命，2142 人中毒住院，紧急疏散 65000 人，直接经济损失达 6000 多万元。这个例子足以说明硫化氢对人体的伤害和其产生的灾害冲击触目惊心。那么，无论是硫化氢还是其他较大的事故在发生时，如果在救援中能够充分做好人员疏散工作，那么就能避免或减少人员中毒伤亡事故。

3.5.3 自防自救

自防自救就是说在发生事故后，本单位人员是如何防止事故再向纵深发展和所采取的具体救援措施，自防自救是有效地控制火灾或制止泄漏事故的一个重要环节。事故往往都是本单位或者现场附近的人员第一时间发现的，一般第一次组织救援也都是本单位或现场附近的人员参加。因此，在专业的救援队伍还没有到达之前，为防止事态继续扩大或发展，其所采取的自防自救措施尤为重要。

无论是气体泄漏事故还是储罐爆炸事故，在发现时都还处于初期阶段，是灭火或制止事故继续发展的最好时机。因此，对于危化品和化工企业每个单位或重点部位，都要制定自防自救措施，而且要定期或不定期进行演练。单位领导要牵头和实际参与自防自救措施的制定和修改，提高认知，体现领导负责制度，而具体操作人员要熟知自身的工作任务，一旦发生险情，按照各自的分工，紧张而有序地采取自防自救。在自防自救中主要应做好以下几个环节。

3.5.3.1 成立救人小组

在事故发生后，要了解掌握现场内被困人员的情况，在组织人员疏散的基础上，要迅速救助尚未脱离险境的人员。

（1）救人小组。救人小组的组建需要满足以下方面。

1）根据被困人员人数，迅速组成一个或几个救人小组，每组由 2~3 人组成。

2）明确规定每一个小组的任务，进入事故区域的行进路线，并搞好前方救援阵地和后方指挥员之间的通信联络，随时将被救助人员的情况向后方指挥员报告，并根据指挥员的命令实施具体人员救助行动。

（2）搜索与救助方法。在专业救援队伍未到达事故现场，单位自行组织人员搜索时，救人小组切记要根据发生毒害性气体泄漏处的实际情况，采取适宜的人员搜索行动，千万不要盲目进行施救。

1）气体泄漏事故搜索与救助。搜索人员重点要到下风方向进行，因为在一般的情况下，泄漏的气体都被风吹到下风方向，如果泄漏的气体比空气重，而且当时无风或风力特别小的情况，搜索人员要在泄漏事故的中心点向四周寻找。

2）储罐爆炸事故搜索与救助。搜索人员重点要根据爆炸后飞出物的方向和距离寻找被救人员。发现被救人员后，对于意识清醒能够行走者，要将其护送引导到安全地带，并送往医院救治；对于意识丧失者，要利用氧气袋或人工呼吸的方法向其输氧，然后采取抬人、扛人、抱人的救人方法将其转移到安全区域，然后紧急送往医院救治。

（3）消防、医疗救护部门到场时的搜索与救助。其中需要做到：

1）在消防、医疗救护部门已经到达现场后，立即组织自救人员全部撤离事故现场；

2）根据平时制定的联合救助人员预案密切与消防、医疗救护人员配合，搞好救护人员的进入和撤出现场，确保救护任务的顺利完成。

3.5.3.2 成立抢救设备小组

发生火灾后，应当就近组成抢救设备小组，迅速实施抢救，避免和减少火灾所造成的危害，为恢复生产创造条件。

（1）抢救设备小组的人员组成：

1）抢救设备小组要根据设备的大小，确定每组人员数量；

2）现场要明确规定每一个小组的任务，进入事故区域的行进路线，并搞好前方救援阵地和后方指挥员之间的通信联络，必须根据指挥员的命令实施具体的抢救行动。

（2）抢救设备。抢救设备一般都是指在事故发生时，可能导致邻近设备发生二次事故的及时抢救，如钻井过程中发生事故。因在井场内存有供发电机组使用的燃料柴油罐及其他危险设备，那么一旦发生井喷事故，应主要考虑井底喷出的石子蹦到井架或柴油罐及其他金属设备上，这不但能够引起井喷着火，还很可能引燃柴油罐。如果发生着火事故，持续的高温可能将柴油罐引燃，所以在发生井喷事故时，在采取相应的自救措施的同时，要组织人员将柴油罐等设备疏散到安全地带，防止事故再次扩大，避免造成更大的经济损失。

3.5.3.3　设置警戒区域

设置警戒区是处置各类事故的特殊措施，是避免和防止发生第二次灾害的重要手段。因此，在消防队或其他专业救援队抵达事故现场之前，事故单位或组织者要根据现场的实际情况及时设立警戒区。

警戒区设定的依据需要考虑以下几个方面。

（1）以当天的风力、风向、检测结果和现场附近的状况为依据。如果是在室外发生了气体泄漏事故，风力和风向决定了气体扩散的范围。同时，也要根据检测的结果确定警戒区的范围大小，即扩大警戒区，还是缩小警戒区。如果是储罐发生了燃烧，那么一旦发生爆炸，确定可能造成的危害程度；另外从确保人员安全的角度和爆炸所造成的更大损失出发，作为设置警戒区的基本依据。

（2）以爆炸后飞散物的距离为依据。爆炸是最为严重的灾害之一，为避免爆炸而造成严重的伤害，要根据某种物体内爆炸后可能使飞散物达到的距离作为警戒区设定的依据。例如，吉林市液化气厂球形罐爆炸的飞散物最远达500多米，20t的罐壁飞出近150m，冲击波达十余千米。总之，要将事故的状况、风力和风向、附近的地形状况、气体检测的结果及各种类型的爆炸形式，作为设定警戒区的依据。

警戒区设定的范围需要考虑以下几个方面。

（1）可燃气体泄漏事故。以可燃气体检测仪报警区域的外边缘（即空气中可燃气体浓度达到爆炸下限 $\frac{1}{4}$ 处）计起，报警区域以内的区域为爆炸危险区，以外100m内的区域为燃烧危险区，在外200m内的区域为戒严区域。如果装置区内空气中可燃物气体浓度未达到爆炸下限的 $\frac{1}{4}$，则警戒区域要从装置区最外侧装置的外边缘计起。

（2）有毒气体泄漏事故。以有毒气体检测仪检测到有毒气体在空气中的浓度，达到致人死亡的浓度下限 $\frac{1}{4}$ 处计起，以内的区域为剧毒危险区域，以外50m内的区域为有毒危险区域，在外50m内的区域为戒严区域。

（3）易燃、可燃液体泄漏事故。以液体流淌所达到的外边缘计起，闪点小于60℃的液体，50m以内的区域为爆炸危险区域，以外50m内的区域为燃烧危险区域，在外100m内的区域为戒严区域；60℃＜闪点＜120℃的液体，外30m内的区域为燃烧危险区域，在外50m内的区域为戒严区域。

（4）着火事故。距着火部位和可能引起连锁燃烧或爆炸的部位50m内的区域为爆炸危险区域；以外50m内区域为燃烧危险区域；在外100m内的区域为戒严区域。

（5）着火泄漏并存事故。针对泄漏物质的不同，采取相应的警戒方法（按最危险的物质划分警戒区域）。井喷事故以可燃气体检测仪报警区域的外边缘（即空气中石油气浓度达到爆炸下限$\frac{1}{4}$处）计起，以外500m以内的区域为警戒区域。例如，井内空气中可燃气体浓度未达到爆炸下限的$\frac{1}{4}$，警戒区域要从井区最外侧的外壁计起。

警戒区的设置要遵循下列要求。

（1）警戒区设定要大。警戒区设定要从安全的角度出发，开始设定时要适当大一些。只有通过气体检测仪检测后，确认安全才能将警戒区缩小。

（2）设置明显标志。警戒区设定后，要明显地标志出警戒区域，防止人员进入警戒区发生危险，造成人员伤亡和财产损失。

（3）标志灯具。用警戒区以外的电源，在警戒区周围用架子灯将铁链子或绳索导线把每一个标志灯连接起来，灯光在夜间能够闪烁提示人们这里是警戒区。

（4）标志牌。在警戒区的周围竖立"警戒区"的标志牌，表示此区域为警戒区域。

（5）警戒带或绳。使用警察专用的警戒带，设立警戒区。在没有警戒带时可临时使用绳索系在周围的建筑物、构筑物，或用铁架子支撑、连接起来，形成警戒区域，也可用木牌子挂在铁架上或明显的地点，标明警戒区域。

（6）白灰。用石灰或其他白色的粉末，将警戒区围圈起来。

（7）人员。设立岗哨，在可能进入人员、车辆的地方指定人员站岗，明确分管的警戒位置，防止人员、车辆进入警戒区。

3.5.4 自防自救措施

在发生火灾的初期，在及时报警的同时，应当组织企业职工进行自救，充分利用企业配备的器材装备，控制事故的发展。

（1）在泄漏事故中，事故单位采取的自防自救措施包括以下几个方面。

1）停止易燃、可燃液体输送泵的运转，关闭储罐阀门和输送管道阀门。

2）将相邻罐体的量油口、呼吸阀、采光孔等孔口用石棉毯、湿毛被等蒙盖并喷水封闭。

3）对已泄漏的易燃、可燃液体进行泡沫覆盖，或稀释乳化，减少挥发、蒸发。

4）利用开花水枪或喷雾水枪向挥发气体扩散区域内喷水，降低挥发气体的浓度。

5）关闭下水管道的阀门或封闭下水管道井口，用沙土或混凝土等筑堤，阻止易燃、可燃液体流淌扩散。

6）堵漏。

① 因螺丝松动引起法兰泄漏时，应用无火花工具紧固螺栓。因法兰垫圈老化泄漏时，应用橡胶条带（车内胎）捆绑或向泄漏处高压注射密封胶。

② 装置出现孔洞或裂口时，可用捆绑堵漏带空心橡胶塞加压充气封堵，也可以硬质橡胶塞、木楔等封堵。

（2）在着火事故中，事故单位采取的自防自救措施为：停止易燃、可燃液体输送泵的运转，关闭输送管道、储罐的阀门将相邻储罐（尤其是下风方向的储罐）的量油口、呼吸阀、采光孔等孔口用石棉毯或棉被等蒙盖，并喷水封闭。

1）冷却：

① 启动固定消防喷淋设施，或设水枪、水泡阵地对着火储罐和邻近储罐（尤其是下风方向的储罐）冷却，对相邻较远的储罐可间歇冷却，避免引起相邻储罐燃烧爆炸；

② 关闭下水管道阀门或封闭下水管道井口，用沙土或混凝土等筑堤，阻止易燃、可燃液体流淌扩散。

2）灭火：

① 启动固定泡沫灭火设施；

② 准备 2 倍的灭火剂用量，可用泡沫炮、泡沫发生器、钩管、高喷车喷射泡沫；

③ 如果几个易燃、可燃液体储罐同时着火，应在确保火灾不会再蔓延，或不会再引起相邻储罐燃烧或爆炸的前提下再集中逐个扑灭或同时扑灭；

④ 火灭后，要彻底消灭一切隐蔽火源、继续冷却罐体和现场炽热物体，间歇地用泡沫覆盖液面，直至罐体温度降至常温时，对储罐或管道阀门等进行堵漏。

（3）着火泄漏并存事故。在一处或多处部位泄漏的易燃、可燃液体已经着火，还有一处或多处部位泄漏易燃、可燃液体，但没有着火的情况下，如果泄漏的易燃、可燃液体在空气中的挥发浓度已经达到爆炸下限，遇到明火或火花可能会产生爆炸或爆燃，而且还不能马上解决泄漏的问题时，应立即灭火，消灭所有火源，然后按照泄漏事故进行处理。可燃液体泄漏或发生着火事故时，参加抢险的人员必须严格按照规定着装和佩戴安全可靠的防护用具，防止发生中毒、烧烫伤等二次伤害。例如，在有毒气体泄漏事故中，人员的防护用具是否性能良好；在有可能发生爆炸的事故中，人员的撤退路线和避难场所是否合理和安全可靠等。

（4）井喷火灾。在井喷火灾中，事故单位主要采取的自防自救措施就是工艺灭火。

1）泄压灭火。当井喷火灾由于井底压力过大、爆破套管、在放喷管线上燃烧时，可采用导流泄压的工艺措施，将其他阀门打开放喷，降低井口压力，然后再采取上述灭火方法灭火。

2）泥浆压井灭火。井喷火灾发生后，井口设备如果未损坏，应及时向井口的反循环管线灌注重泥浆，对喷出的气体形成反压力，压住井喷，使井喷停止，火焰自熄。

3）清水压井灭火。使用泥浆车向井内不断地压注大量的清水，控制和降低井口压力，然后再射水或使用干粉枪等灭火。

4）打斜井灭火。若井口破坏，失去控制，可在井喷附近打一斜井与喷井相通，然后再灌入大量泥浆沙土压住井喷。

5）安装新井口后灭火。如果原井口已损坏，且上述方法不能得到有效的实施，也可利用吊车在原井口上方安装一个引火筒，再用喷砂切割的方法将已损坏的井口

项目 3　石油化工火灾防治与扑救

拆下，然后迅速安装一个新井口，最后再压住井喷，使井喷停止，火焰熄灭。发生井喷事故时，参加抢险的人员必须严格按照规定着装和佩戴安全可靠的防护用具。另外，要防止其喷出的石子或抽油杆砸伤人员，如果发生火灾，要防止造成人员烧烫伤等二次伤害。如果在清理事故现场，要防止井架绷线、牵引钢丝绳等断裂打伤人员。

3.5.5　特殊情况的紧急处置

3.5.5.1　可燃物料泄漏事故处置的基本要求

一般比较常见的可燃物料泄漏事故有以下几种情况。

（1）在拆卸维修设备时，没有把内部液体释放干净，结果在设备拆开后使液体泄漏出来。例如在拆修炼油塔管线流量计时，由于管内油品凝结，当时未流出来，误以为没有油，后来逐渐融化造成油品泄漏事故。

（2）各种管道和储罐由于腐蚀，质量低劣，年久失修，以及机械损伤等原因，出现裂缝而造成液体的泄漏。

（3）在生产过程中当班人员责任心不强，违反各种操作规程，从而造成泄漏事故。例如，操作工开泵向计量罐打液体时，由于擅离岗位，致使液体大量溢流；工艺温度和压力超高，造成设备爆裂等。

处置泄漏事故的措施包括以下内容。

（1）临时设置现场警戒范围。在泄漏量大时，要组织人员进行现场警戒，无关人员不得进入，制止一切点火源。

（2）绝对禁止与各种明火接触。可燃液体物料泄漏的范围内，首先要绝对禁止使用各种明火。特别是在夜间或视线不清的情况下，不要使用火柴、打火机等进行照明，同时也要注意不要使用刀闸等普通型电器开关。

（3）注意防止静电的产生。可燃液体在泄漏的过程中，如果流速过快，则容易产生静电。为防止静电的产生，可采用堵洞、塞缝和减少内部压力等方法，通过减缓流速或止住泄漏来达到防静电的目的。

（4）控制住物料的流向。对于泄漏出来的液体，可采用疏导和堵截等方法对其进行控制，尽量不使其范围扩大，特别是不要使泄漏出来的液体流散到有明火的地方或要害部位。

（5）避免形成爆炸性混合气体。当可燃物料泄漏在库房、厂房等有限空间时，要及时打开门窗进行通风，以防止形成爆炸性混合气体。

3.5.5.2　易燃、有毒气体泄漏紧急处置的方法和要求

造成气体泄漏事故的原因有：在运输、储存和使用过程中，由于个别储罐质量低劣，焊接开缝；人员思想上麻痹，不按安全规程进行装卸和充装，随意倾倒残液；阀门损坏或受机械损坏等。加之这些气体本身具有易燃性、毒害性，所以一旦泄漏，往往难以及时堵漏而引起爆炸和大面积起火，造成大量人员伤亡和财产损失，甚至殃及四邻，带来更大的灾害。

例如1998年3月，西安市某煤气公司液化石油气储灌区的一座400m²球罐因底部阀门损坏发生泄漏，又由于堵漏未能奏效而发生爆炸，使两个400m²球罐炸裂，四个100m卧罐起火燃烧并严重受损，八部液化石油气槽车烧毁，邻近一座棉花仓库也被殃及烧毁；爆炸导致12人死亡（其中消防救援人员7人），300人受伤（其中消防救援人员11人），直接财产损失达477.8万元，间接损失无法估量。又例如温州某电化厂一氯气瓶，因瓶内存有原来错灌的113.3kg氯化石蜡，在充装时发生了爆炸并引爆，击穿了液氯计量C槽和邻近的四只液氯钢瓶。这起爆炸事故导致59人死亡，770人中毒或负伤住院治疗，1955人门诊治疗；其中邻近一所小学的400名师生中毒，波及范围达7.35km，下风向9km处还可嗅到强烈的刺激气味，氯气扩散区内的农作物、树木全部变焦枯萎，在爆炸中心处20cm厚的混凝土地面上炸出了一个直径6.5m、深1.82m的漏斗状深穴，使距爆点28m处的办公楼和厂房的玻璃、门窗全部炸碎。这两起案例充分说明，掌握易燃、有毒气体泄漏的处置方法及要求非常重要和紧迫。

A　易燃、有毒气体泄漏的紧急处置方法

易燃、有毒气体一旦泄漏，处置难度非常大，如果处置方法不当往往会带来严重的后果。通过总结各种堵漏的成功经验，分析并归纳出了以下七种方法，可供大家参考。

（1）关阀断气法。关阀断气法就是当气体储存容器或输送管道有泄漏时，迅速找到泄漏处气源的最近控制阀门，关闭阀门，断绝气源，从而防止泄漏的方法。这是在阀门未损坏的条件下的一种最便捷、最迅速、最有效的方法。

（2）化学中和法与水溶解法。

1）用石灰水中和。如果气瓶阀门失控无法关闭，则最好将气瓶浸入石灰水中。因为石灰水不仅可以冷却降温、降压，还可以溶解大量有毒气体。例如氰化氢、氟化氢、二氧化硫、氯气等都是酸性物质，能与碱性的石灰水起中和作用。其发生的反应式为：

$$2HCN + Ca(OH)_2 = Ca(CN)_2 + 2H_2O$$
$$2HF + Ca(OH)_2 = CaF_2 + 2H_2O$$
$$SO_2 + Ca(OH)_2 = CaSO_3 + H_2O$$
$$2Cl_2 + 2Ca(OH)_2 = Ca(ClO)_2 + CaCl_2 + 2H_2O$$

例如，某游泳池在用氯气对池水进行消毒时，操作员让自己的女儿替代操作，由于技术不熟练致使氯气瓶摔倒，并将瓶嘴碰坏漏出大量氯气。操作员迅即赶到后，将氯气瓶推到游泳池水中，随后又拉来石灰倒入池水中并搅拌，使危害得到了有效控制，避免了一场重大人员中毒事故。

但值得注意的是，氨气瓶漏气时，不可浸入石灰水中，因为熟石灰水是碱性物质，氨亦属碱性，熟石灰水虽也有冷却作用，但不能充分溶解氨气。故最好的方法就是将氨气瓶浸入清水中，这样既可减少损失，也可保障人身安全。

2）用烧碱中和。由于氯气大多存在于氯碱工厂，并通过食盐水电解而制得。而该工艺的另一个重要产品就是氢氧化钠（俗称烧碱），氢氧化钠对氯气有很好的中和作用，其反应式为：

$$Cl_2 + 2NaOH === NaClO + NaCl + H_2O$$

因此，在氯碱工厂发生氯气泄漏时，最好的措施就是用本厂既有的氢氧化钠水溶液进行中和。方法可有两种，当大型氯气储罐或氯气管道泄漏时，可将适量的氢氧化钠溶液加入水罐消防车中，让消防车中的水呈弱碱性，通过消防车的雾状水流喷洒在泄漏的云状氯气上予以吸收氯气（有的消防支队曾用此法成功处置过氯气泄漏，但加碱不宜过多，呈强碱性时会把消防水罐、消防泵、水枪及水枪手身体腐蚀坏）；若是氯气瓶泄漏，可将泄漏的氯气瓶置于水池中，再将适量的氢氧化钠溶液加入水池中，并搅拌均匀，以利氯气的充分吸收。

3）清水吸收。如果现场没有石灰、烧碱等碱性物质，也可将气瓶浸入清水中，使之用水吸收，以避免作业环境受到污染。氯气溶解在水中生成盐酸和次氯酸（氯水），二氧化硫溶解在水中生成次硫酸，氨气溶解在水中生成氨水，氯化氢溶解在水中生成盐酸，硫化氢溶解在水中生成氢硫酸等。

以上方法在具体操作时，操作人员应佩戴隔绝式防毒面具。通常酸性气体泄漏时，可将气瓶浸入石灰水池中使之中和，以避免作业环境受到污染。例如2000年2月，江西某县自来水公司一具500kg的液氯钢瓶因阀杆断裂造成大量泄漏。该县公安消防队到场后，立即佩戴隔绝式空气呼吸器迅速将漏气钢瓶推入离钢瓶8m远的游泳池中，随后向水池中倒入了400kg石灰，使泄漏的氯气进行有效的中和，同时用大量的雾状水对氯雾区域进行水解、稀释、洗消，有效地减少了氯气的危害。处置此事故中只造成8人不同程度中毒，未有人员死亡。

（3）夹具堵漏法。夹具堵漏法就是利用专门的夹具进行堵漏的一种方法，其包括注胶堵漏法、顶压堵漏法、卡箍堵漏法、压盖堵漏法、捆扎堵漏法和引流黏接堵漏法。

1）注胶堵漏法就是用机械方法将密封剂料注入夹具与泄漏部位形成的空腔内，让密封剂料在短时间内固化，形成新的密封圈，使夹具与密封剂、泄漏部位构成一体，从而达到止漏目的的一种方法。

2）顶压堵漏法就是在泄漏部位把顶压工具固定好后，在顶压螺杆前端装上密封材料，旋转顶压螺杆，迫使密封材料于泄漏处压紧而停止泄漏的一种方法。

3）卡箍堵漏法就是在泄漏部位垫好橡胶、聚四氟乙烯垫或者O形密封圈和填料，或者密封胶和多层涂胶布垫等密封件，利用卡箍卡死泄漏处的一种堵漏方法。

4）压盖堵漏法就是用一只T形螺栓将压盖、密封垫或密封胶夹紧在泄漏处的本体上而堵漏的一种方法。

5）捆扎堵漏法是将密封垫或密封胶置于管道或设备的泄漏点上，利用捆扎工具将钢带紧紧地把其压死，从而将泄漏止住的一种方法。

6）引流黏接堵漏法就是首先根据泄漏孔或缝的大小及位置制作一块引流板，再在泄漏处及引流板上涂黏合剂并粘于泄漏处，使引流孔正对泄漏孔，让泄漏气体通过引流板螺孔或引流管引出，引流板四周再涂上环氧胶泥，固化后再拧上螺钉即可止漏；或用引流管引出，拧紧引流管端上的阀门止漏的一种方法。

（4）点燃烧尽法。点燃烧尽法是特指可燃气体的，就是当关断阀门断气无效，且在容器、管道的上部或者旁侧泄漏时，在泄漏处的气体还未达到爆炸浓度之前，迅速将泄漏气体点燃，以防止所漏气体达到爆炸浓度范围遇火源而发生爆炸的方法。此方法如果运用的好，不失为一种安全有效的方法。例如2001年11月，石家庄某炼油厂至液化石油气储罐总站的液化石油气管道被一挖掘机挖破，造成大量液化石油气泄漏。石家庄市特勤大队接警后与液化石油气储罐站合作，首先停止液化烃输送，并将泄漏点相邻的两个阀门关死，请专家在两阀门之间泄漏点的另一端的管道段的适当位置，用风冷机钻一孔口，将滞存在两阀门之间管道内的液化石油气卸出，同时将卸出的液化石油气用管道引出至安全地点点燃，至燃尽时，将残存在泄漏口附近管沟内的液化石油气用防爆电风扇吹扫干净，经可燃气体测爆仪测试无爆炸危险时止。整个泄漏处置过程，未造成一人伤亡。此次处置泄漏的成功，进一步证明了采用点燃烧尽法的可行性。

另外，在处置气瓶泄漏时，若漏出的气体已着火，如果有可能，应将毗邻的气瓶移至安全距离以外。务必注意的是，不得在泄漏气体能够有效封堵之前将火扑灭，否则泄漏的可燃气体就会形成爆炸性混合气体或使具有毒性的气体聚集。因此，在泄漏停止之前应首先对容器进行冷却，在能够设法有效堵漏时才能将火扑灭，否则应大量喷水冷却，以防止气瓶内压力因受热而升高。当其他物质着火威胁气体储存容器的安全时，应用大量水喷洒气体储存容器，使其保持冷却，如果有可能，应将气体储存容器从火场或危险区移走；对已受热的乙炔瓶，即使在冷却之后，也有可能发生爆炸，故应长时间冷却至环境温度时的允许压力，且不再升高时止；如在水上运输时，可投于水中。

当需要采用点燃烧尽法时，指挥员在处置时要非常果断，应在很短的时间内迅速做出抉择，切记不可久拖。拖的时间越长，所造成的危害性也就越大，如果超出了一定的时间，当现场气体扩散已达到爆炸浓度范围时，就不能再进行点燃。泄漏气体被点燃后，应再做堵漏和灭火的准备工作。在没有找到有效的止漏方法的情况下，不得将已燃的火扑灭，如果无法有效制止漏气，那就只有让其燃尽为止。但应及时对火焰能辐射到的容器、管道的受热面进行有效的冷却，以防止受热而引发爆裂，形成更大的灾害。

（5）木楔封堵法。木楔封堵法就是当泄漏的盛装燃气容器的阀门自根部断开时，迅速用木楔在泄漏口用橡皮锤砸紧封堵的一种方法。此种方法是十分危险的，但阀门从根部断裂时，也只有此种方法有效。例如1998年4月，河南省新乡某钢厂的一辆满载12t液化石油气的红岩牌槽车，被另一辆满载10t液化石油气的斯特太尔槽车牵引，在石家庄市南二环路由西向东穿行南二环铁路地道桥时，由于红岩牌槽车超高，加之道路坎坷不平，车身颠簸，槽车顶部的气相阀门及安全阀从根部被撞断，顿时大量气化的液化石油气外喷，形成了一条几米高的气柱，浓浓的液化石油气迅速向四周弥漫，情况十分危急。此时，地道桥上方正好停放有一节装有60t TNT炸药的车厢和120t其他军用爆炸品的车厢；地道桥东北为居民住宅楼群，地道桥西150m是列车机务段储油量为100m^{2}的加油站，一旦发生爆炸后果不堪设想。当地消防队接警后迅速赶赴现场，指挥员沉着冷静，周密部署，立即通知铁路部门，停止一切过往车辆通行，马上将TNT炸药及其他爆炸品车厢牵引至安全地点；对泄漏液化石油气的槽车进行检查，设法将未泄漏槽车与泄漏槽车分开，并采取安全防护措施；侦察泄漏点，并根据泄漏点的情况果断、迅速采取木塞封堵法将泄漏口堵死，一场危及石家庄全市安全的大爆炸得到了避免。

以上案例充分说明，当盛装气体容器阀门从根部断开泄漏时，在没有其他更有效的方法的危急情况下，用木塞封堵法是有效可行的，但这也说明我国的压力容器安全监察不力。根据有关规定，充装液化燃气容器的液相和气相管的出口应当安装过流阀保护。该阀在阀门的根部断裂，容器内的液化石油气快速向外泄漏时会因流速过快而自动关闭，而我国很多的液化石油气容器没有安装此阀保护，这些都是教训。

（6）封冻堵漏法。封冻堵漏法就是当泄漏液化燃气的容器管阀处于裂缝泄漏时，在泄漏压力较小的条件下，用棉、麻布等吸水性强的材料将裂缝包裹起来，并向布上洒水（不应用强水流），利用液化燃气的蒸发热特性（液化石油气的沸点是-42℃）将水湿后的麻布与裂缝冷冻起来，从而将漏气止住而后相继进行处理的方法。例如1997年5月，一辆液化石油气槽车行至石家庄市某县县城内时发现液相阀门漏气，司机立即向当地公安消防机构报警，该县公安消防大队接警后迅速赶赴现场，指挥员迅速采取果断措施，使用封冻堵漏法进行了有效处理，避免了一场大爆炸的发生。

（7）注水升浮法。注水升浮法主要是针对低压液化气体而言的，就是当液化气体储存容器处于下部泄漏时，借用已有或临时安装的输水管向容器内注水，利用水与液化气体的容重差，使容器内的液化气体升浮到破裂口之上，水就会自然沉降于容器的底部，此时破裂口就只能泄漏出水，这样就暂时阻止了液化气体的泄漏，也就留出了彻底堵漏（如更换阀门等）的时间。在使用此方法时，为防止注水过多、压力过大使液化气体从容器的顶部安全阀处漏出，可以采取边倒液边注水的方法；如果不能从容器的顶部倒液，且容器内满液时，可先从容器的下部倒液，然后再行注水。但一次倒液不应太多，以免耽误的时间太长，使漏出的气体达到爆炸浓度范围；亦可先倒液至5%~10%时再注水，当下部漏气停止时再倒液，这样交替进行以及早止住漏气、安全倒液为目的。例如，北京市某液化石油气储罐站曾用此方法成功将一个1000m³液化石油气储罐排污阀冻裂的泄漏堵住。

B　处置的要求

易燃、有毒气体一旦泄漏，情况十分危急，除了应迅速果断地选择以上方法采取紧急措施外，还应做到以下几点。

（1）设置警戒区，有效控制各种引燃源。警戒区的大小，应根据泄漏气体的密度和泄漏的数量、时间、地形、气象等情况确定。一般对泄漏气体的密度大、量多，气体处于地形较低的地方和泄漏源的下风向时，半径应扩大，其标准应以小于所漏气体爆炸下限的25%~50%（用测爆仪测试）为准，特别要注意对沟渠等低洼处的检测。应在警戒区周围设置明显的标志，迅速调集交警巡警、防暴队到场，封锁所有通道，派遣专门人员把守主要路口，由居民辖区派出所逐家逐户，通知居民不得开、关电灯和使用任何明火等。在警戒区域内禁止一切引燃源（包括各种火源和可能产生火种的各种活动），禁止所有内燃机车辆、电瓶车和与堵漏无关的人员进入，关闭在场人员的呼机、手机等非防爆通信工具，使各种火源得到有效的控制。

（2）注意自身的保护。消防人员在抢险现场必须有一定的防护，确保自身的安全。消防员应当配备手套、靴子、连体工作服、安全帽等专用防护服和喷雾水枪，在处置易燃、剧毒或腐蚀性液化气体泄漏或火灾时，消防堵漏人员均应佩戴空气（或氧气）等隔绝式呼吸器；要把袖口、裤口扎紧，不要穿化纤衣服；要从上风方向接近险区，并尽量减少人员的进入；堵漏人员在操作时不要处在槽体或瓶体的正前方或正后方，尽量注意利用掩体；处置完毕，对现场要进行有效的洗消，消防战斗人员要进行充分的洗浴。

（3）严格落实防毒的安全措施。在火场上经常遇到有毒气体，如一氧化碳、二氧化硫，以及氯化氢、氰化物等燃烧产物；在一些特殊场所还会散发出乙炔气、液化石油气、煤气、氨气、氯气等；有时还会遇到一些异常气味，难以搞清气体的种类。火场的燃烧产物和一些气体对人体有很大危害，有的气体还有着火、爆炸的危险。因此，为保障火场人员的安全，必须采取安全措施。

首先，要查清毒气的种类和扩散的范围，并尽快通知有可能遭受毒害的单位和住户，让其尽快撤离或将门窗关闭。在房间内发觉有毒气或异常气味时，应尽快打开门窗，进行自然通风。其次，在查清毒气种类和范围的同时，应尽快找出毒气的泄漏地点，并想尽办法进行堵塞，止住泄漏。对已经出现的各种有毒气体可用喷雾水进行驱赶；驱赶时应尽量站在上风方向，借助风的作用增强驱赶效果，并要有效地防止人员中毒。再次，在有毒气体或异常气味的环境中进行各项作业时，必须使用各种隔绝式空气呼吸保护器具，或用湿毛巾、口罩等简便器材进行防护，如果出现头昏、恶心、呼吸困难等症状时，应及时进行救护。

（4）充分利用水、泡沫驱散、覆盖外泄的气体。消防队到场后，应注意将消防车停在警戒区域之外的上风向，切不可认为消防车是专用车辆而忽视了消防车也是可以喷火的内燃机车，而盲目将消防车开进可燃气体泄漏现场。实施驱散时，要用喷雾水由上向下喷洒，搅动泄漏的气雾，以加快气体流动，使其尽快扩散，同时水雾也可吸收一部分泄漏气体；也可用大量的喷雾水驱赶雾化的气体，改变其流动方向，向安全地带扩散；当泄漏的是液化气体且聚集一处时，可用高倍或中倍数泡沫覆盖，以阻止或降低燃气的蒸发和扩散。

（5）保证统一指挥和指挥信息畅通、决策无误。泄漏较大时，应当成立指挥部统一指挥协调。指挥员应能及时得到前方止漏的准确信息，注意监测风向和风力，能视实际情况准确判断，迅速做出继续战斗或撤离的决策。警戒应当在泄漏事故确实得到安全可靠的处置后，经检查确认无危险时才能解除。

（6）彻底处理外泄气体，不留任何事故后患。善后处理时一定要彻底，不得留有任何事故后患，这是漏气被堵住后必须认真处置的重要工作。例如液化燃气槽车泄漏时，可将槽车拖往附近的液化燃气储罐厂将槽车内所剩的液化燃气倒罐，余下的残液可选择排放在郊区对人身安全无影响的空旷地带烧掉。排空的槽车拖走后，还应利用喷雾水将外泄聚集的气体驱散干净，并经测试无爆炸危险后，整个堵漏才算结束；如果存在有毒气体，对余下的残液残气绝对不许任意排放，应进行中和等消毒处理。

C 医疗急救措施

有毒气体一旦泄漏，往往会引起大量人员中毒，所以在现场必须有一定的医疗急救措施，这样才能最大限度地减少伤亡损失。气体的毒性不同，泄漏后的医疗急救的措施也是不同的。通常情况下，大多数气体泄漏的基本措施如下所示。

（1）皮肤中毒时，应当立即脱去衣鞋，用大量清水冲洗至少10min；当有化学灼伤时，应用肥皂水清洗患处；若灼伤的水泡已破，应用凡士林纱布覆盖创面；若疼痛难忍，可口服对乙酰氨基酚（扑热息痛）或肌注吗啡。当毒及眼睛时，应立即用大量水冲洗至少10min，外敷1%的氯霉素眼膏；若疼痛难忍，可口服对乙酰氨基酚或肌注吗啡。

（2）当有毒气体被吸入肺部时，应立即将伤员撤离现场，并保暖吸氧；稍重者要吸痰，插通气导管，不要给食物和兴奋剂；必要时采用人工呼吸或心脏按压术。营救者须戴隔绝式呼吸器。如果出现肺水肿，应持续吸氧，肌注利尿剂，必要时可施以人工呼吸、心脏按压术、吸痰；如果出现肺炎时，应卧床、查痰、大量饮水，必要时吸氧、肌注氨苄西林（氨苄青霉素）或其他抗生素（须做过敏皮试），口服对乙酰氨基酚药物。

（3）当出现肾功能衰竭时要多饮水。若出现水肿，应按心力衰竭治疗。当出现肝功能衰竭时，要卧床、保温、禁食高蛋白和饮酒，吃高碳水化合物食物；呕吐时肌注甲氧氯普胺（灭吐灵）；症状严重时，要迅速就医。

 思考题

3-1 如何进行防止燃烧和爆炸？
3-2 石油化工火灾现场扑救的基本原则是什么？
3-3 简述初期火灾的扑灭原则。

项目 4 石油化工特殊情况的紧急处置

教学目标

(1) 理解可燃物料泄漏事故处置的基本要求；
(2) 理解易燃、有毒气体泄漏紧急处置的方法和要求；
(3) 了解石油化工企业火灾的危险性及扑救措施；
(4) 了解石油化工生产装置灭火救援方法；
(5) 理解石油化工储罐灭火措施；
(6) 了解液化天然气接收站火灾。

任务 4.1 可燃物料泄漏事故处置及基本要求

化工生产过程中，经常由于设备设施的管理、使用、维修、保养不当而引发化工原料或半成品、成品泄漏，威胁到生产安全或公众安全。总体来说，化工生产中的泄漏可分为以下几类。

(1) 由管路设备腐蚀导致的化学品泄漏，其中包括孔蚀及缝隙腐蚀、应力腐蚀、细菌腐蚀、磨损腐蚀和电偶腐蚀。

1) 孔蚀及缝隙腐蚀是指金属材料由于设备、构件结构上存在缝隙，或在表面上存在金属或非金属沉积物，缝内金属与缝外金属构成短路原电池，在腐蚀介质作用下，会在缝隙处产生强烈的点状和溃疡状损伤的一种局部腐蚀。

2) 金属材料的应力腐蚀开裂是指在静拉伸力和腐蚀介质的共同作用下导致腐蚀开裂的现象。它与单纯由应力造成的破坏不同，这种腐蚀在极低的应力条件下也能发生；它与单纯由腐蚀引起的破坏也不同，腐蚀性极弱的介质也能引起腐蚀开裂。它往往是没有先兆突然断裂，容易造成严重的事故。

3) 细菌腐蚀是当金属在含有硫酸盐的土壤中腐蚀时，阴极反应的氢将硫酸盐还原为硫化物，硫酸盐还原菌利用反应的能量进行繁殖从而加速金属腐蚀的现象。

4) 磨损腐蚀是指摩擦副对偶表面在相对滑动过程中，表面材料与周围介质发生化学或电化学反应，并伴随机械作用而引起的材料损失现象。磨损腐蚀通常是一种轻微磨损，但在一定条件下也可能转变为严重磨损。

5) 电偶腐蚀是由两种或两种以上不同电极电位的金属处于腐蚀介质内相互接触，由于腐蚀电位不同，而引起了电化学腐蚀，造成同一介质中异种金属接触处的局部腐蚀。电偶腐蚀也可称为接触腐蚀或双金属腐蚀。

项目 4　石油化工特殊情况的紧急处置　　　·59·

（2）生产废水、废气、废渣泄漏。化工"三废"（"三废"指的是废水、废气和废渣）来源主要有两大类：一是来源于化工生产中的原料、中间体、半成品及成品，包括化学反应不完全，即未反应的原料因回收不完全或不可回收而被排放掉，或原料中的杂质在净化或反应之后被排放掉，或由跑、冒、漏、滴而产生；二是来源化工生产过程中排放的废弃物，主要由燃料燃烧、冷却水、副反应、反应的转化物和添加物、分离过程产生。

（3）火灾爆炸等导致泄漏。化工生产中，由于使用大量的易燃、易爆、有毒、有腐蚀的物质，引起火灾、爆炸的危险性很大。在火灾爆炸发生后，管道和压力容器受损破坏，极易引发二次事故，从而造成化学品的泄漏事故发生。

（4）生产操作不当导致泄漏。化工生产工艺流程往往十分复杂，任何环节的疏忽都能产生事故隐患；加之作业人员的三违现象时有发生，极易造成泄漏事故发生。

4.1.1　可燃物料泄漏事故处置

可燃物料泄漏事故的应急处置包括以下几个方面。

（1）建立和完善化工装置泄漏报警系统。企业要在生产装置、储运、公用工程和其他可能发生有毒有害、易燃易爆物料泄漏的场所安装相关气体监测报警系统，重点场所还要安装视频监控设备。要将法定检验与企业自检相结合，现场检测报警装置要设置声光报警，保证报警系统的准确性和可靠性。

（2）建立规范、统一的报警信息记录和处理程序。操作人员接到报警信号后，要立即通过工艺条件和控制仪表变化判别泄漏情况，评估泄漏程度，并根据泄漏级别启动相应的应急处置预案。操作人员和管理人员要对报警及处理情况做好记录，并定期对所发生的各种报警和处理情况进行分析。

（3）建立泄漏事故应急处置程序，有效控制泄漏后果。企业要充分辨识安全风险，完善应急预案，对于可能发生泄漏的密闭空间，应当编制专项应急预案并组织进行预案演练，完善事故处置物资储备。要设置符合国家标准规定的泄漏物料收集装置，对泄漏物料要妥善处置，如采取带压堵漏、快速封堵等安全技术措施。对于高风险、不能及时消除的泄漏，要果断停车处置，处置过程中要做好检测、防火防爆、隔离、警戒、疏散等相关工作。

4.1.2　可燃物料泄漏事故处置的基本要求

可燃物料泄漏事故的防治主要从管理、设计、工艺三方面综合入手，以达到全面预防事故发生的目的。

（1）建立健全泄漏管理制度，树立本质安全理念。其主要包括以下几个方面。

1）建立泄漏常态化管理机制。要根据企业实际情况制定泄漏管理的工作目标，制定工作计划，责任落实到人，保证资金投入，统筹安排、严格考核，将泄漏管理与工艺、设备、检修、隐患排查等管理相结合，并在岗位安全操作规程中体现查漏、消漏、动静密封点泄漏率控制等要求。

2）建立和完善泄漏管理责任制。建立健全并严格执行以企业主要负责人为第一责任人、分管负责人为责任人、相关部门及人员责任明确的泄漏管理责任制。

3）建立和不断完善泄漏检测、报告、处理、消除等闭环管理制度。建立定期检测、报告制度，对于装置中存在泄漏风险的部位，尤其是受冲刷或腐蚀容易减薄的物料管线，要根据泄漏风险程度制定相应的周期性测厚和泄漏检测计划，并定期将检测记录的统计结果上报给企业的生产、设备和安全管理部门，所有记录数据要真实、完整、准确。企业发现泄漏要立即处置、及时登记、尽快消除，不能立即处置的要采取相应的防范措施，并建立设备泄漏台账，限期整改；加强对有关管理规定、操作规程、作业指导书和记录文件，以及采用的检测和评估技术标准等泄漏管理文件的管理。

4）建立激励机制。企业要鼓励员工积极参与泄漏隐患排查、报告和治理工作，充分调动全体员工的积极性，实现全员参与。

（2）优化装置设计，从源头全面提升防泄漏水平。其主要包括以下几个方面。

1）优化设计以预防和控制泄漏。在设计阶段，要全面识别和评估泄漏风险，从源头采取措施控制泄漏危害；要尽可能选用先进的工艺路线，减少设备密封、管道连接等易泄漏点，降低操作压力、温度等工艺条件；在设备和管线的排放口、采样口等排放阀设计时，要通过加装盲板、丝堵、管帽、双阀等措施，减少泄漏的可能性，对存在剧毒及高毒类物质的工艺环节要采用密闭取样系统设计，有毒、可燃气体的安全泄压排放要采取密闭措施设计。

2）优化设备选型。企业要严格按照规范标准进行设备选型，属于重点监控范围的工艺及重点部位要按照最高标准规范要求选择；设计要考虑必要的操作裕度和弹性，以适应加工负荷变化的需要。要根据物料特性选用符合要求的优质垫片，以减少管道、设备密封泄漏。

3）新建和改扩建装置的管道、法兰、垫片、紧固件选型，必须符合安全规范和国家强制性标准的要求，压力容器与压力管道要严格按照国家标准要求进行检验；选型不符合现行安全规范和强制性标准要求的已建成装置，泄漏率符合规定的，企业要加强泄漏检测，监护运行，泄漏率不符合要求的，企业要限期整改。

4）科学选择密封配件及介质。设备选择密封介质和密封件时，要充分兼顾润滑和散热。使用水作为密封介质时，要加强水质和流速的检测；输送有毒、强腐蚀介质时，要选用密封油作为密封介质，同时要充分考虑针对密封介质侧大量高温热油泄漏时的收集、降温等防护措施，对于易气化介质要采用双端面或串联干气密封。

5）涉及重点监管危险化工工艺和危险化学品的生产装置，要按安全控制要求设置自动化控制系统、安全联锁或紧急停车系统和可燃及有毒气体泄漏检测报警系统；紧急停车系统、安全联锁保护系统要符合功能安全等级要求；危险化学品储存装置要采取相应的安全技术措施，如高、低液位报警和高高、低低液位联锁，以及紧急切断装置等。

（3）识别泄漏风险，规范工艺操作行为。其主要包括以下几个方面。

1）全面开展泄漏危险源辨识与风险评估。企业要依据有关标准和规范，组织工程技术和管理人员，或委托具有相应资质的设计、评价等中介机构，对可能存在的泄漏风险进行辨识与评估，结合企业实际设备失效数据或历史泄漏数据分析，对风险分析结果、设备失效数据或历史泄漏数据进行分析，辨识出可能发生泄漏的部位，结合设备类型、物料危险性、泄漏量对泄漏部位进行分级管理，提出具体防范措施；当工艺系统发生变更时，要及时分析变更可能导致的泄漏风险并采取相应措施。

2）全面开展化工设备逸散性泄漏检测及维修。企业要根据逸散性泄漏检测的有关标准和规范，定期对易发生逸散性泄漏的部位（如管道、设备、机泵等密封点）进行泄漏检测，排查出发生泄漏的设备要及时维修或更换；企业要实施泄漏检测及维修全过程管理，对维修后的密封进行验证，达到减少或消除泄漏的目的。

3）加强化工装置源设备泄漏管理，提升泄漏防护等级。企业要根据物料危险性和泄漏量对源设备泄漏进行分级管理、记录统计；对于发生的源设备泄漏事件要及时采取消除、收集、限制范围等措施，对于可能发生严重泄漏的设备，要采取第一时间能切断泄漏源的技术手段和防护性措施；企业要实施源设备泄漏事件处置的全过程管理，加强对生产现场的泄漏检查，努力降低各类泄漏事件发生率。

4）规范工艺操作行为，降低泄漏概率。操作人员要严格按操作规程进行操作，避免工艺参数大的波动；装置开车过程中，对高温设备要严格按升温曲线要求控制温升速度，按操作规程要求对法兰、封头等部件的螺栓进行逐级热紧，对低温设备要严格按降温曲线要求控制降温速度，按操作规程要求对法兰、封头等部件的螺栓进行逐级冷紧；要加强开停车和设备检修过程中泄漏检测监控工作。

5）加强泄漏管理培训。企业要开展涵盖全员的泄漏管理培训，不断增强员工的泄漏管理意识，掌握泄漏辨识和预防处置方法，新员工要接受泄漏管理培训后方能上岗；当工艺、设备发生变更时，要对相关人员及时培训，对负责设备泄漏检测和设备维修的员工进行泄漏管理专项培训。

任务 4.2　易燃、有毒气体泄漏紧急处置的方法和要求

4.2.1　易燃、有毒气体泄漏紧急处置的方法

（1）关阀断气法。关阀断气法是当气体储存容器或者输送管道有泄漏时，迅速找到泄漏处气源的最近控制阀门、关闭阀门、断绝气源，从而防止泄漏的方法。该方法也是在阀门未损坏条件下的一种最便捷、最迅速和最有效的方法。在具体操作时，应当首先了解所漏出的是什么气体，并且根据气体的性质做好相应的人身防护，站在上风方向向储气容器洒冷水冷却、吸收，使之降低温度，然后将阀门旋紧。如果在阀门关闭后，泄漏处仍然滞留有雾化的气体时，应当用喷雾水将其驱散，防止雾化的燃气与空气混合达到爆炸浓度范围，遇火源而发生爆炸，同时防止有毒气体使人员中毒。

（2）化学中和法和水溶解法。化学中和法主要是根据所泄漏气体的性质，用能与其发生中和反应的物质发生反应，从而消除泄漏气体的危险性的方法；水溶解法主要是根据所泄漏气体的水溶性，将其在水中溶解，从而消除泄漏气体的危险性的方法。这两种方法在具体操作时，操作人员应当佩戴隔绝式防毒面具。通常对酸性气体泄漏时，可以将气瓶浸入石灰水池中使之中和，以避免作业环境受到污染。

因为石灰水不仅可以冷却降温、降压，还可以中和、溶解大量有毒气体。例如，氰化氢、氟化氢、二氧化硫、氯气等都是酸性气体，它们都能够与碱性的石灰水起中和作用。如果现场没有石灰水，也可将气瓶浸入清水中，因为大部分气体都有一定的水溶性。例如，当氨气瓶漏气时，最好将气瓶浸入清水池中，这样既可以减少损失，又可以保障人身安全。但氨气泄漏绝不可以浸入石灰水中，因为熟石灰水是碱性物质，氨亦属碱性。石灰水虽有冷却作用，但不能使氨气充分溶解于石灰水中。

（3）夹具堵漏法。夹具堵漏法主要是利用专门的夹具进行堵漏的一种方法，主要适用于输送气体的管道及有关的法兰、阀门、弯头、三通等部位或者小型设备的泄漏。该方法按照夹具的构造及作用原理，主要有顶压堵漏、注胶堵漏、卡箍堵漏、压盖堵漏、捆扎堵漏、引流黏结堵漏等方法。

4.2.2 易燃、有毒气体泄漏紧急处置要求

（1）发现易燃、有毒气体泄漏，首先要清除泄漏点周围的易燃、易爆物品及火源，送到安全距离以外，防止燃烧、爆炸发生连锁反应。

（2）指定专业技术人员迅速查清事故原因，制定事故处理方案并马上实施。

（3）准备灭火器、沙箱（袋）、铁锹等灭火工具，一旦易燃、有毒气体燃烧迅速扑灭。

（4）如果是石油天然气管道泄漏，应马上派人员关上上端阀门，并用通风机将泄漏点所在房间的天然气浓度降至最低，然后方可进行检修工作。

（5）如果是氧气管道泄漏，在关闭上端阀门之前要了解清楚该管段末端是否在使用氧气。如果有则尽可能采取其他方法供氧（如氧气瓶代替），如果没有则应立即关闭上端阀门，开始检修。

（6）如果泄漏气体已经燃烧，切不可关闭上端阀门，切断气源，要保持管道内正常工作压力，防止外焰回火进入管道引起爆炸；同时积极采取措施扑灭火焰，冷却管道，方可停气检修。

任务4.3　石油化工企业火灾的危险性及扑救措施

4.3.1 石油化工基本产业链

石油化工是指以石油和天然气为原料，生产石油产品和化工产品的整个加工工业，包括原油和天然气的开采行业和油品的销售行业，是我国的支柱产业之一。通常可以将石油石化产业分为石油开采业、石油炼制业、石油化工、化工制品、化肥行业等。

石油开采指的是将原油和天然气从地下采出的过程，并将原油和天然气分离；石油炼制指的是将原油加工成汽油、柴油、煤油、石脑油、重油等油品的过程；石油化工指的是将石油产品和石化中间品加工成石化中间品的过程；化工制品指的是将石化中间品加工成制品的过程；化肥行业指的是将石油产品合成为化肥的过程。每个过程有其自身的功能和特点。

石油工业包括全球的勘探、开采、炼制、运输（通常利用油轮和管道运输）、油品销售等。石油也是许多化工产品的原料，包括医药品、溶剂、化肥、塑料等。该行业通常被分为上游、中游、下游三个主要部分，通常将中游纳入下游之内。

石油产品可分为石油燃料、石油溶剂与化工原料、润滑剂、石蜡、石油沥青和石油焦。其中，各种燃料产量最大，约占总产量的90%；各种润滑剂品种最多，产量约占5%。各国都制定了产品标准，以适应生产和使用的需要。从炼油出发的产业链如图4-1所示。

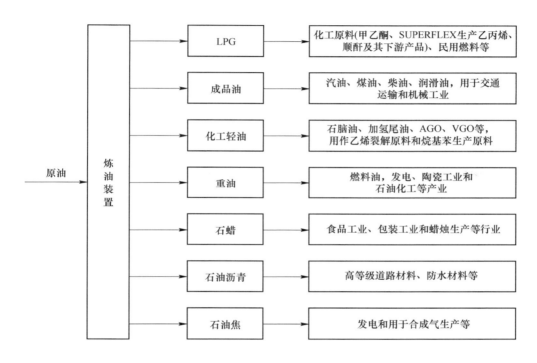

图4-1 石油炼制产业链

石油馏分（主要是轻质油）通过烃类裂解、裂解气分离可制取乙烯、丙烯、丁二烯等烯烃和苯、甲苯、二甲苯等芳烃，芳烃亦可来自石油轻馏分的催化重整。石油轻馏分和天然气经蒸气转化、重油经部分氧化可制取合成气，进而生产合成氨、合成甲醇等。随着科学技术的发展，上述烯烃、芳烃经加工可生产包括合成树脂、合成橡胶、合成纤维等高分子产品及一系列制品，如表面活性剂等精细化学品。因此，石油化工的范畴已扩大到高分子化工和精细化工的大部分领域。石脑油进一步裂解产生的产品如图4-2和图4-3所示。

从烯烃出发，可生产各种醇、酮、醛、酸类及环氧化合物等。

C4馏分主要为含四个碳原子的多种烷烃、烯烃、二烯烃和炔烃的混合物。C4馏分是一种可燃气体，但通常是以液态贮运，可作为燃料，或经分离作基本有机化工原料。具有工业意义的C4烃主要组分有正丁烷、异丁烷、1-丁烯、异丁烯、1,3-丁二烯、C4炔烃等，其中以1,3-丁二烯最为重要。

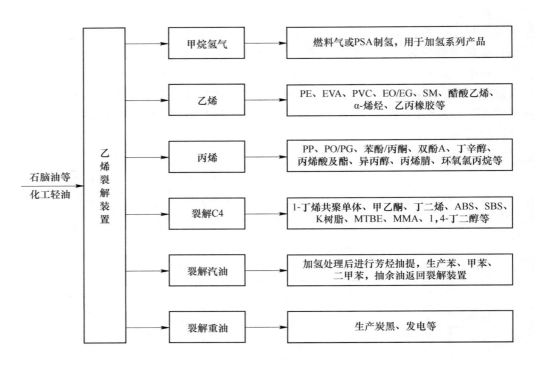

图 4-2　乙烯裂解产业链

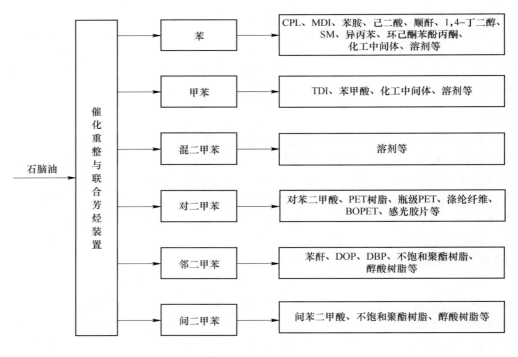

图 4-3　催化重整与联合芳烃产业链

项目 4 石油化工特殊情况的紧急处置   · 65 ·

另一石油裂解的产物是苯。苯在工业上用途很广，接触的行业主要有染料工业、用于农药生产及香料制作的原料等，苯又可作为溶剂和黏合剂用于造漆、喷漆、制药、制鞋及苯加工业、家具制造业等。

4.3.2　石油化工企业火灾扑救措施

石油化工企业具有以下特点：

（1）燃烧与爆炸共存，灾害面积大；

（2）借助易燃易爆物质，起火快，火势极其迅猛；

（3）火势顺着可燃烧气体或液体不停流动，难以扑灭；

（4）火灾中造成的石化原料、成品的泄漏，易造成大面积的环境污染；

（5）石化火灾中的燃烧物质在燃烧时会释放出有毒气体，造成更大范围的伤害。

造成石化火灾的原因为：

（1）石油化工企业生产存储的物料具有易燃、易爆、有毒、有腐蚀性等特点，一旦遇上火源极易发生燃烧或者爆炸；

（2）石油化工生产大多采用高温、高压或深冷、负压的工艺条件，这会增加物料的活性，扩大爆炸范围；

（3）石油化工的生产方式具有连续化、自动化的特点，过程中一旦受阻，易造成毁灭性伤害；

（4）石油化工的生产设备和装置都是大型化和立体化的，一旦发生火灾，易形成连环效应；

（5）石油化工生产用的动力能源较多，火源、电源、热源交织使用，容易成为造成火灾的火源。

石化企业容易发生火灾、爆炸事故，但不同的化学品在不同情况下发生火灾时，其扑救方法差异很大，若处置不当，不仅不能有效扑灭火灾，反而会使灾情进一步扩大。

（1）扑救初期。迅速关闭火灾部位的上下游阀门，切断进入火灾事故地点的一切物料；在火灾尚未扩大到不可控之前，应使用移动式灭火器，或现场其他各种消防设备、器材扑灭初期火灾和控制火源。

（2）为防止火灾危及相邻设施。对周围设施及时采取冷却保护措施，迅速疏散受火势威胁的物资，有的火灾可能造成易燃液体外流，这时可用沙袋或其他材料筑堤拦截飘散流淌的液体或挖沟导流将物流导向安全地点，用毛毡、海草帘堵住下水井、阴井口等处，防止火焰蔓延。

扑救化学品火灾决不可盲目行动，应针对每一类化学品，选择正确的灭火剂和灭火方法来安全地控制火灾。化学品火灾的扑救应由专业的消防救援队伍来进行，其他人员不可盲目行动，待消防人员到达后，介绍物料介质，配合扑救。

石油化工企业一旦发生火灾牵连性较强，对财产、环境的危害较大，甚至威胁员工的生命，因此一定要加强防护工作，定时自检自查，及时排除安全隐患。

任务4.4 石油化工生产装置灭火救援

石油化工生产装置（以下简称装置）是指一个或一个以上相互关联的工艺单元的组合。装置内单元是指按生产流程完成一个工艺操作过程的设备、管道、仪表等的组合体，由两个或两个以上独立装置集中紧凑布置，且装置间直接进料，无须大修装置设置的中间原料储罐，其开工或停工检修等均同步进行，视为一套装置，也称为联合装置。石油化工生产装置由多种塔、釜、泵、罐、槽、炉、阀、管道、框架等构成，属于金属构造，高温下易发生变形倒塌，装置内物料属易燃易爆、易腐蚀、高热值物质，火灾爆炸危险性极大。石化生产装置运行具有长周期、满负荷、连续化的特点，生产过程中具有高温高压、低温深冷、空速有毒等危险性。在石化企业内，庞大的工业设备管廊集群形成相互依存、不可分割的有机整体，任何一点发生泄漏，可燃易燃物料都有发生爆炸燃烧的可能，而任何一点发生爆炸燃烧，都可能引发更大规模的爆炸燃烧，形成连锁反应。

因此，石油化工生产装置发生火灾的概率高，燃烧速度快，极易蔓延造成大面积火灾，燃烧猛烈，辐射热值高，发生坍塌和爆炸的可能性大。不同装置的工艺技术、加工路线和工艺流程不同，火灾危险性和特点也有所不同。本任务通过对常见生产装置相关知识的学习，分析其火灾危险性，进而提出有针对性的灭火救援处置对策，为该类事故的灭火救援行动提供参考。

4.4.1 常见生产装置及流程

不同生产装置将不同原料以不同工艺路线，通过一系列物理、化学变化，生产得到多种不同的下游产品。常见的石油化工生产装置有以下几种：

（1）石油炼制装置，包括原油蒸馏（常减压）、催化裂化、催化重整、加氢裂化、延迟焦化、气体分离、汽油加氢、柴油加氢、航煤加氢、渣油加氢、石脑油加氢、MTBE等装置；

（2）石油化工装置，包括乙烯裂解、汽油加氢、碳四抽提丁二烯、芳烃抽提、对二甲苯（PX）、精对苯二甲酸（PTA）、苯乙烯、丙烯腈等装置；

（3）合成纤维装置，包括涤纶、维尼纶、丙纶、锦纶、氨纶、腈纶等装置；

（4）合成塑料装置，包括聚乙烯（PE）、聚氯乙烯（PVC）、聚苯乙烯（PS）、聚丙烯（PP）和ABS树脂等装置；

（5）合成橡胶装置，包括丁苯橡胶（SBR）、丁腈橡胶（NBR）、乙丙橡胶（EPM/EPDM）、顺丁橡胶（BR）、硅橡胶（Q）、氟橡胶（FPM）、丁基橡胶（IIR）等装置；

（6）合成氨装置，包括气化、变换、水洗、铜洗、合成、造粒、包装等装置。

不同生产装置的构成、原理和流程均不相同，但其单个设备、火灾特点和战术措施有相似之处。本节主要以石油炼制及乙烯裂解为主线（即常见炼化一体化石化企业的主要生产装置）阐述相关知识，通过学习分析单套生产装置的方法，在灭火救援实践中掌握分析本书未涉及的其他装置，提升实际应用能力。

4.4.1.1　原油蒸馏装置

原油蒸馏装置俗称常减压装置，其工艺原理是通过蒸馏的方法，将原油中不同沸点范围的组分切割出来，得到汽油、煤油、柴油、蜡油及渣油等。原油蒸馏装置是炼油厂加工原油的第一个工序，在炼厂加工总流程中有重要的作用，常被称为"龙头"装置。

原油蒸馏装置生产区主要由电脱盐单元、加热炉单元、常压蒸馏单元、减压蒸馏单元、换热单元组成，装置生产附属区包括现场机柜间和变配电室设施。

根据不同的原油加工路线，考虑不同的加工方案和工艺流程，炼厂原油蒸馏装置可分为燃料型、燃料－化工型、燃料－化工－润滑油型三种类型。这三者在工艺过程上并无本质区别，只是工艺流程和加工深度不同。常减压装置的工艺流程一般分为电脱盐、初馏、常压蒸馏和减压蒸馏。

4.4.1.2　催化裂化装置

催化裂化是炼油工业中最重要的一种二次加工工艺，在炼油工业生产中占有重要的地位，也是重油轻质化的核心工艺。催化裂化装置是以减压渣油、常压渣油、焦化蜡油和蜡油等重质馏分油为原料，在常压和 $460 \sim 530℃$ 下，经催化剂作用发生一系列化学反应（裂化、缩合反应），转化生成气体、汽油、柴油等轻质产品和焦炭的生产过程。

催化裂化装置一般由反应－再生系统、分馏系统和吸收－稳定系统三部分组成，其工艺流程也按上述顺序进行。从外观上看，催化裂化装置的特点是反应器、再生器紧密布置。油气管道、再生烟气管道分别连接反应器、再生器顶部。

（1）反应－再生系统。反应－再生系统是催化裂化装置的核心部分，其装置类型主要有床层反应式和提升管式，而提升管式又分为高低并列式和同轴式两种。尽管不同装置类型的反应－再生系统会略微有所差异，但其原理都是相同的。新鲜原料油经过换热后与回炼油混合，经加热炉加热至 $300 \sim 400℃$ 后进入提升管反应器下部的喷嘴，用蒸气雾化后进入提升管下部，与来自再生器的高温催化剂（$600 \sim 750℃$）接触，随即气化并进行反应。油气在提升管内的停留时间很短，一般为 $2 \sim 4s$。反应后的油气经过旋风分离器后进入集气室，通过沉降器顶部出口进入分馏系统。"再生"系统是指催化剂的循环使用，反应过程中生成的焦炭沉积于催化剂上，使催化剂失去活性，积有焦炭的再生催化剂（待生催化剂）由沉降器进入下面的汽提段，通过热水蒸气进行汽提，以脱除吸附在待生催化剂表面的少量油气，然后经过待生斜管，待生单动滑阀进入再生器，与来自再生器底部的空气接触反应，恢复催化剂的活性（使催化剂"再生"），同时放出大量的热量。

（2）分馏系统。该部分的作用是将反应－再生系统的产物通过蒸馏原理进行初步分离，得到部分产品和半成品。

（3）吸收－稳定系统。该部分包括吸收塔、解吸塔、再吸收塔、稳定塔和相应的冷却换热设备，目的是将来自分馏部分的富气中 C_2 以下组分与 C_5 以上组分分离，以便分别利用，同时将混入汽油中的少量气体烃分出，以降低汽油的蒸气压。

4.4.1.3 延迟焦化装置

延迟焦化是通过热裂化将石油渣油转化为液体和气体产品，同时生成浓缩的固体碳材料–石油焦的装置。在该过程中，通常使用水平管式火焰加热炉加热至485～505℃的热裂化温度。由于反应物料在加热炉管中停留时间很短，焦化反应被"延迟"到加热炉下游的焦化塔内发生，因此称为"延迟焦化"。延迟焦化简要工艺流程如下：原料经换热后进入加热炉对流段，加热到340℃左右进入焦化分馏塔下部，与来自焦炭塔顶部的高温油气进行换热；原料与循环油从分馏塔底抽出，送至加热炉辐射段加热到500℃左右再进入焦炭塔，在焦炭塔内进行深度裂解和缩合，最后生成焦炭和油气；反应油气从焦炭塔顶进入分馏塔，而焦炭则聚集在焦炭塔内，当塔内焦炭达到一定高度后，加热炉出口物料经四通阀切换到另一个焦炭塔，充满焦炭的塔经过大量吹入蒸气和水冷后，用高压水进行除焦。分馏塔则分离出气体、汽油、柴油、蜡油，气体经分液后进入燃料气管网，汽油组分经加氢精制作为化工原料，焦化柴油经加氢后生产柴油，焦化蜡油则作为催化原料。

4.4.1.4 催化重整装置

催化重整是炼油工艺中重要的二次加工方法之一，它以石脑油、常减压汽油为原料，制取高辛烷值汽油组分和苯、甲苯、二甲苯等有机化工原料，同时副产廉价氢气。

根据催化剂的再生方式不同，装置主要分为固定床半再生催化重整和催化剂连续再生的连续重整两种形式。根据目的产品不同，可分为以生产芳烃为目的、以生产高辛烷值汽油为目的以及二者兼而有之的三种装置类型。重整一般是以直馏石脑油作为原料，经过预处理、预加氢后进入重整反应器，在催化剂的作用下进行化学反应，使环烷烃、烷烃转化成芳烃或异构烷烃，增加芳烃的含量，提高汽油的辛烷值。由于是脱氢反应，重整同时还产生氢气。

4.4.1.5 加氢装置

加氢装置的目的是提高汽油、柴油的精度和质量，可分为加氢裂化和加氢精制两种类型。加氢裂化是在高温、高压及加氢裂化催化剂存在下，通过一系列化学反应，使重质油品转化为轻质油品，其主要反应包括裂化、加氢、异构化、环化及脱硫、脱氮和脱金属等。

加氢精制主要用于油品精制，在高温（250～420℃）、中高压力（2.0～10.0MPa）和有催化剂的条件下，往油品中加入氢，使氢与油品中的非烃类化合物等杂质发生反应，从而将后者除去。其目的是除掉油品中的硫、氮、氧杂原子及金属杂质，改善油品的使用性能。

在大型的石化企业内，以常压蒸馏装置提供的直馏柴油和催化裂化装置提供的催化柴油为原料，新氢由催化重整装置提供，经过加氢精制工艺生产柴油，作为优质柴油调和组分送往调和罐区，副产的精制石脑油作为催化重整装置预处理单元的原料。

项目4　石油化工特殊情况的紧急处置　　　·69·

加氢装置按反应器的作用又分为一段法和两段法。两段法包括两级反应器：第一级作为加氢精制段，除掉原料油中的氮、硫化物；第二级是加氢裂化反应段。一段法的反应器只有一个或数个并联使用，一段法固定床加氢裂化装置的工艺流程是原料油、循环油及氢气混合后经加热导入反应器，反应器内装有粒状催化剂，反应产物经高压和低压分离器，把液体产品与气体分开，然后液体产品在分馏塔蒸馏获得石油产品馏分。一段法裂化深度较低，二段法裂化深度较深，一般以生产汽油为主。

4.4.1.6　气体分离装置

石油加工过程中产生了大量的液化气，气体分馏装置就是以液化气为原料，在分馏塔内将液化气中的丙烷、丙烯、丁烷、丁烯分离开来。碳三、碳四烃类在常温常压下均为气体，但在一定压力下成为液态，利用其不同沸点进行精馏加以分离。由于彼此之间沸点差别不大，分馏精度要求很高，要用几个多层塔板的精馏塔。塔板数越多塔体就越高，所以炼油厂的气体分馏装置都有数个高而细的塔。气体分馏装置要根据需要分离出哪几种产品以及要求的纯度来设定装置的工艺流程，一般多采用五塔流程。

4.4.1.7　乙烯裂解装置

乙烯的产量是衡量一个国家化工水平的重要指标。乙烯是重要的化工原料，在常温下为无色、易燃烧、易爆炸气体，以它的生产为核心带动了基本有机化工原料的生产，是用途最广泛的基本有机原料，可用于生产合成塑料、合成树脂、合成橡胶、合成纤维等，也是乙烯多种衍生物的起始原料，主要用来生产聚乙烯、环氧乙烷、氯乙烯、苯乙烯。

乙烯裂解装置包括裂解、急冷、换热、水洗、碱洗、干燥、加氢、压缩、分离、精馏、储存等工序。

4.4.2　常见装置火灾危险性

4.4.2.1　原油蒸馏装置火灾危险性

原油蒸馏装置火灾危险性属甲类。主要的火灾危险点有以下几点。

（1）炉区。炉区包括常压炉、减压炉，这个区域属于高温区、明火区。常压炉的加热介质为初馏塔底油，减压炉的主要介质为常压重油。其一，常压炉和减压炉采用明火对炉管内的介质进行加热，生产中若进料不均，发生偏流，炉管内易结焦，造成局部过热，会导致炉管破裂，引起漏油着火，特别是减压炉，因其加热的原料组分重，炉出口温度高，比常压炉更易结焦。其二，常压炉和减压炉的出口转油线因高温油气内含有硫、环烷酸等杂质，油气线速度又快，易被腐蚀冲刷，导致减薄穿孔而引起火灾。其三，加热炉的燃料为燃料油或煤气，如果在开停工过程中操作错误，会发生炉膛爆炸的事故。

（2）热油泵房。原油蒸馏装置的热油泵主要包括常压塔底泵和减压塔底泵，介质分别是 350 ~ 360℃ 的常压塔底油和 380 ~ 390℃ 的减压塔底油。由于热油泵输送油品的温度都高于该油品的自燃点，油泵高速运转时，常会出现以下几种现象而立即自燃起火，发生大面积的火灾事故：

1）泵密封泄漏；

2）由于加工过程中生成的酸性硫化物具有较强的腐蚀性，泵出口管线易发生腐蚀穿孔、减薄，甚至管线爆裂；

3）法兰垫片漏油；

4）泵放空阀未关或内漏，热油喷出；

5）冷却水长时间中断；

6）泵的润滑油系统故障，发生抱轴。

需要指出的是，热油泵房着火时不能轻易打水。热油泵渣油介质温度 400℃ 左右，达到该物料的自燃点，高温渣油泄漏遇空气自燃。例如用直流水冲击热设备易引起泵体冷热不均，导致泵轴密封损坏扩大，泄漏量增多，火势蔓延扩大。

（3）塔区。两塔的火灾危险性主要存在塔顶油气挥发线和冷凝冷却系统，该系统容易发生腐蚀穿孔，造成漏油起火。常减压装置一个生产周期大多为 4 ~ 5 年，塔内一定会积有硫化亚铁。硫化亚铁遇空气会发生自燃，因此检修过程中打开人孔前以及开人孔后都要定时打开喷淋水，保持塔内填料湿润，防止硫化亚铁自燃。事故状态减压塔需从负压工况调整至正压工况，避免减压塔回火爆炸。

（4）换热区。该部分包括塔顶冷凝冷却系统、减顶抽真空冷凝冷却系统以及其他换热设备。换热系统操作温度较高，换热器的浮头、连接法兰的垫片损坏或操作压力升高易引发漏油着火。

4.4.2.2　催化裂化装置火灾危险性

催化裂化装置主要的火灾危险点有以下几点。

（1）反再系统。

1）反应器是油料与高温催化剂进行接触反应的设备，再生器是压缩风与催化剂混合流化烧焦的设备，两器之间有再生斜管和待生斜管连通，两器必须保持微正压，防止沉降器向再生器压空，防止催化剂倒入主风出口管线。如果两器的压差和料位控制不好，将出现催化剂倒流，流化介质互窜而导致设备损坏，或发生火灾爆炸事故。

2）反应沉降器提升管是原料与 700℃ 左右的高温催化剂进行接触反应的场所，其衬里容易被冲刷脱落，造成内壁腐蚀烧红，严重时会导致火灾爆炸事故的发生。

3）催化剂在再生器烧焦时，温度高达 700℃ 左右，若操作不当，使空气和明火进入，会立即发生燃烧爆炸。因此，在催化剂进入再生器前应将油、气分离掉，并定期检测再生反应系统、加热炉等设备，防止设备、管线损坏致使油品外泄。

4）再生系统由于再生烟气露点温度高于设备壁温，烟气中 NO_x 和 SO_x 等酸性气体在设备壳体内壁与水蒸气一起凝结成酸性水溶液，形成腐蚀性环境，器壁在各类残余应力的作用下易产生应力腐蚀裂纹，严重时会引起火灾。

（2）分馏系统。

1）高温油气从反再系统通过大油气管线系统进入分馏塔，含有催化剂粉末的油气在高速流动下容易冲蚀管线及设备，造成火灾事故。

2）分馏塔底液面高至油气线入口时，会造成反应器憋压，若处理不当，会导致油气、催化剂倒流而造成恶性火灾爆炸事故。

3）分馏塔顶油气分离器液面超高，会造成富气带液，损坏气压机，甚至发生爆炸事故。

4）在开停工拆装大油气管线的盲板时，例如配合不佳，蒸气量调节不当，使空气窜入分馏塔或油气窜回反应器，都会造成火灾爆炸事故。

（3）吸收稳定系统。该系统压力高，而且介质均为轻组分，硫化物也会聚集在该系统，易造成设备腐蚀泄漏或硫化亚铁自燃，而发生火灾爆炸事故。从物料上看，吸收稳定系统含有液化烃，易发生爆炸。硫化氢属于剧毒物质，吸收稳定系统在该装置内三个系统中的火灾风险最高。此外，主风机、气压机等机组、废热锅炉、外取热器等这些主要设备若发生故障，都会导致着火爆炸。催化裂化装置的反再系统、气体压缩机火灾风险性较大，热油泵内的物料比渣油更重，一旦燃烧复燃性极强。

4.4.2.3 延迟焦化装置火灾危险性

延迟焦化装置主要的火灾危险点有以下几点。

（1）原料油缓冲罐。原料油罐储存冷热两种渣油，但冷热渣油两种原料相互切换或原料油带水时，容易造成沸溢、突沸冒罐或油罐爆裂事故。

（2）焦化加热炉。炉管内原料油在高温下已经开始裂化，如果流速偏低，停留时间过长，或温度偏高，则易在炉内结焦，而结焦会使炉管导热不良引起局部过热，导致炉管烧穿造成火灾。

（3）焦化塔。焦化塔是延迟焦化装置中火灾危险性较大的部位，主要危险点主要包括以下四个方面。

1）下部的四通阀，因受物料中的焦炭摩擦和黏附的影响，极易泄漏，而泄漏油品的温度已超过自燃点，容易造成火灾。

2）焦化塔上盖由于控制系统失灵，使塔电动阀门自动开启，高温油气冒出，自燃着火。

3）正在生产运行的焦化塔下口法兰泄漏着火。由于下口法兰紧固力不均匀，存在偏口现象，但生产料位的提高，塔下门法兰处所承受的压力增大，紧固螺栓伸长，或者垫片质量问题，都会导致焦炭塔下口泄漏，高温渣油遇空气自燃。

4）焦化塔中上部一般设有观察焦化反应器固体料位的料位计（一般为同位素Cs-137），若此部位发生火灾时间超过半小时，应注意同位素辐射伤害防护。焦化塔中上部若发生爆炸火灾，应首先确认料位计是否损坏，若料位计炸飞、损坏，应尽快寻找料位计盒；发生火灾时应尽量使用高喷车射流冷却保护处置，严禁处置人员登塔作业，注意避开冷却水沾染，确保救援人员在处置过程免受同位素辐射的影响。

（4）分馏塔。分馏塔塔底如遇严重结焦和堵塞，会引起焦化分馏塔串油或冲塔事故而造成火灾。延迟焦化工艺流程涉及与氢气反应，所以爆炸的危险性较大，在处置过程中要特别注意对氢气的稀释、防爆。

需要特别指出的是，有的石油化工生产装置设备安装有放射性同位素料位计，灭火救援处置时应特别注意对放射性同位素的防护［如钴60（Co-60）、铯137（Cs-137）、镅244/铍（Am-244/Be）、铱192（Ir-192）、钯等］，到场的首要任务是确定放射源已经被事故单位或其他专业力量进行了处理，再展开战斗，确保救援人员在处置过程免受同位素辐射的影响。

4.4.2.4 催化重整装置火灾危险性

催化重整装置反应过程中伴随有氢气产生。氢气为甲类可燃气体，爆炸极限为4.0%~75.6%，因装置问题和操作不当易引发爆炸。该装置火灾危险性较大的设备包括以下几个部分。

（1）反应器。预加氢反应和重整反应都在反应器内进行，器内不仅有昂贵的催化剂，而且充满着易燃易爆烃类、氢气等物质，操作温度高，压力较大，如反应器超温、超压，处理不当或不及时，将会使反应器及其附件发生开裂、损坏，导致泄漏，而引起火灾爆炸事故。

（2）高压分离器。反应物流在高压分离器进行油、气、水三相分离，同时该分离器又是反应系统压力控制点。例如液面过高，会造成循环氢带液，而损坏压缩机，使循环氢泄漏；液面过低，容易出现高压串低压，引发设备爆炸事故。还有各安全附件，例如安全阀、液面计、压力表、调节阀、控制仪表等任何一项失灵，都有可能导致爆炸事故的发生。

如果是重整芳烃联合装置，由于芳烃装置内的介质是芳烃和含有高芳烃的油品，溶解性极强，因此各种泵的密封、法兰垫片容易泄漏，尤其是二甲苯塔底泵，操作不当，极易泄漏，而且物料泄漏出来立即起火。

4.4.2.5 加氢装置火灾危险性

加氢装置主要的火灾危险点有以下几点。

（1）加氢反应器。加氢反应器内介质易燃易爆，而且操作条件是高温高压，由于加氢裂化反应是放热反应，若温度控制不当，就会超温，催化剂严重结焦，使器内压力升高，造成超压，破坏设备，引起着火爆炸。另外，高压氢与钢材长期接触后，还会使钢材强度降低，发生"氢脆"现象，出现裂纹，导致物理性爆炸，发生火灾。另外，在加氢裂化过程中，由于原料油中的硫、氮转化成氨、硫化氢以及硫酸铵、碳酸氢铵，当产物温度降低后，后两种铵盐以及其他水合物就会结晶出来，从而堵塞冷却器或管线，加速垢下腐蚀而引起穿孔。

（2）高压分离器。高压分离器既是反应产物气液分离设备，又是反应系统的压力控制点。若液面过高，会造成循环氢带液而损坏循环氢压缩机；若液面过低，易发生高压串低压而引发爆炸事故。

（3）循环氢压缩机。该设备是加氢裂化装置的心脏，它既为反应过程提供氢气，又为反应器床层温度提供冷氢，转速高达9000r/min左右，一旦故障停机供氢中断，会造成反应器超温超压而引发事故。另外，高压分离器液面过高、循环氢带液，也会导致压缩机失去平衡，产生振动，严重时会损坏设备，造成氢气泄漏，发生爆炸。

（4）加热炉。加氢裂化的加热炉与其他装置的不同，它是临氢加热炉，无论是炉前混氢，还是炉后混氢，新氢都要进加热炉预热，炉管内充满高温高压氢气，例如炉管管壁温度超高，会缩短炉管寿命，当超温严重，炉管强度降到某一极限时，就会导致炉管爆裂，造成恶性爆炸事故。

加氢装置的火灾危险性在于大量气/液态的氢气存在于炉、塔及各种容器内，若压力失衡，则易引发氢气泄漏，而氢气的爆炸极限较宽，燃烧时不易察觉。因此在处置该类型火灾时，必须分梯次进入现场，携带侦检仪器，实时监测氢气含量，做好防爆工作。处置过程中严禁使用直流水对加氢反应器进行射水，选择阵地时尽量使用移动炮以减少现场处置人员。

4.4.2.6　气体分离装置火灾危险性

气体分离装置主要的火灾危险点有以下几点。

（1）冷换系统。气体分离装置的冷换设备较多，液体稍有泄漏即可形成爆炸混合物空间，而往往气体分离装置的冷换设备泄漏较为频繁，冷却器易发生内漏及外漏。内漏是指冷却器的管束泄漏，一般气分冷却器是液化烃走换热器的壳程，循环水走管程，液化烃压力远大于循环水压力，因此液化烃物料要向循环水中泄漏，经冷凝器管束顺循环水管线进入凉水塔，在凉水塔减压气化，向四周飘散，遇火源就会引发火灾爆炸。外漏是指冷却器封头泄漏，若处理不及时或处理不当就会引发火灾爆炸。

（2）精馏塔。分离各气体馏分的精馏塔由塔底重沸器提供热源，对塔底液面、温度和塔的操作压力的控制要求十分苛刻，当操作波动较大时，会引起安全阀起跳，或使动静密封面损坏而跑损液化烃，引发火灾。

（3）泵区。泵区管线阀门密集，是本装置静密封点最多的部位。由于液化烃密度小，渗透力强，容易泄漏，液化烃泵的端面密封比一般油泵更容易渗漏。另外，该区域管沟、电缆沟、仪表线沟纵横交错，是最容易积聚液化气的地方，液化烃气体可以随地沟四处乱窜，很容易形成爆炸性气体。

（4）工艺操作。气分装置在开停工过程中容易发生火灾爆炸事故。停工时，若物料排放不净，吹扫、蒸塔不彻底就急于动火作业，就易发生事故。开工时设备管线检查不到位，打压试漏有漏洞，开工操作失误，装置区内的可燃气体报警仪未投用或没有进行校验等，都会引发火灾爆炸事故。

4.4.2.7　乙烯裂解装置火灾危险性

乙烯裂解装置涉及的工艺路线复杂，主要分为以下部分。

（1）裂解区。裂解炉最高温度为辐射段，可达 800～1000℃，裂解物料高速通过高温炉管裂解，生成多种组分的裂解气，易燃易爆。裂解炉一旦发生事故，易造成负压引发爆炸，因此在裂解炉体辐射段和对流段都安装有爆破片，处置时要注意停车位置避开爆破片，利用注入蒸气的办法保持裂解炉的正压状态。乙烯裂解区往往是多个裂解炉成组布置，易引发连锁反应，导致大规模泄漏爆炸。

（2）压缩分离区。压缩分离区主要由裂解气压缩机、乙烯压缩机、丙烯压缩机、冷箱、分馏塔、精馏塔、换热器、工艺管道及阀门组成。压缩分离区形成了庞大的设备工艺管线集群。如误操作或设备故障引起管线的泄漏，液化烃一旦泄漏极易气化导致蒸气云爆炸或空间闪爆。

4.4.2.8 生产装置火灾特点

通过对上述七种装置的具体火灾危险性进行分析，将生产装置火灾特点归纳如下。

（1）生产加工使用的原料、助剂多属易燃易爆、易腐蚀、热值高物质。从原料到产品，包括生产过程中的半成品、中间体、各种溶剂、添加剂、催化剂、引发剂、试剂等，绝大多数具有易燃性，闪点小于或等于45℃，甚至有大量闪点低于28℃的甲A类火灾危险品，如汽油、丙酮、己烷、苯等的闪点都低于0℃，火灾危险性较大。在生产中，可燃物料从工艺装置、设备、管道中通过法兰、焊口、阀门、密封等缺陷部位泄漏到空间，可燃物料与空气（氧）有串联的设备管道，由于控制不当或误操作，既可能导致可燃物料进入空气（氧）系统，也可能导致空气（氧）进入可燃物料系统。负压操作的可燃物质系统，设备不严密或腐蚀穿孔，空气也可以进入，这些情况都可以形成爆炸混合物，达到爆炸极限，一遇火源就会发生爆炸事故，对灭火救援人员的安全防护、站位、技战术措施要求较高。

（2）生产工艺具有易燃易爆、高温高压、低温深冷、空速高毒的特点。以高压聚乙烯生产为例，石油炼制后的轻柴油在裂解炉于600~870℃的高温下进行裂解，因为制得的裂解气是多种烷烃、烯烃和氢的混合物，所以又需在零下100多度的低温下进行深冷液化蒸馏分离，得到纯度较高的乙烯单体。乙烯单体在高压下进行聚合反应，制取高压聚乙烯。在这样的条件下，温度应力、交变应力的作用，使受压容器、设备常常遭受破坏，从而引起泄漏，造成大面积火灾。发生火灾时，采取工艺控制的灭火方法往往较为有效，但其工艺控制技术水平要求高，非一般业务能力所及。

（3）生产方式高度集约、工序连续、上下游一体、运行周期长、控制难度大。装置一旦投入生产，不分昼夜，不分节假日，长周期连续作业。在联合企业内、厂际之间、车间之间、工段之间、工序之间，管道互通，原料产品互通互供，上游产品是中游的原料，中游产品又是下游的原料，形成相互依存，不可分割的有机整体。任何一点发生泄漏，可燃易燃物料都有发生爆炸燃烧的可能，而任何一点发生爆炸燃烧，都可以引发更大范围的爆炸燃烧，形成连锁反应导致泄漏、着火、爆炸、设施倒塌等连锁性复合型灾害。如果工艺及消防措施不到位，就极易引发系统的连锁反应和多种险情，直接威胁灭火救援人员安全。

（4）生产装置设备材质为金属构造，联合布局易发生垮塌，消防作业场地受限。石化生产装置塔、釜、泵、罐、槽、炉、阀、管道等设备及承载框架大多为金属构造，以2000kt/a重油催化装置为例，各种金属设备总重达1.6×10^4t。金属在火灾状况下强度下降，易发生变形倒塌，装置区域内换热器、冷凝器、空冷器，蒸馏塔、反应釜，以及各种管廊管线和操作平台等成组立体布局，造成灭火射流角度受限制，受地面有流淌火影响阵地选择困难，设备中间部位着火设备及其邻近设备的一般灭火与冷却射流的作用有限。

4.4.3 灭火救援措施

处置石油化工生产装置事故时，工艺处置往往能快速有效地控制灾情，达到"治本"的目的，所以掌握基本工艺处置方法、基本工艺原理、基本控制措施至关重要。处置时，要牢牢贯彻"消防与工艺"相结合的战术理念，与企业厂方及相关工艺技术人员密切配合，综合研判，灵活运用各种灭火战术，做好个人安全防护，科学高效地对事故进行处置。

4.4.3.1 工艺处置措施

工艺处置措施往往是切断物料来源、停止反应进行、惰化保护等降低或停止灾情的根本手段与方法。企业应急处置一般采取单体设备紧急停车、事故单元紧急停车、事故装置紧急停车、全厂系统性紧急停车、火炬放空、平衡物料等综合性工艺调整措施，具体措施如下。

（1）紧急停车（停工）。生产装置如果发生着火爆炸事故，生产工艺人员应根据灾害类别、灾害程度、波及范围及时做出控制措施，分别做出单体设备事故部位、生产单元、整套装置紧急停车（停工）处置，防止连锁反应、事故扩大和次生事故发生。

灭火救援力量到达现场后，现场指挥员应与事故单位相关人员集体会商，根据灭火救援需要和灾情的控制程度做出决策，逐步升级采取应对措施。按如下程序进行：事故初期单体设备部位停车→生产单元停车→整套装置停车→邻近装置停车→全厂性生产系统紧急停车（停工）处置等。

（2）泄压防爆。泄压防爆是指装置发生着火爆炸事故后，运行设备、管线受辐射热影响，会出现局部设备、管线或系统超压，工艺人员对发生事故的单体设备、邻近关联工艺系统、上下游关联设备、生产装置系统等采取远程或现场手动打开紧急放空阀，将超压可燃气体排入火炬管线或现场直排泄压的防爆措施，以避免设备或系统憋压发生物理或化学爆炸。

（3）关阀断料。石油化工生产工艺具有较强的连续性，物料具有较高的流动性。燃烧猛烈程度、火情的发展态势以及灭火所需时间都受物料流动补给的影响。因此，扑救装置火灾、控制火势发展的最基本措施就是关阀断料。关阀断料的基本原则是按工艺流程关闭着火部位与其关联的塔、釜、罐、泵、管线互通阀门，切断易燃易爆物料的来源。

在实施关阀断料时，要选择离燃烧点最近的阀门予以关闭，并估算出关阀处到起火点间所存物料的量，必要时辅以导流措施。

（4）系统置换。为保障装置系统安全，灭火救援过程中或火灾后期处理，往往采取系统置换措施，以达到控制或消除危险源的目的。系统置换在灭火处置过程中，主要针对相邻单元进行，切断输转完成后，系统加注保护氮气或蒸气惰化保护避免灾情扩大。在扑救后期一般采取侧线引导、盲板切断措施后，对着火单元或设备进行氮气或蒸气填充，逐步缩小危险区域。火灾彻底扑灭后，防止个别部位残留物料复燃发生次生事故，需对塔釜、容器进行吹扫蒸煮，达到动火分析指标后开展抢修作业。

（5）倒料输转。倒料输转是指对发生事故或受威胁的单体设备、生产单元内危险物料，通过装置的工艺管线和泵，将其抽排至安全的储罐中，减少事故区域危险源。

（6）填充物料。填充物料是指通过提升或降低设备容器液面，减缓、控制、消除险情的控制措施，具体措施如下：

1）精馏塔、稳定塔、初分馏塔、常压塔、减压塔、解析塔、反应釜、重沸器、空冷器、计量罐、回流罐等设备容器，因灭火需要达到控制燃烧的目的，采取提升或降低设备容器液面的工艺措施；

2）容器气相成分多，饱和蒸气压大，系统超压有可能发生爆炸，可采取提升设备容器液面，减少气相比例，同时加大设备容器外部消防水冷却，达到避免爆炸的目的；

3）正压操作系统为防止燃烧后期发生回火爆炸，往往采取提升液面，减少设备容器内部空间的防回火措施；

4）为保护着火设备，同时采取物料循环、提升液面配合措施，达到外部强制消防水和内部液体物料循环的双重冷却目的。

（7）工艺参数调整。发生事故时，生产装置工艺流程和工艺参数等控制系统处于非正常状态，需对装置的流量、温度、压力等参数进行调整。控制系统一旦遭到破坏，DCS 系统远程遥控在线气动调节阀失效，调节阀或紧急切断阀无法动作，则需派员到现场手动调节阀门，达到工艺调整的目的。具体方法如下：

① 流量调整——远程或现场手动对单元系统上游阀、下游阀、侧线阀切断，或调节容器设备达到所需的液面或流速；

② 温度调整——远程或现场手动对重沸器、换热器、冷凝器调节提温或降温，保持塔釜系统达到所需的控制温度；

③ 压力调整——远程或现场手动调节控制温度和流量，达到系统所需的控制压力。

4.4.3.2　消防处置措施

发生事故时，灭火救援力量要第一时间将灾情控制在发生事故的部位，避免引发大面积的连锁反应，超越设计安全底线，为后续处置带来困难。

泵、容器、换热器、空冷器等单体设备初期火灾事故，在采取关阀断料基础上，力争快速灭火；一个生产单元或两个以上生产单元及整套装置发生事故，一般形成立体火灾，过火范围大、控制系统受损，属于难以控制灾情，需要企业采取相应的工艺控制措施，灭火救援力量重点进行稀释分隔和强制冷却保护控制灾情发展；生产装置区及中间罐区发生大范围火灾并威胁邻近装置，属于失控灾情。这类灾情难以控制，研判决策需慎重，强攻、保护需根据灾情有所取舍。消防措施主要有以下几点。

（1）侦察研判。石油化工装置火灾现场，因生产装置工况、物料性质、工艺流程、灾害类别、灾害程度、地理环境等复杂因素影响，火灾蔓延速度快，火场瞬息万变，险情时有突发，后果难以预测，灭火救援力量到场后，迅速地了解和全面掌握现场情况，才能为控制初期发展的火灾制定科学的决策。因此应加强火场侦察，全面掌握现场情况，包括：

1）事故装置生产类别、主要原料及产品性质；

2）装置工艺流程及工艺控制参数；

3）着火设备所处部位及工艺关联的流程、管线走向；

4）邻近设备、容器、储罐、管架等受火作用的程度；

5）事故装置所处控制状态；

6）已采取的工艺和消防控制措施；

7）消防水源等公用工程保障能力等。

调取事故装置平面图、工艺流程图、生产单元设备布局立体图、事故部位及关键设备结构图、公用工程管网图等基础资料，与生产工艺人员一道核对事故部位、关键设备及控制点现场信息，从事故发生部位入手分析判断灾情发展趋势。以事故部位工艺管线为起点，延伸核对塔器设备、机泵容器等关联紧密的工艺流程，查看并确认事故部位辐射热对邻近设备及工艺系统温度、压力等关键参数的影响，并通过中央控制室 DCS（绿黄红）系统验证装置系统是否处于受控状态，为准确把握火场主要方面和主攻方向，迅速形成处置方案和部署力量奠定基础。根据燃烧介质的特性，结合事故装置的生产特点，遵循灭火战术原则和作战程序，科学地预测分析、研判火情，做出正确的战斗决策，实施科学指挥和行动。

（2）切断外排。装置火灾爆炸一时难以控制时，应首先考虑对装置区的雨排系统、化污系统、电缆地沟、物料管沟的封堵，防止回火爆炸波及邻近装置或罐区。切断灭火废水的外排，达到安全环保处置要求。

（3）冷却控制。石油化工装置事故处置过程中，实施及时的冷却控制是消除或减弱其发生爆炸、倒塌撕裂等危险的最有效措施。指挥员应分清轻重缓急，正确确定火场的主要方面和主攻方向，对受火势威胁最严重的设备应采取重点突破，消除影响火场全局的主要威胁。

（4）对着火的负压设备，在积极冷却的同时，应关闭进、出料阀，防止回火爆炸。在必要或可能的情况下，可向负压设备注入氮气、过热水蒸气等惰性气体，调整设备系统内压力。此外，在冷却设备与容器的同时，还应注意对受火势威胁的框架结构、设备装置承重构件的冷却保护。

（5）堵截蔓延。由于设备爆炸、变形、开裂等原因，可能使大量的易燃、可燃物料外泄，必须及时实施有效的堵截。具体方法有以下几种。

1）对外泄可燃气体的高压反应釜、合成塔、反应器、换热器、回流罐、分液罐等设备火灾，应在关闭进料控制阀，切断气体来源的同时，迅速用喷雾水（或蒸气）在下风方向稀释外泄气体。

2）地面液体流淌火，应根据流散液体的量、面积、方向、地势、风向等筑堤围堵，把燃烧液体控制在一定范围内，或定向导流，防止燃烧液体向高温、高压装置区等危险部位蔓延。

3）塔釜、高位罐、管线等的液体流淌火，应关阀断料，对空间燃烧液体流经部位冷却；对地面燃烧液体，按地面流淌火处理。

4）对明沟内流淌火，可用泥土筑堤等方法控制火势，或分段堵截；对暗沟流淌火，可采取堵截在一定区域内、然后向暗沟内喷射高倍泡沫，或采取封闭窒息等方法灭火。

（6）驱散稀释。对装置火灾中已泄漏扩散出来的可燃或有毒的气体和可燃蒸气，利用水幕水枪、喷雾水枪、自摆式移动水炮等喷射水雾，形成水幕实施驱散、稀释或阻隔，抑制其可能遇火种发生闪爆的危险，降低有毒气体的毒害作用，防止危险源向邻近装置和四周扩散。具体方法有以下几种：

1）在事故部位、单元之间设置水幕隔离带；

2）在泄漏的塔釜、机泵、反应器、容器或储罐的四周布置喷雾水枪；

3）对于聚集于控制室、物料管槽、电缆地沟内的可燃气体，应打开室内、管槽的通风口或地沟的盖板，通过自然通风吹散或采用机械送风、氮气吹扫进行驱散。

（7）洗消监护。在装置火灾熄灭后，外泄介质及灭火废水得到控制的条件下，对事故现场进行洗消作业，并安排必要的力量实施现场监护，直至现场各种隐患的消除达到安全要求。

4.4.3.3 注意事项

（1）做好个人安全防护工作。石化火灾处置注意防火、防爆、防毒、防冻、防灼伤、防同位素辐射等个人防护；参战人员必须按照规定穿戴防护服，正确佩戴个人防护装备；在实施灭火救援行动时，应设立消防观察哨实时监控现场变化，注意根据装置系统工况，着火设备的火焰颜色、状态、压力声响的变化，容器、管线、管廊框架的异常抖动移位，火势发展蔓延方向等情况，综合分析判断险情发生的可能性，提醒和指导灭火的安全防护工作。

（2）强化对装置系统内参数变化的监控。扑救装置火灾中，应密切关注装置系统内温度和压力的变化，防止其快速升高导致失控而发生爆炸；应及时通知生产人员安排专人打开火炬放空线，使装置系统或单元放空泄压；若装置系统的压力、温度仍然持续快速升高，应及时采取规避风险的扩大措施，如事故装置紧急停车、邻近装置紧急停车、全厂性装置紧急停车，封堵雨排系统、倒料降低塔釜容器液面、切断互通管线、加堵盲板等措施，避免灾难性连锁反应。

中央控制室及现场要设置内外安全员，明确现场统一紧急撤离信号，内安全员实施观测 DCS 系统温度、压力、液位、流量等参数变化，接近设计红线值，应及时通知现场指挥员；外安全员实时观测燃烧设备、燃烧区设备框架烟气、火焰、设备形状、颜色、声响变化等情况，出现异常各阵地指挥员应果断采取紧急避险措施。现场总指挥视灾情发展程度和危害后果及时做出紧急避险、紧急撤离、暂缓救援等决定。

项目4 石油化工特殊情况的紧急处置 ·79·

（3）准确辨识主要危险源。在容易结焦、生成固体的反应器、塔等设备内往往用放射源作为液位计，如延迟焦化、聚丙烯、聚乙烯等装置，要先寻找同位素放射源再进行处置；氢气的爆炸极限较宽，且燃烧时不易察觉，而装置往往多与氢气反应打开分子链，在处置过程中要特别注意侦检氢气的工作；在装置反应过程中催化剂、引发剂多为化学性质较为活泼的强氧化剂物质，如三乙基铝、二乙基铝、倍半烷基铝等遇水爆炸、遇空气自燃，在处置过程中要查找催化剂、引发剂容器的位置，阀门关闭情况再进行冷却等。

在石油化工生产装置灭火救援应急处置中，注意避免和控制气态、液态毒性物质的泄漏危害。例如碳四装置萃取法抽提丁二烯使用乙腈为萃取液，乙腈常态时有恶臭，燃烧后分解的氰根属于神经毒性物质；丙烯氧化法生产丙烯腈，副产物固体物氰化钠，焚烧产生氰化氢气体属剧毒物质。危险化学品仓库火灾，例如仓库储存氰化钠，灭火过程中应注意控制用水量，一是防止氰化氢气体中毒，二是防止氢氰酸中毒。

此外要特别注意硫化氢、液化烃液体，做好个人安全防护，采取措施防止爆炸。

（4）科学设置水枪阵地。冷却保护应优先进行气液分离罐、回流罐的力量部署，这些设备大多为气液相介质，受热辐射影响易发生超压爆炸；带保温的热交换器严禁直流水冲击封头压盖部位，防止冷热不均，缠绕垫密封破坏液相介质泄漏量扩大，导致火势蔓延扩大；热油机泵输送物料的温度大多超过介质自燃点，一旦泄漏遇空气自燃，热油机泵泄漏部位一般发生在油泵密封，一旦泄漏遇空气自燃，低压蒸气软管吹扫是最有效的处置，直流水、泡沫管枪直接冲击易导致密封损坏出现流淌火，不能轻易出水；框架立体火灾处置，应采取同类灭火战术和药剂，避免上层框架出水控制冷却，下层泡沫覆盖灭火，导致灭火效能降低；车辆站位、阵地部署，应坚持上风向或侧风向原则，并根据事故装置的工艺流程避开同一流程内的设备容器，避免处置过程中意外伤害；减少现场一线作战人员，多选择移动摇摆水炮、移动水炮作为阵地。轻易不上装置框架进行处置，防止框架倒塌造成伤亡。

（5）其他注意事项。根据处置对象和灾情，加强灭火人员的个人防护；及时关闭事故装置雨排，避免流淌物料沿地下管道漫流，引发周边装置或罐区火灾，避免灭火废水直接排入河流；如果危险源没消除，采取的堵漏、倒灌、输转等措施没到位，应采用控制燃烧战术，严禁直接灭火；保护硫化氢等有害气体焚烧炉处于明火状态；根据泄漏的控制程度，必要时扩大周边疏散和交通管制范围。

任务4.5 石油化工储罐灭火措施

4.5.1 储罐

储罐是储存油品和化工液体的主要设备，其类型多样，数量庞大，储存介质复杂，火灾危险性较高。不同类型的储罐结构和事故特点有所不同，但油品储罐火灾危险性、火灾扑救时的注意事项又存在共同性。

为更好地理解储罐火灾特点，关于储罐的一些常见专业名词解释如下：

（1）地上储罐——在地面以上，露天建设的立式储罐和卧式储罐的统称；

（2）立式储罐——固定顶储罐、外浮顶储罐和内浮顶储罐的统称；

（3）储罐区——由一个或多个罐组或覆土储罐构成的区域；

（4）罐组——布置在同一个防火堤内的一组地上储罐；

（5）油品——原油、石油产品（汽油、煤油、柴油、石脑油等）、稳定轻烃和稳定凝析油的统称；

（6）常压储罐——设计压力从大气压力到6.9kPa（表压，在罐顶计）的储罐。固定顶罐（锥/拱顶）、外浮顶罐、钢制内浮顶罐属于常压罐；

（7）低压储罐——设计承受内压力大于6.9~103.4kPa（表压、在罐顶计）的储罐。低压储罐主要用于盛装挥发性介质，如汽油、凝析油、轻烃、轻质石脑油以及各种蒸发性能较强的化学品等，可分为固定顶罐、浅盘式内浮顶罐、单双盘内浮顶、易熔盘内浮顶罐等种类；

（8）沸溢性液体——具有热波特性，在燃烧时会发生沸溢现象的含水黏性油品，如原油、重油、渣油等。

根据储罐的储存方式、结构形式和埋设深度，将其分类如下。

（1）按储存方式分类，可分为常压储罐、低压储罐、全压力储罐；半冷冻、全冷冻储罐。采取常温和较高压力储存液化烃或其他类似可燃液体的方式称全压力式储存，常温压力储存时常采用球形或卧式储罐。半冷冻、全冷冻储罐一般用于储存常温下呈气态的液化烃，半冷冻在储罐外有一层保温层，一般用于球形罐；全冷冻是将液化烃降低至其沸点温度以下并保持冷冻状态。低温储罐的结构又分为单容罐、双容罐和全容罐。

（2）按结构形式分，可分为固定顶储罐和浮顶储罐。固定顶储罐顶部与罐体固定焊接，分为拱顶罐与锥顶罐。浮顶储罐是浮盘随罐内液位升降活动，分为内浮顶储罐和外浮顶储罐。外浮顶储罐的罐顶浮盘直接放在油面上，随油品的进出而上下浮动，在浮顶与罐体内壁的环隙间有随浮顶上下移动的密封装置；内浮顶储罐是拱顶罐与浮顶罐的结合，外部拱顶，内部浮顶，内部浮顶可减少油耗，外部拱顶可以避免雨水、尘土等异物进入罐。

固定顶储罐储存容量相对较小，外浮顶罐储存大容量原油、重质油，内浮顶储罐主要储存成品油及中间产品物料。

（3）按油罐的埋设深度分，可分为地上、半地下、地下及水下储罐。地上储罐是指建于地面上的储罐；半地下储罐在地表基础以下，但储罐顶仍在地上；地下储罐整体位于地面以下，包括覆土隐蔽罐和山洞金属罐；水下储罐建在水面以下，是海上石油开采储存的主要形式。

4.5.2 火灾形式与防控

石油库及化工液体储罐区罐型多样、品种繁多，火灾情况复杂。本节通过介绍其生产储存、火灾形式及特点，为下一节的学习奠定基础。

4.5.2.1 石油库及化工液体储罐区生产储存特点

石化仓储企业及企业附属石油库在经营模式上有很大的区别。石化仓储企业是作为一个单独的企业来运行管理的，而企业附属石油库只是企业的一部分。从经营管理模式、物料的种类、流动性上看，石化仓储企业的火灾危险性要高。但从火灾形式及特点、灭火救援的理念和技战术措施上看，两者具有共同性。

由于石油储备库情况相对简单，化工液体储罐区位于石化仓储企业内，下面分别对企业附属石油库及化工液体储罐区生产储存特点进行总结。

A 企业附属石油库生产储存特点

企业附属石油库是根据企业自身生产流程和物料平衡进行设计的，分为原料罐区、中间罐区和成品罐区。相比化工液体储罐区，具有以下特点。

（1）储存量大。一般总储量达百万吨以上，中间罐区的储量也达万吨以上。单个储罐容量增大，外浮顶原油储罐单罐容积最大可达 $1.5 \times 10^5 \mathrm{m}^3$。

（2）原料罐区、成品罐区储存物料相对固定。原料罐区一般储存原油，成品罐区根据企业生产链，一般储存汽油、煤油、柴油、润滑油、对二甲苯等。

（3）中间罐区火灾危险性较大。中间罐区主要接收储存各装置间的中间产品、装置产生不合格油品、轻污油、重污油，以及实现相关中间原料的输转，满足装置开工、正常生产时的供料要求。一般有液化烃、石脑油、煤油及相应馏分、渣油、蜡油等，这些物质流动性较大，品种较多，火灾危险性也随之增大。

B 化工液体储罐区生产储存特点

近年来，随着我国经济的快速发展，石油化工产业链不断向下游精细化工产业延伸，下游的石化企业对液体化工品的需求量越来越大，品种要求也越来越多。石化仓储企业（也称液体石化产品公用仓储库区）是国家或企业通过自建或代建向社会客户提供液体石化产品仓储服务的场所，库区的主要功能是为客户储存、保管、装卸、配送液体货物等服务。其主要特点如下。

（1）油品与化工品并存。一个石化仓储企业不仅只是单一的油品库区（或单一的化工品库区），还是油品和化工品并存的综合型库区。油品是指如原油、渣油、重油、凝析油、石脑油、汽油、煤油、柴油等石油炼制的相关原料和产品，化工品是指如液化烃、苯、甲苯、苯乙烯、乙酸、醇、酯、醚、酮、酚、酸、碱类等相关化学品。

（2）储罐类型多样。储罐类型按设计压力分类有常压储罐或压力储罐；按设计温度分类有常温储罐、保温储罐或低温储罐；按结构形式分类有固定顶储罐、外浮顶储罐、内浮顶储罐及球型储罐等。一个库区存在同时建设以上全部或部分储罐类型的情形，单罐容积一般不大，单罐最大容积通常在 $2.0 \times 10^4 \mathrm{m}^3$ 以下。

（3）经营管理模式多样。一个库区也不只是完全由业主自主经营，也有可能部分由业主自主经营、部分储罐租赁或全部储罐租赁给社会客户，经营管理模式多样（企业库区、保税库区等）。

（4）储存物料随市场需求而变化。随着市场经营需求的不断变化，单个储罐、不同罐区可以分类储存性质、危险类别、温度、压力等条件相近或相似的不同液体介质，并具备倒罐、输转、分装等功能。

需要指出的是，在项目设计阶段，业主一般要求石化仓储库区功能具备储存介质品种多样化（油品和化工品），即要求储罐的储存条件要尽可能适用于不同的储存品种、不同的储存温度或不同的储存压力等。这就导致整个库区介质物料品种较多，同时存在多种易燃、易爆、有毒、有腐蚀性的物料，火灾危险性较高，火场情况复杂。另外，在企业运行过程中，随着市场需求的不断变化和企业自身经营管理的多样化，存在不同性质物料混存于同一罐区的情况，从而进一步增加了火灾处置难度。

4.5.2.2 石油库及化工液体储罐区火灾形式

石化仓储企业及石化生产企业储罐区火灾事故包括单个储罐事故、罐组内多个储罐同时发生事故、管线阀门及转换坑泄漏燃烧爆炸、流淌火、池火及有毒物质泄漏。事故形式为泄漏、燃烧、爆炸中毒。

A　常见事故形式

常见事故形式为：泄漏→火灾（罐火、池火、管廊火、流淌火）→爆炸（储罐物理、化学爆炸，可燃液体蒸气扩散空间闪爆、管廊可燃气体管线破裂爆炸灾害）→处置过程衍生毒害介质气、液相泄漏扩散。

B　常见火灾形式

从火灾形式看，常按以下规律发展：罐火→罐火 - 池火→罐火 - 池火 - 管廊火→罐火 - 池火 - 管廊火 - 地面流淌火→罐火 - 池火 - 管廊火 - 地面流淌火 - 水面流淌火。具体表现如下。

（1）管线阀门及软管交换站泄漏燃烧爆炸。罐组、储罐进出物料管线阀门、转换坑软管等部位发生泄漏，遇火源发生燃烧爆炸。此类事故易随地势形成流淌火，易引发罐体着火。

（2）储罐及罐组燃烧爆炸。单个储罐爆炸燃烧事故类型见表4-1。

表 4-1　单个储罐爆炸燃烧事故类型

罐型	灾　情		
	初期	发展	扩大
固定顶	呼吸阀、量油孔火灾	半敞开式燃烧	全敞开式燃烧
外浮顶	密封圈火灾	卡盘半液面燃烧	沉船全液面燃烧
内浮顶	呼吸阀、量油孔、通风口火灾	浮盘结构被破坏，呈半敞开式燃烧	罐盖撕裂、浮盘沉船或结构被完全破坏，全液面燃烧
液化烃	管道、阀门、法兰、罐体泄漏	喷射火、火球、流淌火	蒸气云闪燃爆炸

受事故罐燃烧热辐射影响，罐组内多个储罐可能同时爆炸燃烧。

（3）流淌火、池火。储罐检修人孔巴金密封损坏形成地面流淌火和油池火。该类型火灾呈流体状蔓延，扩散速度较快，形成地面流淌火和油池火。控制不当易发生大面积火灾，导致火势扩大，造成邻近罐发生燃烧或爆炸。

项目4　石油化工特殊情况的紧急处置　　　　　·83·

4.5.2.3　石油库及化工液体储罐区火灾特点

石油库及化工液体储罐区发生事故，若对单一点的事故处置不当（如单个罐、管线阀门发生事故），极易引发罐区火灾，其特点如下。

（1）多种介质并存，火场情况复杂。罐区内储存有各类液态危险化学品，储存容量较大，且理化性质各异；各类油品易燃易爆，重质油品易发生沸溢喷溅，轻质油品燃烧热辐射强烈；液化烃一旦发生泄漏，极易气化发生空间闪爆；各类有毒、有害、有腐蚀危化品对周围及现场处置人员危害极大；有的危化品燃烧受热后释放出剧毒物质，如硫化氢、光气等易造成人员大面积伤亡。

以上几种特性的危化品并存于同一罐区，火灾危险性不同，着重防范的风险点侧重不同，情况较为复杂。

（2）储罐类型多样，火灾形式各异。罐区内固定顶、外浮顶、内浮顶（易熔盘、单盘、双盘）、液化烃（全压力、半冷冻、全冷冻）、制冷罐、保温储罐并存，每种类型储罐的本质安全条件和火灾形式特点各异。储罐事故的灾害类型、处置方法、手段、措施、装备、防范风险点有所不同，对处置技术和处置能力要求较高。

（3）罐组相互关联，易引发连锁反应。石化仓储企业罐组之间、石化生产企业罐组与装置通过管道相互关联，一旦发生事故，易引发上下游罐组、装置发生连锁反应。受热辐射、流淌火等因素影响，单个罐组内、相邻罐组间储罐易发生爆炸燃烧，不同形式的火灾可能同时出现，要综合考虑邻近罐组乃至整个罐区的火灾防范风险点。

4.5.3　灭火救援措施

石油库、化工液体储罐区火灾随着灾情的不断扩大，应急响应力量从操作岗位、班组、车间、企业专职消防队、辖区各中队、支队、总队、跨区域增援不断升级，处置过程时刻贯彻"科学处置、专业处置、安全处置、环保处置"理念。

4.5.3.1　战术理念

罐区发生火灾的灾情由单个储罐向其他储罐、罐组升级，要摒弃"冷却相邻罐"的惯性思维，深刻理解各种罐型的本质安全条件与防控理念。例如，外浮顶储罐要立足初期，将火灾控制在密封圈初期火灾；易熔盘内浮顶储罐保证氮气的供给效果要远远强于射水冷却；全压力液化烃储罐则要确保压力能得到有效释放等。通过对火场情况的侦察研判，抓住火场核心，准确对最可能发生的最大险情进行研判，按以下理念进行处置。

A　集中使用力量，合理部署兵力

当火场情况比较简单、储罐火势不大时，首批到场力量，应抓住灭火的有利战机，集中现有力量实施灭火进攻，一举扑灭火灾。例如，储罐起火时间不长，油品处于稳定燃烧，邻近储罐受高温辐射影响不大时，应把优势兵力投入灭火。

当火场情况比较复杂，储罐火势比较大，邻近储罐受高温辐射影响较大时，首批到场力量无法满足灭火的实际需要，这时就不能盲目地组织进攻，应积极冷却防御，防止火灾扩大，根据现场情况准确研判火场最大、最不利的危险罐组和罐区，从而能做到有针对性地调派增援力量，为增援力量到场后实施灭火创造有利条件。以下要点供现场研判参考使用。

（1）易引发火灾储罐：固定顶＞内浮顶＞外浮顶。

（2）扑救难易程度：易熔盘、浅盘内浮顶＞固定顶＞敞口隔舱、单盘、双盘内浮顶＞外浮顶。

（3）内浮顶储罐按起火部位扑救难易程度：固定泡沫产生器损坏＞罐体横移、罐底裂缝＞人孔密封裂开（罐火、池火）＞罐盖撕裂＞呼吸阀紊流火＞通风口紊流火＞进出管线阀门流淌火。

（4）内浮顶储罐按浮盘结构扑救难易程度：易熔盘＞浅盘＞敞口隔舱式＞单盘式＞双盘式内浮顶。

（5）内浮顶储罐按储存介质扑救难易程度：醚酯醇酮酚＞石脑油＞拔头油＞凝析油＞汽油、煤油、组分油＞抽余油＞芳烃重整液＞汽煤柴成品油。

（6）石油库：特级库＞一、二、三级库。

（7）储罐区：混合罐区＞液化烃罐区＞中间罐区＞成品储罐区＞原储罐区。

（8）液化灯：全冷冻＞半冷冻＞全压力。

（9）低温储罐：单容＞双容＞全容。

大型火场多个储罐同时燃烧，周围有地面流淌火，邻近储罐及其管道、建筑物等受到火势严重威胁时，应将整个火场划分为不同作战区域，实施分区控火和灭火。

B　先控制后消灭，分步有序实施

在"先控制，后消灭"的战术原则指导下，依据石油库、化工液体储罐区等大型火场实际情况，按照先外围、后中间，先上风、后下风，先地面、后储罐的要领实施灭火战斗。

（1）先外围，后中间。针对情况比较复杂的火场，储罐火灾引燃周围的建筑物或其他构筑物，应首先消灭储罐外围的火灾，然后从外围向中间逐步推进，包围储罐，最后消灭储罐火焰。灭火战斗的实践表明，只有控制住外围火灾，消灭外围火灾，才能有效地控制住火势的蔓延扩大，才能创造消灭储罐火灾的有利条件。在灭火力量比较强，能够满足火场需要时，应分区展开战斗。

（2）先上风，后下风。火场上出现储罐群同时发生燃烧，形成大面积火灾时，灭火行动应首先从上风方向开始扑救，并逐步向下风方向推进，最后将火灾扑灭。一方面，在上风方向可以避开浓烟，减少火焰对人的烘烤，视线清，有利于观察火情，接近火源，便于充分发挥各种灭火剂的效能；另一方面，可大大缩短灭火战斗的时间，降低储罐复燃的概率。

（3）先地面，后储罐。火场上由于储罐的爆炸、沸溢、喷溅或罐壁的变形塌陷，使大量燃烧着的油品从罐内流出，造成大面积的流淌火，并与着火储罐连为一体形成地面与罐上的立体式燃烧。在此情况下，只有先扑灭地面上的流淌火，才能有条件接近着火储罐，组织实施对储罐火的灭火。此外，地面火对邻近储罐和建筑会构成严重的威胁，需要先期加以消除。

需要指出的是，火灾现场情况复杂、千变万化，上述顺序不是一成不变的，要根据实际综合研判，牢牢把握火场风险点，灵活进行处置。

C　冷却降温，预防爆炸

储罐发生火灾后，为防止着火罐的爆炸、变形倒塌和油品的沸溢喷溅，防止其高温辐射引燃邻近储罐、管道及建筑物，必须采取相应有效的冷却降温措施。冷却降温的方法主要有直流水冷却、泡沫覆盖冷却、启动水喷淋装置冷却等。

冷却储罐时，应注意以下几个问题。

（1）要有足够的冷却水枪水饱和水量，并保持供水不间断。

（2）冷却水不宜进入罐内，冷却要均匀，不能出现空白点。

（3）冷却水流应呈抛物线喷射在罐壁上部，防止直流冲击，使水浪费。

（4）冷却进程中，采取措施，安全有效地排出防火堤内的积水。

（5）储罐火灾歼灭后，仍应继续冷却，直至储罐的温度降到常温，才能停止冷却。

（6）外浮顶着火罐罐壁冷却重点是储罐液位处罐体圆周，即浮盘与油品紧贴面的罐体液位高度，保护浮盘导向柱防止高温损坏；外浮顶邻近罐罐壁冷却重点是对应着火罐的迎火面罐体半径液位处；内浮顶着火罐、邻近罐罐壁冷却重点是储罐液位以上罐体全表面，防止储罐内上部空间油气骤增发生闪爆；下风向、半液位邻近罐应优先部署冷却力量。

D　消除残火，防止复燃

储罐火灾扑灭后，不仅应在罐内液面上保持相应厚度的泡沫覆盖层，继续冷却降温，预防油品复燃外，而且还要彻底清除隐藏在各个角落里的残火、暗火，不留火险隐患，同时指派专人监护火灾现场。

4.5.3.2　处置措施

发生事故后，事故单位应立即启动相应的应急预案，采取工艺措施进行处置。前期到场的企业专职消防队应查明事故部位、天气风向、事故区冷却、泡沫、氮气、雨排、防护措施落实情况，人员伤亡、失踪等基本情况。

当灾情进一步扩大，公安消防部队、联动单位到达现场后，应成立总指挥部和作战指挥部。公安消防部队应着重做好以下工作。

A　侦察研判

（1）需特别注意大型罐区储存介质、储罐类型、储存方式、储罐位号、本质安全条件的核对。

（2）有可能存在项目设计与实际储存不相符的情况，比如水溶性介质与非水溶性介质混存；需保温储罐仓储的，在固定顶储罐储存；需制冷储罐保冷仓储的，放在非制冷储罐储存；需氮封惰化保护储罐仓储的，在非惰化保护储罐储存等。

（3）不可盲目根据罐组储罐上的标注辨识研判，必须根据 DCS 控制中心储罐位号、介质、温度、压力、液位等数据与现场实际储存介质、储罐类型、储存方式核对确认，应做好以下工作：

1）到场后，公安消防部队应调集查找相关资料，初步掌握灾情，应包括基本信息、DCS 控制中心相关信息及其他资料；

2)战斗展开前,应进一步核实企业工艺处置措施与企业专职消防队处置情况,排查企业内部情况及保障能力,综合研判灾情继续发展可能导致的后果,前期工艺、消防处置情况及存在的问题,力量部署及个人防护等情况。

B 标注辨识

(1)准备总平面图进行相关标注,根据 DCS 不同时间段在线表(事故前、事故时、当前段)研判发展趋势。

(2)着重标注以下信息:位号、介质、罐型、压力;液位报警罐、压力报警罐、温度报警罐。

(3)将超压、超温、超液位储罐按位号标注到总平面图,查找最大、最难、最不利、最危险事故罐和罐组。

C 方案制定

(1)根据侦察研判,从石油库或化工液体储备库的安全设计底线、火灾防控底线,储罐的本质安全条件等方面做出初期到场力量、陆续到场力量的处置方案、行动方案、防护方案、注意事项。

(2)方案制定时要注意战术措施、处置效能是否互相抵消。

D 工艺控制

工艺控制的措施包括紧急停工、紧急停输、转移船车、紧急排液、关阀断料、注氮惰化保护(储罐或管线)、倒罐输转、隔堤分隔、封堵雨排、停止加热、强制制冷、管线排空、紧急放空等。

E 消防处置

消防处置包括启动固定、半固定灭火系统和实施相关技战术两个方面。发生事故时,应及时启动固定灭火系统。固定系统失效时,灭火救援力量要及时利用半固定系统注入泡沫、氮气等以达到灭火、惰化保护的战术目的。

常见的固定、半固定灭火系统有:

(1)固定顶、外浮顶、内浮顶、液化烃储罐的消防喷淋(水喷雾)、消防水炮等;

(2)固定顶、外浮顶、内浮顶储罐的固定、半固定泡沫灭火系统等;

(3)低温罐集液池高倍数泡沫系统;

(4)码头岸防系统消防水炮、泡沫炮、干粉炮、消防水幕、消防喷淋等。

消防主要处置措施见表 4-2。

表 4-2 消防主要处置措施

处置措施	适 用 灾 情
高喷车灭火	(1)固定顶储罐呼吸阀、量油孔火灾; (2)内浮顶储罐呼吸阀、量油口、通风口(通风帽)火灾
登罐灭火	外浮顶储罐密封圈初期火灾
泡沫钩管推进; 泡沫管枪合围	(1)固定顶储罐、内浮顶储罐罐体检修人孔法兰巴金密封损坏导致的地面流淌火、池火; (2)外浮顶储罐管线破坏的地面流淌火、池火

续表4-2

处置措施	适用灾情
利用半固定泡沫灭火系统注入泡沫	固定顶储罐、外浮顶储罐固定泡沫系统失效不能启动
注氮惰化保护、抑制窒息	(1) 固定顶储罐、易熔盘内浮顶储罐氮封系统损坏； (2) 量油孔、进油管道、通风孔紧急注氮
注水止漏	全压力液化烃储罐发生底部泄漏，固定注水系统失效或未设置固定注水系统，利用半固定注水系统注水止漏

4.5.3.3 注意事项

事故处置过程中，在做好个人安全防护的同时，重点做好防火、防爆、防毒、防灼伤、防冻伤的"五防"工作，应提前做好紧急避险、紧急撤离准备。

（1）要全面掌握灾情信息，着重核实罐区内储存介质情况。由于企业管理不规范等因素制约，罐区有可能存在储存介质与标识不相符的情况，给现场的灭火作战埋下较大安全隐患。当灾情特征与企业提供信息不相符时，要利用 DCS 系统等手段反复核实。

（2）要全面了解企业本质安全条件。有的企业可能存在本质安全条件不足的情况，例如该制冷的储罐不制冷，该保温的储罐不保温，该设置火炬放空系统的不设置。现场处置时，要在全面侦查和核实的基础上，制定有针对性的措施，并注重对突发情况的监控。

（3）部署力量时，要摒弃"冷却相邻罐"的惯性思维，应根据储罐本质安全条件、灾害类型、储罐液位、储存介质、储罐类型、可控程度等进行综合研判，找准火场最大、最难、最不利风险点，科学部署处置力量。

（4）罐区火灾情况复杂，单个储罐发生火灾，至少要考虑罐组内其他储罐的冷却和灭火，要根据不同罐型、储存方式、储存介质、本质安全条件等制定相应的战术措施。

（5）处置时要特别注意关闭事故罐区、事故厂区雨排，注意厂区事故污染水池容量，严防危险化学品入海、江、河、地下水，给水体和下游带来严重污染，防止发生环境污染次生灾害事故。长时间作战易使事故水池溢满，现场应考虑循环消防用水或是在空阔地带开新的水池等应急措施来储存废水。

任务 4.6　液化天然气接收站火灾

液化天然气的英文缩写为 LNG（Liquefied Natural Gas），液化天然气接收站也简称 LNG 接收站。随着能源危机的到来，天然气作为清洁能源越来越受到青睐，在能源供应中的比例迅速增加，正以每年约 12% 的高速增长，成为全球增长最迅猛的能源行业之一。全球生产贸易日趋活跃，天然气正成为世界油气工业新热点，是石油之后下一个全球争夺的热门能源商品。

近年来，随着我国石油资源的进一步枯竭，加之世界能源的持续紧缺，我国也相应对能源战略进行调整：一是大力兴建国储库，尽可能多地储备原油，把原油的储备周期拉长；二是提出充分利用天然气的战略，以保障能源的百年持续可利用，持续可发展。目前，我国内陆天然气的主要产地在新疆、青海、陕西、内蒙古、四川等省（自治区），已建成投产的 LNG 接收站都分布在沿海地带，如江苏南通、河北唐山、辽宁大连、福建莆田、广西、上海、广东等省（市）。利用 16 万吨、20 万吨的海轮从世界液化天然气主要输出国（如南非）通过海上运输，到达 LNG 接收站。随着沿海 LNG 接收站、内陆和海上 LNG 生产装置进一步加速建设建成，LNG 在我国能源结构中的比例不断增加、应用日趋广泛，LNG 接收站的灭火救援工作将是消防部队研究的新课题和难点。

4.6.1 液化天然气及接收站

4.6.1.1 液化天然气理化性质

天然气是产生于油气田的一种无色无味的可燃气体，其主要组分是甲烷（CH_4），大约占 80% ~99%（体积分数），其次还含有乙烷、丙烷、总丁烷、总戊烷、二氧化碳、一氧化碳、硫化氢、硫和水分等。在常温下，不能通过加压将其液化，而是经过预处理，脱除重烃、硫化物、二氧化碳和水等杂质后，深冷到 −162℃，实现液化。

A　LNG 的性质

（1）温度低。在大气压力下，LNG 沸点在 −162℃ 左右。

（2）液态的密度远远大于气态密度。$1m^3$ 液化天然气的密度大约是 $1m^3$ 气态天然气的 625 倍，即 $1m^3$ LNG 大致转化为约 $625m^3$ 的气体。

（3）易燃易爆。LNG 爆炸极限范围为 5% ~15%（体积分数），大气压条件下，纯甲烷的平均自燃温度为 650℃，以甲烷为主要成分的天然气自燃温度也在 650℃ 左右，其自燃点随着组分的变化而变化。表面温度高于 650℃ 的物体都可以点燃天然气与空气的混合物，衣服上产生的静电能量足以导致天然气起火。

（4）低温窒息。液化天然气温度较低，人体接触后会造成冻伤。LNG 在常温条件下迅速气化，蒸气无毒，吸入人体会引起缺氧窒息，当吸入天然气的含量（体积分数）达到 50% 以上，会对人体产生永久性伤害。

（5）泄漏特性。LNG 泄漏到地面，起初迅速蒸发，当热量平衡后便降到某一固定的蒸发速度。当 LNG 泄漏到水中会产生强烈的对流传热，在一定的面积内蒸发速度保持不变，随着 LNG 流动泄漏面积逐渐增大，直到气体蒸发量等于漏出液体所能产生的气体量为止。泄漏的 LNG 以喷射形式进入大气，同时进行膨胀和蒸发，与空气进行剧烈的混合，可能发生沸腾液体扩展为蒸气爆炸（BLEVE）。

（6）蒸发特性。LNG 作为沸腾液体储存在绝热储罐中，外界任何传入的热量都会引起一定量液体蒸发成气体，这就是蒸发气（BOG）。由于压力、温度变化引起的 LNG 蒸发产生的蒸发气处理，是液化天然气储存运输中经常遇到的问题。

（7）快速相态转变（RPT）。两种温差极大的液体接触，若热液体温度比冷液体温度沸点温度高 1.1 倍，则冷液体温度上升极快，表层温度超过自发成核温度（液体中出现气泡）。在此过程中，冷液体能在极短时间内，通过复杂的链式反应机理以爆炸速度产生大量蒸气，可能发生蒸气爆炸，这就是 LNG 或液氮与水接触时出现 RPT 现象的原因。

B　LNG 的储存特性

（1）分层。LNG 是多组分混合物，因温度和组分的变化引起密度变化，液体密度的差异使储罐内的 LNG 发生分层；另外，新充注的 LNG 与原有的 LNG 自动分层。

（2）翻滚。若 LNG 已经分层，密度较小的 LNG 位于上层，密度较大的 LNG 位于下层，则上下层会形成独立的对流运动。在底部漏热的影响下，底部吸热并通过与上层之间的液 – 液界面传给上部，上部液体温度升高较慢，而下层液体的温度升高较快，导致上下层密度差减小。一定条件下，下层强烈的热对流循环促使分层界面被打破，上下层发生掺混，密度趋于相等，原处于过饱和状态的下层 LNG 大量蒸发，储罐内将出现翻滚现象。

4.6.1.2　液化天然气产业链概况

液化天然气是从生产、储存到运输的一条产业链。根据上游开采模式的不同，目前共有陆地岸上生产和海洋钻探平台生产两种模式。

（1）陆地岸上生产。在气源或气田附近建立 LNG 生产装置，天然气经净化、脱硫、除杂质、深冷液化等工艺，以液化天然气形式装载到 LNG 低温罐车，输送到气化站 LNG 储罐卸载，LNG 经气化器气化后再以天然气形式通过管道输送到居民生活区提供燃料。

（2）海洋钻探平台生产。钻探完以后直接开采天然气液化到海下储罐进行储存，LNG 船进行运输。LNG 船到达接收站后，接收站进行配热，一部分液化一部气化，气化后利用管道进行输送，液化后的 LNG 则利用槽车进行运输。

液化天然气接收站是 LNG 产业链中的重要环节，LNG 接收站既是远洋运输液化天然气的终端，又是陆上天然气供应的气源，处于液化天然气产业链中的关键部位。LNG 接收站实际上是天然气的液态运输与气态管道输送的交接点，在接收、储存 LNG 的同时，应具有适应区域供气系统要求的液化天然气气化供气能力。此外，接收站应为区域稳定供气提供一定的调峰能力，还为国家天然气战略储备提供保障，保证天然气储备周期为 17 ~ 110 天不等。

4.6.1.3　液化天然气接收站功能区域的划分

典型的 LNG 接收站主要包括码头单元、储存单元（储罐）、蒸发气处理单元、气化输送单元、槽车灌装单元、火炬单元、辅助区等，各单元既相对独立，又紧密联系。

4.6.1.4　液化天然气接收站主要设备

LNG 接收站主要设备有 LNG 船和卸料臂、LNG 输出泵、气化器、BOG 压缩机及蒸发气再冷凝器。

（1）LNG 船和卸料臂。LNG 船是运输 −162℃ 液化天然气的专用船舶，卸料臂是安装在码头上的用于卸料的接管道系统，它们是通过储罐内部潜液泵提供动力将船上的 LNG 安全输送到储罐内的运输系统。

（2）LNG 输出泵。LNG 输出泵包括低压输出泵和高压输出泵两种。

1）低压输出泵。LNG 低压输出泵是将 LNG 从储罐内抽出并送到下游的装置，LNG 低压输送泵为潜液泵，安装在储罐底部的泵井中，具有耐低温、耐高压、防腐蚀的特点。每座 LNG 储罐中均设有 3～4 个泵井。它们以恒定的转速运行，以防止速度变化太快引起罐内发生翻滚和分层。再冷凝器进料管道口的流量调节阀、再冷凝器旁路上的压力控制阀以及消费的需求决定了低压泵的工艺流程流量。为了使各低压泵工作在相同流量并且能够紧急切断，低压泵的出口管道安装了自动切断阀门。为了防止管内出现分层翻滚等危险现象，低压泵的出口管上也安装了流量调节阀来保证 LNG 的安全泵出。

2）高压输出泵。高压输出泵是 LNG 的加压设备，将 LNG 升压达到工艺要求的流量和压力后输送到气化器。高压输出泵采用的是立式离心泵，安装在专用的泵罐内。高压输出泵按照安全工艺规范的规定，以恒定转速运行来保证罐内液体稳定。流量调节阀用来控制高压泵的流量。高压输出泵通过专有的管道，将产生的多余 BOG 输送到再冷凝器。在高压输出泵出口管上同样设有最小流量调节阀，以保护泵的安全运行。

（3）气化器。工程中一般选用两种类型气化器，开架式海水气化器（ORV）和浸没燃烧式气化器（SCV）。ORV 使用海水作为气化 LNG 的热媒，SCV 则以燃烧天然气气化 LNG 作为热媒。

1）开架式气化器（ORV）。开架式气化器是一种采用海水、河水和工艺热废水为热源来加热 LNG 并使之气化的环境加热式气化器。

2）浸没燃烧式气化器（SCV）。浸没燃烧式气化器是一种使用燃料气加热 LNG，并使之气化的整体加热式气化器。在燃烧室内部通入燃料气，点燃燃料气使之燃烧通过喷嘴加热介质水，使水的温度控制在 15～50℃，LNG 通过浸在水中的盘管，与水热接触使得 LNG 升温气化。浸没燃烧式气化器操作相对灵活，能够应对紧急情况和负载高峰等事件。

（4）BOG 压缩机。由于低温液化天然气储罐受外界环境热量的入侵，LNG 罐内液下泵运行时部分机械能转化为热能，这都会使罐内 LNG 气化产生闪蒸气（BOG，Boil Off Gas）。

BOG 压缩机是用来维持罐内压力，防止罐内液体翻滚以及气体液面间出现摩擦的关键设备。由 LNG 自蒸发及管道内部摩擦产生的循环 BOG 蒸发气，通过 BOG 蒸发气管网进入到调温器降温后，经过 BOG 压缩机的入口阀，在 BOG 压缩机中压缩到特定的压力后，通过出口的压力阀输送到下游的再冷凝器；经过再冷凝器的作用后重新生成 LNG，一部分通过管网回到 LNG 储罐中，一部分经高压泵输送到计量站外输，多余部分至火炬焚烧进行处理。

（5）蒸发气再冷凝器。再冷凝器一般设置在高压输出泵前，通过液态 LNG 与 BOG 的热交换使得 BOG 重新生成液态 LNG，同时也起到了高压输出泵的缓冲罐功能，防止从储罐输送过冷的 LNG。从 LNG 储罐输出的 BOG，一部分根据冷凝蒸发气所需量进入再冷凝器，剩余部分通过再冷凝器旁路直接送至高压输出泵。

4.6.1.5 液化天然气接收站主要工艺流程

LNG 接收站的工艺方案分为直接输出式和再冷凝式两种，两种工艺方案的主要区别在于对储罐蒸发气（BOG）的处理方式不同。直接输出式是利用压缩机将 LNG 储罐的蒸发气压缩增压至低压用户所需压力后与低压气化器出来的气体混合外输；再冷凝式是将储罐内的蒸发气经压缩机增压后，进入再冷凝器，与由 LNG 储罐泵出的 LNG 进行冷量交换，使蒸发气在再冷凝器中液化，再经高压泵增压后进入高压气化器进行气化外输。再冷凝工艺可以利用 LNG 的冷量，减少蒸发气体压缩功的消耗，从而节省能量，比直接输出工艺更加先进、合理。

LNG 专用船抵达接收站专用码头后，通过液相卸船臂和卸船管线，借助船上卸料泵将 LNG 送进接收站的储罐内。在卸船期间，由于热量的传入和物理位移，储罐内将会产生蒸发气。这些蒸发气一部分经气相返回臂和返回管线返回 LNG 船的料舱，以平衡料舱内压力并作为 LNG 外输动力；另一部分通过 BOG 压缩机升压进入再冷凝器冷凝后，与外输的 LNG 一起经高压输出泵送入气化器。利用气化器使 LNG 气化成气态天然气，经调压、计量后送进输气管网。

接收站的工艺系统主要包括 LNG 卸船、低温液体输送、LNG 储存、BOG 处理、LNG 气化/外输和火炬放空系统。

（1）LNG 卸船流程。LNG 运输船在引航船的引领下驶入港口，在海上驳轮的辅助下靠泊到 LNG 码头。卸船臂与 LNG 船连接，ING 通过卸船总管进入 LNG 储罐，为防止卸船时船舱内因液位下降形成负压，罐内的蒸发气体经过气相返回管线和气相返回臂返回到船舱，以维持船舱压力平衡。

（2）LNG 储存系统。从船舶卸下来的 LNG 输送至 LNG 储罐储存，一般容积 $1.6 \times 10^5 m$。LNG 储罐属于低温储罐，包括单容式、双容式、全容式。LNG 接收站采用全容式，其外层用钢壳，内层用含镍 9% 的钢板，内外层之间有环空间，充填珍珠岩绝热层并内充 N_2。罐底基础有承受载荷的绝热层，为防止冻坏基础，在基础下面有加热装置来保持一定的温度。此外，LNG 储罐还包括薄膜式、地下式等形式。地下式投资较大，建设周期较长，但抗震性能较好，在日本应用广泛。

（3）BOG 处理工艺流程。由于 LNG 从周围环境中吸收热量，储罐内不断产生蒸发气，为保持储罐压力，应不断除去，通过 BOG 压缩机将蒸发气不断地从储罐内吸除。

LNG 储罐产生的蒸发气通过蒸发气总管进入 BOG 压缩机进行升压，经压缩机加压后的蒸发气进入再冷凝器，与从储罐送出的 LNG 混合后，冷凝成液态的 LNG 进入高压泵入口管线，经加压气化后外输或返回 LNG 储罐内。如果蒸发气流量高于压缩机或再冷凝器的处理能力，储罐和蒸发气总管的压力将升高，当压力超过压力控制阀的设定值时，过量的蒸发气将排至火炬燃烧。

接收站在无卸船正常输出状态下，压缩机仅一台工作，足以处理产生的蒸发气；卸船时，蒸发气量是不卸船时的数倍，需要多台压缩机同时工作。

（4）LNG 气化/外输工艺流程。LNG 气化/外输工艺系统包括 LNG 高压外输泵、开架式气化器、浸没燃烧式气化器和计量系统。从再冷凝器中出来的 LNG 经高压外输泵增压后进入气化系统气化，计量后外输至用户。

（5）火炬放空系统。在正常操作工况下，没有蒸发气排放至火炬燃烧，火炬用于处理蒸发气总管超压排放的低压气体。当 LNG 储罐内气相空间超压，BOG 压缩机不能控制且压力超过泄放阀设定值时，罐内多余蒸发气将通过泄放阀进入火炬中燃烧掉。当发生诸如翻滚现象等事故时，大量气体不能及时烧掉，则必须采取放空措施排泄。在火炬的上游低点位置设有火炬分液罐和火炬分液罐加热器，其目的是使排放到分液罐的蒸发气所携带的液体充分分离和气化。为防止空气进入火炬系统，在火炬总管尾端连续通以低流量燃料气或氮气，以维持火炬系统微正压。火炬放空系统分为火炬岛高架火炬和地面封闭式火炬两种形式。

4.6.1.6　固定消防设施

液化天然气接收站消防设施主要包括消防水系统、高倍数泡沫灭火系统、干粉灭火系统、固定式气体灭火系统、水喷雾系统、水幕系统、灭火器等。LNG 接收站的消防设施要根据不同的灾情、情况、阶段进行使用，其设计原则是：尽量切断气源，控制泄漏；对储罐及邻近储罐的设备进行冷却保护，避免设备超压造成更大的灾害；将泄漏的 LNG 引至安全地带降低或减缓气化速度，避免灾情扩大。

A　固定消防水幕/喷淋/固定水炮系统

（1）水幕分隔系统。装卸码头设有固定水幕分隔保护系统，其主要作用是在 LNG 船卸载过程中如发生泄漏、火灾事故，分隔保护码头及装卸设备，及时将 LNG 事故船拖离码头。

（2）固定喷淋保护系统。

1）码头登船梯固定喷淋系统。人员需要到船上连接泄漏臂，两次锁扣后，第三次进行密封扣。此时开始加压，如果船发生泄漏会引起人员窒息，此时打开喷淋以保护人员逃生。

2）码头通道、输送管道固定喷淋系统。码头通道固定喷淋系统用于保护人员逃生；输送管道固定喷淋系统用于保护输送管道，要根据不同的情况启动。液相管路发生泄漏时，禁止启动固定喷淋系统，否则会加速 LNG 的气化，只有当码头或气相管道发生泄漏火灾时方可开启该系统进行稀释冷却。

3）气化器、BOG 压缩机及气相输送管道区固定喷淋系统。气化区、BOG 压缩区、计量站、输送区的 LNG 是气相状态，发生泄漏、火灾事故应及时启动。

4）LNG 储罐区固定喷淋系统。LNG 储罐登罐梯固定喷淋保护系统用于保护操作人员及时逃生；LNG 储罐罐顶固定喷淋保护系统用于保护储罐的进出料系统、管线。

5）固定消防水炮。高位炮塔固定遥控消防水炮设置在 LNG 装卸码头的两侧，对 LNG 船体装卸过程异常事故进行保护。地面固定消防水炮设置在气化区、BOG 压缩厂房、输送管道等功能区，便于在泄漏事故稀释分隔和火灾事故设备冷却保护。

项目 4　石油化工特殊情况的紧急处置　　　　　　　　·93·

B　固定干粉灭火系统

装卸码头、LNG 储罐顶部设有固定干粉灭火系统。装卸码头在 LNG 卸船过程中发生气/液相火灾事故，使用固定干粉炮或干粉枪灭火。LNG 储罐顶部发生气/液相火灾事故，利用固定干粉灭火系统进行灭火，发生持续超压，除打开火炬管线紧急排放焚烧外，还需打开 LNG 储罐顶部设置紧急放空系统泄压。如果泄压流速过快或遇雷电天气，放空管口处易引发燃烧，则需远程或手动打开罐顶干粉灭火系统处置放空管口火灾。

C　高倍数泡沫系统

高倍数泡沫系统用于降低 LNG 泄漏物的蒸发速率，减轻泄漏物被点燃而发生火灾时热辐射的影响。高倍数泡沫发生器应安装在集液池的常年上风向，围绕被保护面进行布置，便于有效释放高倍数泡沫。

LNG 储罐进出管道发生泄漏事故，需紧急关闭事故段上下游阀门，减少或控制泄漏量，已泄漏液体经导流沟引致集液池。为防止集液池泄漏液体快速蒸发形成蒸气云，需启动集液池固定高倍数泡沫系统，对集液池进行高倍数泡沫覆盖封冻，控制 LNG 蒸发扩散速度，为事故的后续处置创造条件。

LNG 接收站的固定消防设施还设有火灾报警系统、连锁控制系统等。

4.6.2　事故形式及防控

液化天然气接收站事故形式及防控理念是由 LNG 的特殊理化性质决定的。LNG 接收站的事故主要包括泄漏和火灾爆炸两种，防控理念则主要立足于工艺措施进行控制。

4.6.2.1　泄漏事故

管道、阀门长期处于低温、高压状态下运行，工艺运行中对 BOG 处理稍有不慎，都可能导致超压发生泄漏。LNG 泄漏后立即气化，有可能形成蒸气云，导致更大规模的火灾及爆炸。

A　泄漏部位

LNG 接收站可能发生泄漏的部位如下：

① 阀门管道处的泄漏，包括 LNG 船上储罐管道及阀门发生泄漏、LNG 储罐罐顶管道及阀门发生的泄漏、接收站及码头上 LNG 或天然气输送管线发生的泄漏及其他管道阀门处发生的泄漏；

② LNG 卸船作业过程中发生的泄漏；

③ 低压/高压泵和高压外输设备发生的泄漏。

B　泄漏的危害性

LNG 泄漏可能对人体产生局部冻伤（如低温冻伤、霜冻伤）、一般冻伤（如体温过低，肺部冻伤）及窒息等危害。一旦发生泄漏，急剧气化成蒸气与空气形成爆炸性混合物，若遇点火源，可能引发火灾及爆炸。若大量泄漏形成蒸气云，则有可能导致更大规模的火灾及爆炸。具体危害性可分为泄漏到地面和泄漏到水中两种情况。

（1）泄漏至地面。液化天然气泄漏后形成的冷气体在初期比周围空气密度大，易形成云层或层流。泄漏的液化天然气的气化量取决于地面、大气的热量供给。刚泄漏时，气化率很高，经过一段时间以后趋近于常数，这时泄漏的液化天然气就会在地面上形成液流。若无围护设施，就会沿地面扩散，易导致人员冻伤、窒息，遇到点火源可能引发火灾、爆炸。

（2）泄漏至海水。LNG 接收站大都建在海边，当大量 LNG 泄漏流进海水中时，LNG 与水相接触，两者温差较大，有极高的热传递速率，LNG 会发生快速相变，引发激烈沸腾、巨大的响声并喷出水雾，严重时会导致 LNG 蒸气爆炸。

4.6.2.2　火灾爆炸事故

当 LNG 泄漏气化形成蒸气云，扩散到有限空间与空气形成爆炸混合物后，遇到火源很有可能发生爆炸。蒸气云也可能在开放空间内与周围大气混合，一旦遇到点火源，则会发生大面积的爆炸（无约束蒸气云爆炸，UVCE），产生冲击波，对周围的人员和设施造成损伤或破坏。

液化天然气在卸船、储存、输送及气化过程中产生的火灾爆炸事故包括如下。

（1）LNG 大量泄漏到地面或水面上形成液池后，被点燃产生的池火火灾。

（2）LNG 输送设施、管线内 LNG 泄漏时被点燃产生的喷射火灾。

（3）LNG 泄漏后形成的 LNG 蒸气云被点燃产生的闪火。

（4）障碍/密闭空间内（如外输装置区）LNG 蒸气云被点燃产生的蒸气云爆炸事故。

（5）输气管线工艺操作压力最高达 8.0MPa，且变化较大，因此存在由于过压、疲劳等引起的与压力容器有关的事故。输气管道末端为城市调压站，相比 LNG 接收站属于人员密集区域，一旦发生火灾爆炸事故，后果往往较为严重。因此，火灾爆炸事故危险是 LNG 接收站及相关工程最为突出的危险因素。

4.6.2.3　防控理念

LNG 常压下沸点 -162℃，这意味着其常温条件下将快速气化，且与常用灭火剂——水接触后会发生剧烈的热传递。LNG 以液态储存，常温常压条件下将不可避免有向着气相转化的趋势。因此，LNG 接收站的工艺核心点是对 LNG 气液两相变化的处理，通过 BOG 处理、火炬放空等措施，防止 LNG 气化过多、过快导致超压发生泄漏或爆炸，保持 LNG 储罐、各种液相、气相管路的压力平衡。

基于上述原因，LNG 接收站的防控理念是要保证其 BOG 工艺的运行，火炬放空能力始终处于气化天然气的产生量之上。因此，灭火救援中要优先保护制冷的工艺设备设施不受泄漏、火灾事故影响，为后续处置创造条件。此外，由于此类事故具有警戒范围广、易爆、低温等特点，灭火救援要实行"小兵团作战"，切实做好警戒、防爆、防冻等方面工作。

4.6.3　灭火救援措施

LNG 接收站一旦发生事故，波及范围广、冻伤窒息、爆炸等特点突出。在处置

项目 4　石油化工特殊情况的紧急处置　　·95·

时以"小兵团作战"为原则，首先做好初期管控工作，即接警后应核实地点、部位、泄漏/燃烧物状态、扩散/燃烧范围、危险程度等要素。行进途中应不间断保持与指挥中心、事故单位通信联系，掌握灾情动态信息，并根据所在区域地理位置、气象条件及初步掌握情况做出行进路线调整，确定集结点、安全停靠距离（1000m以上）。到场后，上风向或侧风向行进至集结区，派出侦检组通过询问企业人员、到中控室查看 DCS 系统、现场查验等方法进行初期研判，切忌情况不明，参战力量过于靠近事故区。

4.6.3.1　气/液相泄漏处置措施

A　小范围气/液相泄漏

容器、管线、阀门等设备小范围气相泄漏，上风向或侧风向进入现场，与工艺人员确认后，组织实施扩散区喷雾水稀释驱赶。根据泄漏情况不同，及时启动相应固定消防设施。发泡效果调试合格后，实施液态流淌区高倍数泡沫覆盖。待灾情稳定后，组织人员对泄漏区实施堵漏。

B　大范围气/液相泄漏

初期到场队伍应拉大事故区与集结点的安全防护距离，例如条件不具备不能进入现场行动。该措施的主要任务是根据灾情发展态势配合政府组织警戒范围和紧急疏散。

（1）码头容器、LNG 储罐、气化器、输气管线发生较大气相泄漏。以泄压、关阀、放空等工艺措施为主，设置警戒区控制火源，直至达到本质安全操作条件应急处置终止；处置队伍到场使用移动式摇摆水炮稀释扩散气体，严禁直流水冲击扩散气体，严禁对低温储罐、容器、管线等设备喷水。

（2）控制阀门、输送管线、装车站台发生液相泄漏。工艺采取关闭上、下游控制阀门等断料措施，处置队伍使用固定或移动高倍数泡沫覆盖集液池或流淌低温液体，控制 LNG 蒸发扩散范围和速度，为控制火源、设置警戒区、安全疏散、启动相应的应急预案创造条件；严禁对低温设备、结霜部位喷水。

4.6.3.2　火灾处置措施

A　初期火灾

（1）储罐、容器、气化器、输送管线、装车站台等部位发生气相初期火灾。工艺应采取关阀、放空措施，切断气源措施后可使用干粉灭火器或喷雾水灭火；无法实施气源切断措施，应冷却保护毗邻设备控制灾情，待进一步评估论证后采取相应措施。

（2）控制阀门、输送管线、装车站台发生低温液体泄漏火灾。立即关闭上、下游控制阀门，使用固定或移动高倍数泡沫覆盖集液池或流淌低温液体，控制 LNG 流淌火扩散范围，为控制火势、采取工艺措施创造条件；燃烧范围较大、火势猛烈时，可对毗邻设备实施冷却保护，冷却水应避免流入 LNG 低温流淌区加速低温液体气化。

B 较大火灾或发生地震、海啸等自然灾害

由于地震、海啸等较大自然灾害导致管线、储罐出现裂缝、开裂，引发 LNG 大面积低温泄漏事故时，应立即评估研判事故发展态势，启动相应的应急预案，根据灾情发展趋势和控制能力，相关单位和部门（当地政府、海事、航空、交通、公安、部队、气象、通信等）预警联动，进一步采取相关疏散、警戒措施，避免重大人员伤亡和财产损失。以接收站为中心，陆地半径按处置区 1km、监控区 3km、警戒区 5km、安全区 10km、海洋区按 10nmile❶ 范围进行划分，不同区域采取不同的防护等级与处置措施，及时疏散警戒区内人员，严控各种危险源。

4.6.3.3　注意事项

（1）要特别做好防冻、防爆等工作，处理 LNG 泄漏事故，必须佩戴防护镜、皮质手套、空气呼吸器、防冻服等防护装具；现场情况不明时，参战力量要在上风向安全距离进行集结，待查明情况后再进行处置。

（2）处置过程中严禁踩踏装置区内阀门、低温管线。

（3）正常操作条件下，低温管线距离 LNG 储罐最近的阀门一般为常开阀门，第二阀门为经常性操作阀门；处置过程中严禁随意关闭管线阀门，特别是两低温阀门中间段管线未设置安全放空阀的，严禁同时关闭两组阀门。

（4）紧急情况下如采取关阀断料、倒流输转、紧急放空等应急措施，需在工艺人员指导下进行。

（5）处置 LNG 大面积泄漏、着火事故，严禁使用直流水驱赶泄漏云团或灭火，严禁敲击或喷淋冷冻部位。

（6）火灾扑救尽可能使用高倍数泡沫灭火剂。释放高倍数泡沫处置 LNG 液相泄漏事故过程中，应设专人观察高倍数泡沫原液剩余量，避免水流与 LNG 低温液体接触快速气化，发生意外事故。

（7）LNG 接收站不同固定消防设施的设防目的和保护区域不同，要根据灾情类型和发生部位视情启动。

4.6.4　生产企业的防火安全

危化品生产企业火灾具有爆炸、燃烧速度快、燃烧温度高、复爆、复燃等特点，扑救难度很大，因此扑救危化品生产企业火灾有其自身的战术和技术措施。根据火灾的特点，在火灾扑救中，要坚持集中兵力、科学指挥的指导思想，坚持"先控制、后消灭"的战术原则；采取积极冷却、堵截保护、关阀断料、重点进攻的措施，加强安全防护，正确使用灭火剂，保证有效迅速地扑灭火灾，从而最大限度地减少火灾损失和伤亡。

4.6.4.1　扑救危化品生产企业火灾的基本对策

（1）扑灭现场明火应坚持"先控制后扑灭"的原则，依据危化品性质、火灾大

---

❶ nmile 即 Nautical mile，中文译为海里，航空航海上度量距离的单位。其中，1nmile = 1852m。

项目 4　石油化工特殊情况的紧急处置　　　　·97·

小采用冷却、堵截、突破、夹攻、合击、分割、围歼、破拆、封堵、排烟等方法进行控制与灭火。

（2）根据危化品特性，选用正确的灭火剂。禁止用水、泡沫等含水灭火剂扑救遇湿易燃物品、自燃物品火灾；禁用直流水扑灭粉末状、易沸溅危化品火灾；禁用沙土盖压扑灭爆炸品火灾；应使用低压水流或雾状水扑灭腐蚀品火灾，避免腐蚀品溅出；禁止对液态轻烃强行灭火。

（3）根据有关生产部门监控装置工艺变化情况，做好应急状态下生产方案的调整和相关装置的生产平衡，优先保证应急救援所需的水、电、气、交通运输车辆和工程机械。

（4）根据现场情况和预案要求，及时决定有关设备、装置、单元或系统紧急停车，避免事故扩大。

4.6.4.2　工艺灭火对策

（1）关阀断料。利用生产的连续性，切断着火设备、反应器、储罐（也称贮罐）之间的物料来源，中断燃料的持续供应，降低着火设备压力，为消灭火点创造条件。

（2）开阀导流。所谓开阀导流，就是关闭着火设备的进料阀打开出料阀，使着火设备内的物料，经安全水封装置或砾石阻火器导入安全储罐，着火设备内的残留物料大大减少，压力下降，为灭火创造了条件。

（3）搅拌灭火。当设备内高闪点物料着火后，从设备底部输入一定量的相同冷物料或氮气、二氧化碳等，将设备内的燃料液体上下搅动，使上层高温液体与下层低温液体进行热交换，使其温度降至闪点以下，自行熄灭，或使火势减弱，便于灭火。

4.6.4.3　扑救危化品火灾的安全措施

（1）防爆炸的安全措施。消防车要选择安全停车位置，车头朝向便于撤退的方向，车不要停在地沟上或架空管线下，利用地形、地物作掩护，所选择的进攻阵地，既要便于进攻，又要能及时撤退，利用地形地物掩护；确保不间断供水，对可能发生爆炸的设备进行可靠的冷却。

（2）防高温的安全措施。利用喷雾水降温，使环境温度降到消防战斗员可以忍受的温度；利用地形、地物遮挡辐射热；穿着隔热服，战斗员定时换班。

（3）防毒安全措施。对于有毒区域应划出警戒区，警戒区的范围应为毒物扩散半径的两倍；利用工艺手段断绝毒源；参战人员必须佩戴空气过滤式呼吸器等防护设备，针对毒物的性质选用灭火剂，吸收或降低毒性，战斗结束，进行清洗，消除余毒。

4.6.4.4　危化品火灾扑救组织指挥应采取的措施

（1）认真开展调查研究，熟悉保卫区域的情况，包括：单位周围消防通道；水源（包括距离该单位1000m范围内的消防水源的有关情况）；毗邻单位（包括防火安全间距生产、储存及其内部消防通道、水源等）情况；单位所处位置的常年主导风向；单位内部总平面布局、消防通道、水源情况；生产、储存工艺流程及对温度、压力的要求情况；火灾、爆炸危险重点（要害）部位及发生事故后的危险、危害程度预测；火灾、爆炸时的灭火抢险对策措施（应包括灭火作战指导思想、战术原则、方法及工艺措施和注意事项）。

（2）组织开展学习研讨活动。要在调研的基础上，适时组织学习危化品、危化品火灾有关知识，掌握危化品火灾的一般特点、规律和扑救对策要点，并针对消防安全保卫区域内具体的危化品企业的实际情况，逐个开展灭火战法研讨，以提高灭火业务素质。

（3）扎实、细致地制定灭火预案。由于危化品单位一般都布置在城市的边缘或远离城市相对独立的地带，危化品事故突发性强、发展迅猛、危害性大，因此扑救危化品火灾（尤其是大、中型危化品企业火灾爆炸）事故多是多方面力量合成作战。故应在充分调研的基础上制定灭火预案，预案除应反映。

思考题

4-1　可燃物料泄漏事故处置的基本要求有哪些？
4-2　易燃、有毒气体泄漏紧急处置的方法有哪些？
4-3　石油化工企业火灾有哪些扑救措施？
4-4　简述石油化工生产装置灭火救援方法。
4-5　简述石油化工储罐灭火的措施。

下 篇
实践应用

项目 5　石油化工消防物资

(1) 掌握各类常见灭火剂；
(2) 根据着火环境不同判断和使用不同种类灭火器；
(3) 了解防火服的类型与选用。

任务 5.1　灭　火　剂

5.1.1　水

水是应用最广泛的天然灭火剂，它可以单独使用，也可以与不同的化学剂组成混合液使用。现有的消防器材中，用水灭火的占很大比例。例如，作为重要灭火工具的消防车，多数是离不开水的；在固定灭火装置中，水喷淋系统使用得最多最广；对于泡沫灭火系统来说，泡沫混合液中就含有 94% ~ 97%（质量分数）的水。因此，水不仅现在，而且将来也是重要的和不可缺少的灭火剂。

5.1.1.1　水的物理化学性质

纯水是一种无色、无味、无臭的透明液体。水具有三种不同形态，分别是气态、液态和固态。水的比热、气化潜热较大，所以用水灭火的效果很好。水能与许多物质发生化学反应，如活性金属、金属氢化物、碳化碱金属、硅金属化合物、磷化物、硼氢类物质等，产生可燃气体，同时放出一定热量。当温度达到可燃气体的自燃点或可燃气体接触到火源时，便会立即引起燃烧或爆炸。水在 1500℃ 时还会发生分解，生成氢气和氧气，形成气体爆炸性混合物，若遇见火会发生爆炸。

仓库消防用水一般取自于自然界，含有一定杂质，有一定的电导率，水中的电解质越大，其电导率越大，因此一般不能用水扑救电气火灾。此外，水密度一般比油品的密度大，用水直接灭火会引起油品流散飞溅，造成火灾蔓延，因此不能用水直接灭油品火灾。

5.1.1.2　水的灭火作用

A　冷却作用

冷却是水的主要灭火作用。水的热容量和气化潜热很大，水的比热为 $4.184 \times 10^3 \mathrm{J/(kg \cdot ℃)}$，也就是说，1kg 水的温度升高 1℃，就会吸收 $4.184 \times 10^3 \mathrm{J}$ 的热量；

水的蒸发潜热为 $2.259 \times 10^3 kJ/kg$，即 1kg 水蒸发气化时，要吸收 $2.259 \times 10^3 kJ$ 的热量。因而当水与炽热的燃烧物接触时，在被加热和气化的过程中，就会大量吸收燃烧物的热量，使燃烧物冷却。当水与炽热的含碳可燃物接触时，还会发生化学反应，并吸收大量的热。

由此可见，水与炽热的燃烧物接触后，就会通过上述物理作用和化学反应，从燃烧物吸收大量的热，迫使燃烧物的温度大幅度下降，而最终停止燃烧。在扑救油罐火灾时，需要用大量的水对着火油罐及相邻的油罐进行冷却，以降低油罐温度，防止油罐变形、倒塌，并使泡沫免受高温油品和炽热罐壁的破坏，提高灭火效率；同时可以延缓油品的沸腾、喷溅，为扑救工作赢得时间。

B　窒息作用

水灭火时，遇到炽热燃烧物而气化，产生大量水蒸气。1kg 水可生成 $1.7 \times 10^3 L$（100℃）水蒸气，当温度升高，生成的水蒸气更多。

水生成水蒸气后，体积急剧增大，大量的水蒸气占据了燃烧区的空间，阻止了周围的空气进入燃烧区，从而显著地降低燃烧区域内的含氧量，迫使氧逐渐减少，一般情况下，空气中含有 35%（质量分数）的水蒸气，燃烧就会停止。

C　乳化作用

用水喷雾灭火设备扑救油类等非水溶性可燃液体火灾时，由于雾状水射流的高速冲击作用，微粒水珠进入液层并引起剧烈的扰动，使可燃液体表面形成一层由水粒和非水溶性液体混合组成的乳状物表层，这样就可减少可燃液体的蒸发量而难于继续燃烧。

D　水力冲击作用

水在机械的作用下，密集的水流具有强大动能和冲击力，可达数十甚至数百吨每平方厘米。高压的密集水流强烈地冲击着燃烧物和火焰，使燃烧物冲散和减弱燃烧强度，进而达到灭火目的。

由此可见，水的灭火作用不是某一种作用，而是几种综合作用的结果。但是，冷却作用是水在灭火中的主要作用。

5.1.2　泡沫灭火剂

凡能够与水混溶，并可通过化学反应或机械方法产生灭火泡沫的灭火药剂，称为泡沫灭火剂。泡沫灭火剂一般由发泡剂、泡沫稳定剂、降黏剂、抗冻剂、助溶剂、防腐剂及水组成。

5.1.2.1　泡沫灭火剂的分类

按照泡沫的生成机理，泡沫灭火剂可分为化学泡沫灭火剂和空气泡沫灭火剂。化学泡沫是通过两种药剂的水溶液发生化学反应生成的，泡沫中所包含的气体为二氧化碳。空气泡沫是通过搅拌而生成的，泡沫中所包含的气体一般为空气。空气泡沫灭火剂按其发泡倍数又可分为低倍数泡沫、中倍数泡沫和高倍数泡沫三类。根据发泡剂的类型和用途，低倍数泡沫灭火剂又可分为蛋白泡沫、氟蛋白泡沫、水成膜泡沫、抗溶性泡沫和合成泡沫灭火剂五种类型。发泡倍数是指泡沫灭火剂的水溶液变成灭火泡沫后的体积膨胀倍数。低倍数泡沫的发泡倍数一般在 20 倍以下，中倍数泡沫的发泡倍数一般为 20～200 倍；高倍数泡沫的发泡倍数一般为 200～1000 倍。

5.1.2.2 泡沫灭火剂的灭火原理

通常使用的灭火泡沫，发泡倍数为 2～1000，相对密度为 0.001～0.5。由于泡沫的密度远远小于一般可燃液体的密度，因而可以漂浮于液体的表面，形成一个泡沫覆盖层；同时泡沫又有一定的黏性，可以黏附于一般可燃固体的表面。其灭火作用表现在以下几个方面。

（1）阻隔作用。灭火泡沫在燃烧物表面形成的泡沫覆盖层，可使燃烧表面与空气隔离；泡沫层封闭了燃烧物表面，可以遮断火焰对燃烧物的热辐射，阻止燃烧物的蒸发或热解挥发，使可燃气体难以进入燃烧区。

（2）冷却作用。泡沫析出的液体对燃烧表面有冷却作用。

（3）稀释作用。泡沫灭火剂产生的泡沫受热蒸发，产生的水蒸气有稀释燃烧区氧气浓度的作用。

5.1.2.3 化学泡沫灭火剂

化学泡沫是指由两种药剂的水溶液通过化学反应产生的灭火泡沫，这两种药剂称为化学泡沫灭火剂。

化学泡沫灭火剂主要包括 YP 型、YPB 型和 YPD 型三种型号。YP 型化学泡沫灭火剂主要用于 100L 以下的泡沫灭火器中，是由内药剂（酸性粉）和外药剂（碱性粉）组成。作为内药剂的酸性粉有磷酸、硫酸铝、酸式硫酸铝，目前国内生产的化学灭火剂内药均为硫酸铝。化学灭火剂的外药是碱性粉（如碳酸氢钠、碳酸氢钾等），最常用的是碳酸氢钠，加上少量经喷雾干燥成粉末状的蛋白泡沫灭火剂组成。YP 型化学泡沫灭火剂出厂时，酸性粉和碱性粉分别装于两个不同标志的塑料袋中，配制时组成每副药剂的内药剂和含 18mol 结晶水的硫酸铝外药剂的质量比应在 1.2：1～1.35：1 效果最佳。

使用 YP 型化学泡沫剂灭火时，通常倒置灭火器，使酸性内药与碱性外药混合，发生化学反应。反应中产生的二氧化碳，一方面在溶液中形成大量微细的泡沫，同时使灭火器中的压力很快上升，在压力的作用下，将生成的泡沫从灭火器的喷嘴中喷出；反应生成胶状的氢氧化钠则分布在胞膜上，使泡沫具有一定的黏性，易于黏附在燃烧物上，形成一个连续的泡沫层，并通过冷却、抑制燃烧蒸发和隔离氧气的作用灭火。

YPB 型化学泡沫灭火剂是在 YP 型化学泡沫灭火剂基础上研制成功的一种化学泡沫灭火剂。与 YP 型化学泡沫灭火剂相比，具有泡沫黏度小、流动性和自封性好的特点，而且具有很好的疏油能力和抑制油品蒸发的能力，灭火效率高，比同容量 YP 型化学泡沫灭火剂的灭火效率高 2～3 倍，而且全部采用合成原料，保存期长。YPB 型化学泡沫以硫酸铝、碳酸氢钠作为发泡剂，并以氟碳表面活性剂、碳氢表面活性剂为增效剂组成，泡沫产生原理、灭火原理与 YP 型相同，但由于在碱性药剂中含有一定量的泡沫增效剂、氟氢表面活性剂等，使灭火效率大大提高。YPD 型多功能金属皂化学泡沫灭火剂主要适用于极性液体火灾，当内药和外药的水溶液混合时发生反应，形成金属皂沉淀，沉淀的微粒分布在泡沫上，阻止了极性液体对泡沫的破坏，保证了泡沫层的形成和灭火。

YP 型和 YPB 型化学泡沫灭火剂，适用于扑救 A 类火灾和 B 类火灾中的非水溶性液体火灾；YPD 型化学泡沫灭火剂，适用于扑救油品火灾以及水溶性可燃液体火灾。

5.1.2.4　蛋白泡沫灭火剂

蛋白泡沫灭火剂是由动物性蛋白质或植物性蛋白质的水解产物组成的泡沫液，并加入稳定剂、防冻剂、缓蚀剂、防腐剂和黏度控制剂等添加剂而制成的起泡性浓缩液，是扑救原油及石油产品火灾最适宜的灭火剂之一。蛋白泡沫灭火剂是由动物性蛋白质（如牛、马、羊、猪的蹄角）、毛血或植物性蛋白质（如豆饼、菜籽饼等）组成，在碱性（氢氧化钠或氢氧化钙）的作用下，经过部分水解后，再加工浓缩而成。蛋白泡沫液按与水的混合比例分为 6% 和 3% 两种，按制造原料分为动物蛋白和植物蛋白两类。

蛋白泡沫灭火剂适用于以下情况：

（1）扑救石油和石油产品火灾，如汽油、煤油、柴油、原油、重油、沥青、石蜡等的火灾；

（2）动物性和植物性油脂的火灾；

（3）蛋白泡沫具有较好的黏附和覆盖作用，同时又具有一定的冷却和润湿作用，适用于扑救一般固体物质火灾；

（4）由于蛋白泡沫具有较好的稳定性，常用于防止火灾的发生和蔓延，如输油管道、油罐的石油产品发生泄漏或溢流时，可用蛋白泡沫覆盖，防止火灾发生，然后再采取其他措施。

在油罐区，当一个油罐着火时，对着火罐附近的其他油罐可以喷射蛋白泡沫保护，以防止被着火罐的热辐射引燃。

蛋白泡沫灭火剂不能用于扑救醇、醛、醚等水溶性可燃液体火灾，因为这些极性液体有强烈的消泡作用，也不能用于扑救甲醇汽油［含醇量（质量分数）在 10% 以上］、电气、气体等火灾；不能采用液下喷射的方式扑救油罐火灾；不能与一般干粉灭火剂联用。

5.1.2.5　氟蛋白泡沫灭火剂

氟蛋白泡沫灭火剂就是含有氟碳表面活性剂的蛋白泡沫灭火剂（也称氟蛋白泡沫液），是在蛋白泡沫液中加入 2% 或 1% 的氟碳表面活性剂预制液制成的。目前，氟蛋白灭火剂是扑救石油及石油产品火灾的主要灭火剂之一。氟蛋白灭火剂除了具有蛋白泡沫稳定性和热稳定性好的优点外，由于含有氟碳表面活性剂等成分，克服了蛋白泡沫流动性差，抵抗燃烧污染能力低，灭火缓慢且不能与干粉灭火剂联合使用等缺点，其灭火性能较蛋白泡沫灭火剂有了较大提高。

项目 5　石油化工消防物资　　　·105·

5.1.2.6　水成膜泡沫灭火剂

水成膜泡沫灭火剂又称"轻水"泡沫灭火剂或氟化学泡沫灭火剂，主要是由氟碳表面活性剂、碳氢表面活性剂、稳定剂以及其他添加剂和水等组成。在扑救石油产品火灾时，依靠泡沫和水膜的双重作用进行灭火，其中泡沫起主导作用。实验表明，水成膜泡沫灭火剂的灭火效力约为蛋白泡沫的 3 倍。水成膜泡沫灭火剂适用于通用的低倍数泡沫灭火设备，主要用于扑救一般非水溶性可燃、易燃液体的火灾，且能迅速地控制火灾的蔓延，还能与干粉灭火剂联用；也可采用液下喷射方法扑救油罐火灾，扑救流淌液体火灾效果较好。但是，该灭火剂泡沫不够稳定，消失较快，且对油面的封闭时间和阻回燃时间也短，因此在防止复燃与隔离热液面的性能方面，不如蛋白泡沫和氟蛋白泡沫。

5.1.2.7　高倍数泡沫灭火剂

高倍数泡沫灭火剂是以合成表面活性剂为基料的空气泡沫灭火剂，水按一定比例混合后，通过高倍数泡沫产生器而生成泡沫，泡沫倍数一般为 200～1000 倍。我国于 1980 年研制的 YEGZ 型高倍泡沫已推广应用。高倍数泡沫灭火剂按其配制混合液时使用水的类型，分为淡水型和海水型两种。高倍数泡沫是按一定比例混合的高倍数泡沫灭火剂水溶液通过高倍数泡沫产生器而生成的，其发泡倍数高达 200～1000 倍，气泡直径一般在 10mm 以上。

由于体积膨胀大，高倍数泡沫产生器的发泡量大（大型的高倍数泡沫产生器可在 1min 内产生 1000m³ 以上泡沫），泡沫可以迅速充满着火空间，覆盖燃烧物，使燃烧物与空气隔绝；泡沫受热后产生的大量水蒸气大量吸热，使燃烧区温度急剧下降，并稀释空气中含氧量，阻止火场的热传导、对流和热辐射，防止火势蔓延。因此，高倍数泡沫灭火技术具有混合液供给强度小，泡沫供给量大，灭火迅速，安全可靠，水渍损失少，灭火后现场处理简单等特点。

高倍数泡沫主要适用于扑救 A 类火灾和 B 类火灾中的非水溶性液体火灾。特别适用于扑救有限空间内的火灾，如洞库、库房等的火灾。对于这些场所，高倍数泡沫既可以灭火，又有助于排烟和驱除有毒气体。高倍数泡沫也适用于扑救大面积液体火灾，但在室外使用时，需用防火堤等把覆盖物限制在一定的范围内。

5.1.3　干粉灭火剂

干粉灭火剂是一种干燥的、易于流动的固体粉末，一般借助于灭火器或灭火设备中的气体压力，将干粉从容器喷出，以粉雾形态扑救火灾。

5.1.3.1　分类

干粉灭火剂按使用范围可分为普通干粉和多用干粉两大类。普通干粉主要用于扑救可燃液体火灾、可燃气体火灾以及带电设备火灾。多用干粉不仅适用于扑救可燃液体、可燃气体和带电设备的火灾，还适用于扑救一般固体物质火灾。

（1）普通干粉。普通干粉的主要品种包括：

1）以碳酸氢钠为基料的碳酸氢钠干粉；

2）以碳酸氢钠为基料，添加增效基料的改性钠盐干粉；

3）以碳酸氢钾为基料的紫钾盐干粉；

4）以氯化钾为基料的钾盐干粉；

5）以硫酸钾为基料的钾盐干粉；

6）以尿素与碳酸氢钾（或碳酸氢钠）反应生成物为基料的氨基干粉。

（2）多用干粉。多用干粉的主要品种包括：

1）以磷盐为基料的干粉；

2）以硫酸铵与磷酸铵盐的混合物为基料的干料；

3）以聚磷酸铵为基料的干料。

5.1.3.2　灭火机理

干粉灭火剂灭火时，主要是抑制作用。燃烧反应是一种连锁反应，燃烧在高温作用下，吸收了热能而被活化，产生了大量的活性基团，活性基团再与燃烧分子作用，不断生成新的活化基团和氧化物，同时放出大量的热量维持燃烧连锁反应继续进行。当大量干粉以雾状形式喷向火焰时，可以大大吸收火焰中的活性基团，使其数量急剧减少，中断燃烧的连锁反应，从而使火焰熄灭。此外，以磷酸铵盐为基料的干粉，当喷射到灼热的燃烧物表面时，产生一系列化学反应，在固体表面生成玻璃状覆盖层，使燃烧物表面与空气中的氧隔开，从而使燃烧窒息。

5.1.3.3　应用范围

（1）普通干粉（碳酸氢钠干粉）：灭火剂一般装于手提式、推车式灭火器及干粉消防车中使用。普通干粉主要用于扑救各种非水溶性及水溶性可燃、易燃烧体的火灾，以及天然气和液化石油气等可燃气体火灾和一般带电设备的火灾。在扑救非水溶性可燃、易燃烧体火灾时，可与氟蛋白泡沫联用，以取得更好的灭火效果，并可有效地防止复燃。

（2）多用干粉（磷酸铵盐）：灭火剂除与普通干粉灭火剂一样，能有效地扑救易燃、可燃液（气）体和电气设备火灾外，还可用于扑救木材、纸张、纤维等 A 类固体可燃物质的火灾。多用干粉一般装于手提式和推车式灭火器中使用。

5.1.4　卤代烷灭火剂

卤代烷灭火剂是以卤原子取代烷烃分子中的部分氢原子或全部氢原子后得到的一类有机化合物的总称。一些低级烷烃的卤代物具有不同程度的灭火作用，这些具有灭火作用的低级卤代烷统称为卤代烷灭火剂。通常用作灭火剂的多为甲烷和乙烷的卤代物，分子中的卤素原子为氟、氯、溴。氟原子的存在增加了卤代烷的惰性和稳定性，同时降低了卤代烷的毒性和腐蚀性，氯原子和溴原子的存在，尤其是溴原子，提高了卤代烷的灭火效能。卤代烷灭火剂的命名原则是，用四个阿拉伯数字分别表示卤代烷中碳和卤族元素的原子数，其排列顺序为碳、氟、氯、溴。如果末尾数字为零，则略去，并在代号前面冠以 Halon（哈龙），以区别一些其他化合物。因此，卤代烷灭火剂也称"哈龙"灭火剂。

5.1.4.1 灭火机理

卤代烷灭火剂主要通过抑制燃烧的化学反应过程，使燃烧中断，达到灭火目的。其作用是通过夺取燃烧连锁反应中的活性基团来完成，这一过程称为抑制过程。这一过程所需的时间比较短，所以灭火比较迅速；而其他灭火剂大都是通过冷却和稀释等物理过程进行灭火的。卤代烷灭剂具有以下特点：

（1）灭火效率高、灭火迅速、用量省、气化性强；

（2）热稳定性和化学稳定性好；

（3）对环境和设备不会造成污染；

（4）长期储存不变质（有效储存使用期达5年以上）。

5.1.4.2 应用范围

卤代烷灭火剂可用于扑救可燃气体、可燃液体火灾，也可用于扑救可燃固体的表层火灾和带电设备火灾，特别适宜扑救计算机、通信设备等精密仪器火灾。

5.1.4.3 安全要求

由于卤代烷对大气臭氧层破坏严重，为了保护大气臭氧层，美国等国家于1987年在加拿大签订了控制破坏大气臭氧层物品的协定，这些破坏性物品其中包括1211和1301灭火剂。因此，卤代烷灭火剂在全世界范围内已逐步停止生产和禁止使用。

5.1.5 二氧化碳灭火剂

二氧化碳是一种不燃烧、不助燃的惰性气体，而且价格低廉，易于液化，便于灌装和储存，是一种常用的灭火剂。

5.1.5.1 灭火机理

二氧化碳灭火剂主要灭火作用是窒息作用，同时对火焰还有一定冷却作用。二氧化碳灭火剂以液态的形式储存在灭火器或压力容器中，灭火时从灭火器或设备中喷出，一般情况下1kg液态的二氧化碳气化产生0.5m³的二氧化碳气体，相对密度较大的二氧化碳能够排除燃烧物周围的空气，降低空气中氧的含量。当燃烧区或空间含氧量（质量分数）低于12%，或者二氧化碳含量（质量分数）达到30%～35%时，绝大多数燃烧都会熄灭。当二氧化碳喷出时，气化吸收本身热量，使部分二氧化碳变为固态的干冰，干冰气化时会吸收燃烧物的热量，对燃烧物有一定冷却作用，但这种冷却作用远不能扑灭火焰，不是二氧化碳的主要灭火作用。

5.1.5.2 应用范围

二氧化碳来源广泛，无腐蚀性，灭火时不会对火场环境造成污染，灭火后能很快逸散，不留痕迹，适用于扑救各种易燃液体火灾，以及一些怕污染、损坏的固体火灾。另外，二氧化碳不导电，可用于扑救带电设备的火灾。由于二氧化碳灭火器的压力随温度而变化，温度过低，压力迅速降低，其喷射强度也大大降低，失去灭火作用；温度过高，压力迅速升高，影响安全使用。因此，国家规定二氧化碳灭火器使用的温度为 −20~55℃；二氧化碳液相在气化时，吸收本身热量使温度很快降到 −79℃，使用时应防止冻伤；二氧化碳是一种弱毒气体，主要是对人有窒息作用。空气中含有 2%~4%（质量分数）的二氧化碳时，中毒者呼吸加快，当含量（质量分数）增加至 4%~6% 时，开始出现头痛、耳鸣和剧烈的心跳，呼吸次数明显加快，当空气中含有（质量分数）20% 的二氧化碳时，人便会死亡。因此，灭火后人员应迅速离开，室内灭火后要打开门窗。

任务 5.2 灭 火 器

5.2.1 灭火器的种类

灭火器是由人操作的、能在其自身内部压力作用下，将所充装的灭火剂喷出实施灭火的器具。

5.2.1.1 按操作方法分类

根据操作使用方法不同，灭火器分为手提式灭火器和推车式灭火器。手提式灭火器是指能在其内部压力作用下，将所装的灭火剂喷出以扑救火灾，并可手提移动的灭火器具。手提式灭火器的总质量一般不大于 20kg，其中二氧化碳灭火器的总质量不大于 28kg。推车式灭火器是指装有轮子的、可由一人推（或拉）至火场，并能在其内部压力作用下，将所装的灭火剂喷出以扑救火灾的灭火器具。推车式灭火器的总质量大于 40kg。

5.2.1.2 按充装的灭火剂类型不同分类

（1）水基型灭火器，分为清水灭火器和泡沫灭火器。
（2）干粉灭火器。
（3）二氧化碳灭火器。
（4）洁净气体灭火器。

5.2.1.3 按驱动灭火器的压力形式分类

（1）贮气瓶式灭火器。灭火剂由灭火器的贮气瓶释放的压缩气体或液化气体的压力驱动的灭火器。
（2）贮压式灭火器。灭火剂由贮于灭火器同一容器内的压缩气体或灭火剂蒸气压力驱动的灭火器。

5.2.2 灭火器的使用

5.2.2.1 手提式清水灭火器使用方法

将灭火器提至火场，在距着火物 3~6m 处，拔出保险销，一只手紧握喷射软管

项目 5　石油化工消防物资　　　　　　　　　　　　　· 109 ·

前的喷嘴并对准燃烧物，另一手握住提把并用力压下压把，水即可从喷嘴中喷出。灭火时，随着有效喷射距离的缩短，使用者应逐步向燃烧区靠近，使水流始终喷射在燃烧物处，直至将火扑灭。清水灭火器在使用过程中切忌将灭火器颠倒或横卧，否则不能喷射。

5.2.2.2　手提式干粉灭火器使用方法

手提式干粉灭火器使用时，手提灭火器的提把，迅速赶到火场，在距离起火点 5m 左右处，放下灭火器。在室外使用时注意占据上风方向。使用前先把灭火器上下颠倒几次，使筒内干粉松动；使用时先拔下保险销，如果有喷射软管的则还须一只手握住其喷嘴（没有软管的，可扶住灭火器的底圈），另一只手提起灭火器并用力按下压把，这样干粉便会从喷嘴喷射出来。干粉灭火器在喷射过程中应始终保持直立状态，不能横卧或颠倒使用，否则不能喷粉。干粉灭火器扑救可燃、易燃液体火灾时，对准火焰根部扫射。如果被扑救的液体火灾呈流淌燃烧时，应对准火焰根部由近而远，并左右扫射，直至把火焰全部扑灭。在扑救容器内可燃液体火灾时，注意不能将喷嘴直接对准液面喷射，防止射流的冲击力使可燃液体溅出而扩大火势，造成灭火困难。干粉灭火器扑救固体可燃物火灾时，应对准燃烧最猛烈处喷射，并上下、左右扫射。如果条件许可，操作者可提着灭火器沿着燃烧物的四周边走边喷，使干粉灭火剂均匀地喷在燃烧物的表面上，直至将火焰全部扑灭。

5.2.2.3　手提式二氧化碳灭火器使用方法

使用时，可手提（或肩扛）灭火器迅速赶到火灾现场，在距燃烧物 5m 左右处，放下灭火器。灭火时一手扳转喷射弯管，如果有喷射软管的，握住喷筒根部的木手柄，并将喷筒对准火源，另一只手提起灭火器并压下压把，液态的二氧化碳在高压作用下立即被喷出且迅速气化。

应该注意的是，二氧化碳是窒息性气体，对人体有害，在空气中二氧化碳含量（质量分数）达到 8.5%，会发生呼吸困难，血压增高；二氧化碳含量（质量分数）达到 20%~30% 时，呼吸衰弱，精神不振，严重的可能因窒息而死亡。因此，在空气不流通的火场使用二氧化碳灭火器后，必须及时通风。

在灭火时，要连续喷射，防止余烬复燃，不可颠倒使用。二氧化碳是以液态存放在钢瓶内的，使用时液体迅速气化吸收本身的热量，使自身温度急剧下降到 -78.5℃ 左右，冷却燃烧物质和冲淡燃烧区空气中的含氧量以达到灭火的效果。因此，在使用灭火器时要戴上手套，动作要迅速，以防止冻伤。如果在室外，则不能逆风使用。

5.2.2.4　推车式干粉灭火器、推车式水成膜灭火器的使用方法

推车式干粉灭火器和推车式水成膜灭火器一般由两人操作。使用时将灭火器迅速拉到或推到火场，在离起火点 10m 处停下，将灭火器放稳，然后一人迅速取下喷枪并展开喷射软管，然后一手握住喷枪枪管，另一只手打开喷枪并将喷嘴对准燃烧

物；另一人迅速拔出保险销，向上扳起手柄，灭火剂即喷出。具体的灭火技法与手提式干粉灭火器和手提式水成膜灭火器一样。

推车式二氧化碳灭火器一般由两个人操作，使用时将灭火器推或拉到燃烧处，在离燃烧物 10m 左右停下。一人快速取下喇叭筒并展开喷射软管后，握住喇叭筒根部的手柄并将喷嘴对准燃烧物；另一人快速按逆时针方向旋动阀门的手轮，开到最大位置，灭火剂即喷出。具体的灭火技法与手提式二氧化碳灭火器一样。

5.2.3 灭火器的维护

5.2.3.1 维修保养

灭火器的维修、再充装应由已取得维修许可证的专业单位承担。灭火器一经开启，必须重新充装。在每次使用后，必须送到维修单位检查，更换已损件，重新充装灭火剂和驱动气体。灭火器不论已经使用过还是未经使用，距出厂的年月已达到规定期限时，必须送维修单位进行水压试验检查。

手提式六氟丙烷灭火器、手提式和推车式干粉灭火器，以及手提式和推车式二氧化碳灭火器，期满五年后，每隔两年，必须进行水压试验等检查。手提式清水灭火器、手提式细水雾灭火器、手提式和推车式机械泡沫灭火器，期满三年后，每隔两年，必须进行水压试验等检查。

灭火器每年至少检查一次，超过规定泄漏量的应检修。

5.2.3.2 灭火器的报废年限

（1）手提式水成膜灭火器：5 年。
（2）手提式清水灭火器、手提式细水雾灭火器：6 年。
（3）推车贮压式水成膜灭火器：8 年。
（4）手提式六氟丙烷灭火器：10 年。
（5）手提贮压式干粉灭火器：10 年。
（6）手提式二氧化碳灭火器：12 年。
（7）推车贮压式干粉灭火器：12 年。
（8）推车式二氧化碳灭火器：12 年。

5.2.3.3 灭火器的清洁维护

A 水基型灭火器

（1）灭火器应当放置在阴凉、干燥、通风、并取用方便的部位。环境温度应为 4~55℃，冬季应注意防冻。

（2）定期检查喷嘴是否堵塞，使之保持通畅。每半年检查灭火器是否有工作压力，对空气泡沫灭火器只需检查压力显示表。如果表针指向红色区域时，应及时进行修理。

（3）每次更换灭火剂或者出厂已满三年的（或以后每隔两年的）应对灭火器进行水压强度试验，水压强度合格方可继续使用。

B　干粉灭火器

（1）干粉灭火器放置在保护物体附近干燥通风和取用方便的地方。要注意防止受潮和日晒，灭火器各连接件不得松动，喷嘴塞盖不能脱落，保证密封性能。灭火器按制造厂规定要求定期检查，如果发现灭火剂结块或贮气量不足时，应更换灭火剂或补充气量。

（2）灭火器一经开启必须进行再充装。再充装应由经过训练的专人按制造厂的规定要求和方法进行，不得随便更换灭火剂的品种和质量，充装后的灭火器应进行气密性试验，不合格的不得使用。

C　二氧化碳灭火器

（1）放置在明显、取用方便的地方，不可放在采暖或加热设备附近和阳光强烈照射的地方，存放温度应为 - 10 ~ 55℃。

（2）定期检查灭火器钢瓶内二氧化碳的存量，如果质量减少了 $\frac{1}{10}$ 时，应及时补充罐装。

（3）在搬运过程中，应轻拿轻放，防止撞击。在寒冷季节使用二氧化碳灭火器时，阀门（开关）开启后，不得时启时闭，以防阀门冻结。

（4）灭火器满五年或每次再充装前（或以后每隔两年），应进行水压试验，并打上试验年、月的钢印。

D　洁净气体灭火器

（1）应存放在通风、干燥、阴凉及取用方便的场合，环境温度应在 0 ~ 50℃。

（2）不要存放在加热设备附近，也不要存放在有阳光直晒的部位及有强腐蚀性的地方。

（3）每隔半年左右检查灭火器上显示内部压力的显示器，如果发现指针已降到红色区域时，应及时进行检修。

（4）每次使用后不管是否有剩余灭火剂，都应送维修部门进行再充装，每次再充装前或期满五年（或以后每隔两年），应进行水压试验，试验合格方可继续使用。

任务 5.3　防 火 服

防火服是消防员及高温作业人员近火作业时穿着的防护服装，用来对人员上下躯干、头部、手部和脚部进行隔热防护。防火服包括防火上衣、防火裤、防火头套、防火手套和防火脚套，具有防火、隔热、耐磨、耐折、阻燃、反辐射热等特性，反辐射热温度高达 1000℃。

防火服由阻燃纤维织物与真空镀铝膜的复合材料制作而成，具有密度小、强度高、阻燃、耐高温、抗热辐射、防水、耐磨、耐折、对人体无害等优点，能有效地保障消防队员、高温场所作业人员接近热源而不被酷热、火焰、蒸气灼伤。

防火服是由外层、隔热层、舒适层等多层织物复合而成，这种组合部分的材料可允许制成单层或多层。隔热服外层采用具有反射辐射热的金属铝箔表面材料，能满足基本服装制作工艺要求和辅料相对应标准的性能要求。

防火服需要的是阻燃面料覆合铝箔,阻燃面料主要有两种一种是全棉阻燃斜纹纱卡,一种 C/N 锦阻燃布,覆合铝箔后既有良好的阻燃性能,外面的铝箔层还可以起到很好的防热辐射功能。

5.3.1 防火服的分类

(1)重型防化服。重型防化服适用于污染环境中化学物质的成分和浓度不是很强的皮肤防护等级的场合,适合长时间操作。

(2)轻型防化服。轻型防化服适用于污染环境中化学物质的成分、浓度对皮肤无影响的场合,环境中有害物质比较确定且浓度较低,氧气不低于 19.5% 的气体环境。

(3)消防防化服。消防防化服适用于环境空气无明显危险的场合,但不能在有对呼吸道和皮肤危险的场合穿戴,这一等级的防护服不能在热的环境中使用。操作环境中的氧气含量(质量分数)不能低于 19.5%。

(4)隔热服。隔热服是消防员及高温作业人员近火作业时穿着的防护服装。

(5)战斗服。战斗服是灭火战斗时最基本的防护服装,集阻燃、隔热、防水透气、舒适于一体,外层具有防静电、耐酸碱、强力大、耐高温、热稳定性好等特点。

(6)避火服。在短时间穿越火场时消防员或高温作业人员穿着避火服会起防护作用。避火服能够有效防辐射热 1000℃,轻便灵活,可瞬间接近 800~1000℃ 的火场。

5.3.2 防火服的穿戴方法

(1)从包装盒中取出防火服。

(2)小心卸下包装,展开防火服,检查其是否完好无损。

(3)拉开防火服背部的拉链。

(4)先将腿伸进连体防火服,然后伸进手臂,最后戴上头罩。

(5)拉上拉链,并将按扣按好。

(6)穿上安全靴,并按照需要调节好鞋带。

(7)必须确认裤腿完全覆盖住安全靴的靴筒。

(8)戴上手套。

(9)依照相反的顺序脱下防火服。

5.3.3 防火服的保养方法

(1)每次使用脱下来后,要检查防火服的状况,重点检查是否有磨损。

(2)除去防火服上残留的污垢,用自来水和中性肥皂洗涤,必要时用洗涤剂。洗涤剂可能会损坏镀铝的表面,使用时要小心谨慎,只用在受污染的部位。

(3)如果防火服已经和化学品接触,或发现有气泡现象,则应清洗整个镀铝表面。

(4)防火服在重新存放前务必进行彻底的干燥,晾晒时不要折。

（5）如果防火服的表面泛起小面积的不是很严重的灼烧痕迹或磨损，则可以用镀铝的喷枪进行修补；外部有损坏，则要更换防火服。

5-1 简述常见灭火剂、灭火机理和应用范围有哪些。
5-2 简述各类灭火器的使用方法。
5-3 简述防火服的穿戴方法。

项目 6　石油化工火灾消防技术装备

教学目标

(1) 掌握泄漏检测报警设备的结构与特点；
(2) 掌握火灾自动报警装置的组成和维护方法；
(3) 理解石油化工企业自动喷水灭火系统；
(4) 掌握石油化工室外消防给水系统的组成；
(5) 了解石油化工消防车的操作及注意事项。

任务 6.1　泄漏检测报警设备

危化品和石油化工的生产过程、储存场所发生泄漏总是难免的，但发生泄漏后能够及时发现并有力处置，对于避免灾害性事故的发生具有重要意义，在危险化学品生产和石油化工生产过程、储存场所设置相应的报警系统就显得尤为重要。

气体检测报警仪可以使用在国家规定的 1 区或 2 区危险场所。报警仪的主要功能是监测环境中有毒有害、可燃气体的浓度。其主要监测的气体有 CO、H_2S、NH_3、Cl_2、H_2、烷烃等有机物和某些无机物，并可转换成相应的数据显示以及 4~20mA 标准电流信号输出，实现与 DCS 等设备的连接。用户还可选用本公司生产的气体检测报警控制器（以下简称控制器）来集中观察、控制。

报警仪可以采用以下三种传感器：

(1) 可燃气体报警仪，可用于检测环境中可燃气体的浓度，以低爆炸极限的百分比来显示测量浓度；
(2) 毒气报警仪，可用于检测环境中的毒气，如一氧化碳和硫化氢等气体；
(3) 氧气报警仪，可用于检测环境中氧气不足或富含程度。

6.1.1　固定式气体检测报警系统的结构与特点

6.1.1.1　系统结构

固定式检测报警系统由控制主机、信号电缆、传感器探头、现场报警器（目前绝大多数正在使用的系统没有配置现场报警器）等组成，如图 6-1 所示。

报警仪整体主要包括：

(1) 可配接三种传感器的报警仪机壳；
(2) 安装支架（用于在墙面安装或管道安装）。

项目6 石油化工火灾消防技术装备

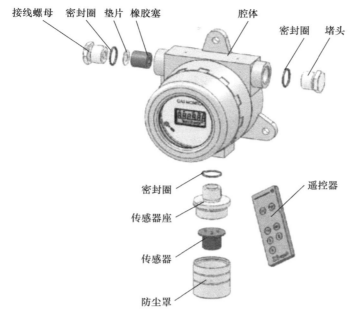

图 6-1 报警仪的结构

报警仪硬质壳体由铝材质制成，带有一个 $G\frac{1}{2}$ 的电缆引入装置。报警仪壳体的一端可以进线，打开上盖可以进行连接；另一端可用于安装外置型防爆声光报警器。报警仪的显示模块能显示气体浓度、单位、报警/故障状态、检测气体类型等。两个编程继电器（以三线制报警仪为例）用于控制外部设备，例如声光报警器、警笛等。该设备可通过手持遥控器进行操作控制，便于用户直接控制和设置报警仪而不需要接触内部部件。所有电缆连接都可以通过报警仪内部的接线端子方便地连接上。

报警仪的工作原理为：现场传感器探头检测到有毒有害气体或可燃气体之后，将其转换成电信号，通过信号电缆传送至监控主机，监控主机对信号进行分析、处理、计算，然后通过显示器显示被检测区域是否符合安全标准，超过标准则报警。

6.1.1.2 系统特点

（1）抗干扰能力强，运行稳定。
（2）测量精度高，反应速度快。
（3）结构简单，维护、检修方便。
（4）安装比较简便，主机安装在机房或操作室中。

6.1.2 气体探测器分类

6.1.2.1 典型可燃气体探测器

可燃气体探测器在使用中应注意以下几个问题。

（1）正确安装。必须根据待探测的可燃气体性质来确定探测器的安装位置。探测比空气密度小的气体，应将可燃气体探测器安装在设备上方或天花板附近；探测比空气密度大的气体（如液化石油气等），应将探测器安装在距地面不超过50cm的地方。

（2）经常检查维护。可燃气体探测器处于长期通电工作状态，应每月检查一次。现场检查方法是用棉球蘸一点酒精靠近气敏元件，如果发出报警（显示），表明工作正常。

（3）正确选择探测器的类型。催化元件对多种可燃气体几乎有相同的敏感性，所以在有混合气体存在的场所，它不能作为分辨混合气体组分的敏感元件来使用。

（4）防止气敏元件中毒。硫化物等可使气敏元件理化特性发生不可逆变化，即出现所谓的"中毒"现象。因此，在使用中应注意防止气敏元件"中毒"，不能在酸、碱腐蚀性气氛中长期使用，也应避免直接油浸或油垢污染。

A　线型红外线可燃气体探测技术

（1）线型红外可燃气体探测器的工作原理。具有多原子结构的可燃气体分子，都能引起强烈的红外吸收，并且都具有各自固定的本征吸收谱带。线型红外可燃气体探测器的工作原理，就是基于可燃气体的这种本征谱带吸收特征。该探测器由发射器和接收器两部分组成，发射器发出的红外光束穿过被监测区域后，被接收器接收。当被监测区域出现可燃气体泄漏时，对应可燃气体本征吸收波段的红外光将被可燃气体吸收，从而造成该波段到达接收器端的光强发生衰减。在理论上，可以证明该波段光强的变化量取决于泄漏可燃气体的体积浓度与该气体所占光路长度的乘积。

（2）线型红外可燃气体探测器的主要性能指标，即：

1）探测可燃气体种类（如烃类气体），以甲烷、丙烷为典型气体；

2）探测区间距离不大于65m，点型可燃气体探测器是目前应用最为广泛的气体探测器；

3）响应动作值，低限报警动作值20% LEL ± 5%，高限报警动作值70% LEL ± 5%；

4）响应时间不大于6s；

5）工作点漂移软件程序，自动跟随调零，保证工作点稳定；

6）环境温度与相对湿度分别为 −20 ~ 50℃，10% ~ 98%；

7）光路受阻影响，人和物体通过光路时，不受任何影响，但人和物体在光路中停留80s以上，该探测器进入故障报警状态；

8）电源供电，发射器 AC 220V 不大于 38VA，接收器 DC 24V 不大于 3VA；

9）探测器防爆等级为 DIIRT4。

（3）线型红外可燃气体探测器的特点及应用。线型红外可燃气体探测器作为一种新型可燃气体探测器，利用可燃气体对红外线某一波段具有吸收作用的特性，实现对大空间可燃气体的探测；具有探测灵敏度高、响应速度快、不中毒、寿命长、探测最大距离可达80m、保护面积大和抗环境干扰性能强等特点，系统长期运行稳定可靠。

该系统可用于石油化工企业管道系统、大型油库、泵房、石油液化气站、油罐群以及海上采油平台等场所可燃气体泄漏的探测。

B 电视监控与可燃气体检测报警系统

（1）闭路电视监控系统。闭路电视监控系统在国内外经数十年的使用，技术上已经成熟，目前已被诸多部门广泛使用。例如天津港北疆各港区在十多年前就已将该系统运用于生产调度与管理之中，取得了良好的防火效果。

（2）系统功能闭路电视监控系统的主要功能。

1）监视记录危险品现场管理和作业人员的工作情况和操作过程，必要时通过广播系统加以纠正。

2）监视记录危险品区域内发生火灾等事故的全过程。

3）兼顾监视记录危险品储存或生产区及邻近地区的其他情况。

4）广播系统能对现场进行群呼或单呼。

5）在港区，还可以监视船舶靠泊、作业、离岸的全过程。

（3）设备选型准则。

1）系统中所选用的设备与器材符合所在区域的防爆要求，适用于 IB 级气体。

2）室外设备与器材能防水、防尘、防烟雾、防鼠害及防霉菌侵蚀，并符合先进性、安全性、可靠性和经济性，有较高的性能价格比。

3）系统安装、使用和维修方便。

4）预留可扩充和增设副控的接口。

5）设置避雷装置防止雷击。

6）所用的控制电缆、光缆等均带有钢带铠装以防止鼠咬。

7）系统能够昼夜不停地连续工作。

（4）设备配置。

1）前端摄像设备，根据前端设备安置的位置和环境选择相应的摄像设备，重点考虑防爆、夜间监视等特殊要求。

2）现场广播系统主机设在监控中心，一般选用多路广播系统，应具有群呼或单呼功能，现场扩音器选用防爆号角 LBC3435/10，适用于存在 IB 级易爆气体的环境，号角防尘、防水特性符合 IEC5291P67。

3）现场防爆箱在每台摄像机下方，应设置一台防爆控制箱，控制箱内装有解码器、光端机、音频功率放大器、防雷插座、摄像机电源等。

4）监控中心一般设在业务楼调度室内，摄像机与监视器一一对应，还应设有彩色主监视器、视频矩阵切换主机和控制键盘，以及其他辅助设备等。

监控中心设有广播系统的话筒及呼叫控制设备。系统的主监视器应采用高清晰度的彩色监视器，可以兼顾黑白及彩色图像，便于值班人员进行细微的现场观察。为保证安全监控系统的稳定可靠运行，系统要配备 UPS 电源和保护接地系统，前端摄像机均配备稳压电源，由监控中心统一供电；同时在监控中心配备电源保护器，使全系统有效地防雷。接地系统接地是保护人身安全，保证系统正常运行的重要措施之一。工程中应设置安全监控系统保护接地装置。在防爆箱内安装防雷插座，在摄像机的安装位置及监控中心设置避雷装置，以防止系统遭受雷击。

传输系统可采用防雷、防鼠咬的多模光纤电缆，采用防鼠型电源线，由监控中心给现场每台摄像机供电。

6.1.2.2 可燃气体检测报警系统

可燃气体检测报警系统已广泛地应用于石油化工企业及其他易燃易爆场所，并已向声光报警、自动记录、传输至计算机等智能化方向发展。在石化码头设置可燃气体检测报警装置，实施24h不间断监控，做到早发现、早报警，以预防为主，避免人为管理的不到位和随意性，使安全生产管理科学化，从而防止泄漏，避免火灾、爆炸和污染等事故的发生。

（1）使用环境。检测探头的安装现场为爆炸危险场所，因此探头的选型、安装和线路敷设均应满足防爆要求。

（2）系统组成和技术规格。

1）在可能产生可燃气体的场所，安装可燃气体检测探头，在业务楼调度室内设置指示报警单元。

2）可燃气体检测探头的布置：根据选用的检测器的功能和设置场所的具体情况，合理布置检测探头，保证全方位探测，不留死角。

3）来自检测探头的可燃气体浓度信号，通过控制电缆送至指示报警单元，由指示报警单元的LED柱状指示仪表指示。当可燃气体浓度值超过预定值时，声光报警，并保持该报警条件，直至手动解除。

4）设备的选型依据：基本原则是安全、可靠、先进、经济。

5）可燃气体检测报警装置的信号和技术规格：由于选择的检测器的厂家和型号不同，技术参数也不相同。

（3）线路敷设。

1）控制电缆可采用铜芯阻燃聚氯乙烯绝缘，聚氯乙烯护套蔽钢带铠装电缆，电缆截面不小于 $2.5mm^2$。

2）电缆敷设方式电缆以桥架敷设为主，与闭路电视监控系统共用一个电缆桥架，由调度值班室引出后，沿管线架敷设。

6.1.2.3 气体报警控制设备的使用与维护

固定式可燃（有毒）气体检测报警器，可对气体泄漏进行及时报警，广泛应用于化工工业场所。气体报警控制设备主要由探测器和控制器两部分组成，探测器是该设备的触角，控制器是该设备的控制中心，如果其中任一部分出现故障，系统就会完全瘫痪。气体报警控制设备安装时，传感器探头朝下，避免灰尘或雨水在探头上堆积。通过安装支架，将报警仪固定到墙壁上，或直径为 20～70mm 的水平或立柱（横管或纵管）上，如图6-2所示。

通过安装支架把报警仪固定在墙体或管道上，具体安装步骤如下：

（1）安装在墙体上时，需使用 M6 膨胀螺钉或自攻螺钉（用户自备）直接将报

图6-2 报警仪的安装方式

警仪固定在墙体上；

(2) 安装在管道上时，需要使用安装支架、外六角螺栓及配套螺母将报警仪固定在管道上；

(3) 特殊情况下，也可自制安装铁板，先将报警仪固定在铁板上，再将铁板固定在合适的地方。

在气体报警控制设备的使用、维护上，主要应注意以下几个方面的问题。

(1) 防淋。传感器中的热催化传感元件由裸露的金属丝制成，遇水会短路，所以其防爆外壳通常设有防淋装置或另加防雨罩。防淋装置的通气孔是朝下开的，故安装时应采取合理措施，避免在下雨时，雨水从地面溅到探测器上。另外，在清洗设备时，可将水从侧方喷向探测器。

(2) 接地。在探测器的防爆外壳上，一般都有一只接地螺栓。安装和维护时，应确认其已良好接地，否则如遇雷击，就可能将传感器和控制器（CPU）同时烧毁；应将探测器的接地电阻检验列入日常设备维护项目中。

(3) 防酸蚀、防粉尘。传感器中的传感元件在正常工作状态时是红热的，通常要用不锈钢网或其他类似材料加以保护，从而达到通气阻火的目的。可燃气体通过不锈钢网时，在传感元件的热催化下，发生燃烧（氢气会爆炸），这时不锈钢网起到释放能量、隔离火焰的作用。与此同时，传感电桥发生改变，控制器就是根据电桥的改变自动进行分析处理。当气体达到一定的浓度，即发出报警信号。如果粉尘堆积过多，使不锈钢网的通气性能下降，就会导致整个系统的灵敏度降低，出现应报警却不报警的后果。由此可见，保持不锈钢网的清洁是十分必要的。另外，腐蚀性气体对传感器造成的危害很大，应尽可能避免。

(4) 保持原结构。当探测器被拆卸并维护后，必须按原结构安装。电器的防爆通过结构实现，组成防爆外壳的每一个零件都受相应国家标准的约束。若改变经过有关机构严格审查的防爆结构，就很可能造成严重的后果。

(5) 精心使用。应设专人操作气体报警设备。操作者应认真阅读使用说明书，有问题随时询问制造厂商；保持设备清洁，在清扫、粉刷墙壁时应避免杂物进入设备；操作时不要用指甲触及按键，以免按键弹片和面膜受力过度而变形损坏。

(6) 零点漂移的调整。可燃气体传感器是由一对"黑、白"电热丝和两只平衡电阻构成的电桥，长时间工作会使该电桥缓慢地发生变化。这时在控制器浓度显示窗上，虽然没有可燃气体，但也会出现浓度缓慢上升的现象，这种上升可能是几天变化一个数字，也可能是几小时变化一个数字，这就是通常所说的零点漂移。在可燃气体报警设备中，发生零点漂移是正常现象，在确认没有可燃气体的情况下，如果数字变化超过规定范围，可以按产品使用说明书给出的方法，调整至零即可。当然，假如漂移超出了可调范围，那就可能是传感器失效，需要通知制造厂商更换。

（7）外控继电器端子的连接。近年来，为了提高外控电源的可靠性，厂商经常选用无触点继电器作为外控开关，它具有许多电磁继电器无法实现的优点，其内部是由光电隔离器和受控硅元件组成，切断和导通时可测得 $10kΩ/200MΩ$ 电阻。连接时应将电源（约 220V）与用电器串联在电路中切不可将电源直接加载于继电器的两个外控端子上，否则会立即烧毁继电器。

（8）报警滞后现象。许多报警可燃气体设备将传感器送回的信号经放大器、模数转换器、控制器分析后，直接送数字浓度显示器，而没有做延时处理，强迫数字逐一上升。这样的处理方式速度快，能够及时显示传感器送回的信号，软件编写也简略了许多语句。但可能存在这种现象：如果向传感器通入 60% LEL（LEL 为爆炸下限）的标准气体，数字浓度显示迅速跳跃到 40% LEL 附近，而跨过了报警设定点 25% LEL，等到每秒一次节拍的报警声发出时，浓度显示器的示值可能已超过了 30。此种现象在国家标准中未作规定，不违反国家标准。如需检验报警动作值，只要向传感器通入缓慢变化的气体即可。

任务 6.2　火灾自动报警装置

火灾自动报警系统是由触发装置、火灾报警装置、联动输出装置以及具有其他辅助功能装置组成的，它具有能在火灾初期，将燃烧产生的烟雾、热量、火焰等物理量，通过火灾探测器变成电信号，传输到火灾报警控制器，并同时以声或光的形式通知整个楼层疏散，控制器记录火灾发生的部位、时间等，使人们能够及时发现火灾，并及时采取有效措施，扑灭初期火灾，最大限度地减少因火灾造成的生命和财产的损失。因此，火灾自动报警系统是人们同火灾做斗争的有力工具。

火灾自动报警设备是现代固定灭火设备（如二氧化碳灭火设备）的重要组成部分。为尽早地发现火灾，减少火灾损失，将火灾扑灭在初期阶段，现代自动固定灭火设备，大多与火灾自动报警设备连锁、火灾自动报警系统的基本组成及基本形式。凡是安装了火灾自动报警系统的场所，发生了火灾一般地说都能及早报警，不会酿成重大火灾。

6.2.1　火灾自动报警系统的基本组成及基本形式

6.2.1.1　火灾自动报警系统的基本组成

火灾自动报警系统一般由触发器件、火灾报警装置、火灾警报装置和电源四部分组成。复杂系统还包括消防控制设备。

（1）触发器件。在火灾自动报警系统中，自动或手动产生火灾报警信号的器件称为触发器件，主要包括火灾探测器和手动火灾报警按钮。按响应火灾参数的不同，火灾探测器分为感温火灾探测器、感烟火灾探测器、感光火灾探测器、气体火灾探测器和复合火灾探测器五种基本类型。不同类型的火灾探测器适用于不同类型的火灾和不同的场所。

另一类触发器件是手动火灾报警按钮。它是用手动方式产生火灾报警信号、启动火灾自动报警系统的器件，也是火灾自动报警系统中不可缺少的组成部分之一。

（2）火灾报警装置。在火灾自动报警系统中，用以接收、显示和传递火灾报警信号并能发出控制信号和具有其他辅助功能的控制指示设备称为火灾报警装置。火灾报警控制器就是其中最基本的一种。

在火灾报警装置中，还有一些如中继器、区域显示器、火灾显示盘等功能不完整的报警装置，它们可视为火灾报警控制器的演变或补充，在特定条件下应用，与火灾报警控制器同属火灾报警装置。

（3）火灾警报装置。在火灾自动报警系统中，用以发出区别于环境声、光的火灾警报信号的装置称为火灾警报装置。火灾警报器是一种最基本的火灾警报装置，它以声、光音响方式向报警区域发出火灾警报信号，以警示人们采取安全疏散、灭火救灾措施。

（4）消防控制设备。在火灾自动报警系统中，当接收到来自触发器件的火灾报警信号时，能自动或手动启动相关消防设备并显示其状态的设备，称为消防控制设备。消防控制设备主要包括：火灾报警控制器，自动灭火系统的控制装置，室内消火栓系统的控制装置，防烟排烟系统及空调通风系统的控制装置，常开防火门、防火卷帘的控制装置，电梯回降控制装置，以及火灾应急广播、火灾警报装置、消防通信设备、火灾应急照明与疏散指示标志的控制装置等10类控制装置中的部分或全部。

消防控制设备一般设置在消防控制中心，以便于实行集中统一控制；也有些消防控制设备设置在被控消防设备所在现场，但其动作信号则必须返回消防控制室，实行集中与分散相结合的控制方式。

（5）电源。火灾自动报警系统属于消防用电设备，其主电源应采用消防电源，备用电源采用蓄电池。系统电源除为火灾报警控制器供电外，还为与系统相关的消防控制设备等供电。

6.2.1.2 火灾自动报警系统的基本形式及选择

火灾自动报警系统的基本保护对象是工业与民用建筑。各种保护对象的具体特点千差万别，对火灾报警系统的功能要求也不尽相同。从设计技术的角度来看，火灾自动报警系统的结构形式可以做到多种多样。但从标准化的基本要求来看，系统结构形式应尽可能简化、避免五花八门、脱离规范。根据现行国家标准《火灾自动报警系统设计规范》（GB 50116—2013）规定，火灾自动报警系统的基本形式有区域报警系统、集中报警系统和控制中心报警系统这三种。火灾自动报警系统形式的选择，原则上应根据保护对象的保护等级确定：区域报警系统适用于二级保护对象；集中报警系统适用于一级、二级保护对象；控制中心报警系统适用于特级、一级保护对象。在具体工程设计中，对某一特定保护对象，究竟应该采取何种形式的系统，要根据保护对象的具体情况,例如工程建设的规模、使用性质、报警区域的划分,以及消防管理的组织体制等因素,合理确定。

6.2.1.3 火灾自动报警系统的适用范围

火灾自动报警系统是一种用来保护生命与财产安全的技术设施。从理论上讲,除某些特殊场所(如生产和储存火药、炸药、弹药、火工品等)外,其余场所应该都能适用。由于建筑(特别是工业与民用建筑)是人类的主要生产活动和生活场所,因此也就成为火灾自动报警系统的基本保护对象。从实际情况来看,国内外有关标准规范都对建筑中安装的火灾自动报警系统做了规定,我国现行国家标准《火灾自动报警系统设计规范》(GB 50116—2013)明确规定,适用于工业与民用建筑和场所内设置的火灾自动报警系统,不适用于生产和储存火药、炸药、弹药、火工品等场所设置的火灾自动报警系统。

6.2.1.4 火灾探测器的选择

不同种类的火灾探测器,其响应原理、结构特点、适用场所等均有所不同。在火灾自动报警系统的设计中,选择火灾探测器的种类,要根据探测区域内可能发生的初期火灾的形成和发展特点、房间高度、环境条件,以及可能引起误报的原因等因素综合确定。根据国家标准《火灾自动报警系统设计规范》(GB 50116—2013)的规定,火灾探测器的选择应符合以下要求。

A 一般规定

(1)对于火灾初期有阴燃阶段,产生大量的烟和少量的热,很少或没有火焰辐射的场所或部位,应选择感烟探测器。

(2)对于火灾发展迅速、可产生大量热、烟和火焰辐射的场所或部位,可选择感温探测器、感烟探测器、火焰探测器或其组合。

(3)对于火灾发展迅速、有强烈的火焰辐射和少量的烟、热的场所或部位,应选择火焰探测器。

(4)对于火灾形成特征不可预料的部位或场所,可根据模拟试验的结果选择探测器。

(5)对于使用、生产或聚集可燃气体或可燃液体蒸气的场所或部位,应选择可燃气体探测器。

B 点型火灾探测器的选择

(1)根据房间高度进行选择。

(2)下列场所宜选择点型感烟探测器:

1)饭店、旅馆、教学楼、办公楼的厅堂、卧室、办公室等;

2)电子计算机房、通信机房、电影或电视放映室等;

3)楼梯、走道、电梯机房等;

4)书库、档案库等;

5)有电气火灾危险的场所。

(3)符合下列条件之一的场所不宜选择离子感烟探测器:

1）相对湿度经常大于95%；

2）气体流速大于5m/s；

3）有大量粉尘、水雾滞留；

4）可能产生腐蚀性气体；

5）在正常情况下有烟滞留；

6）产生醇类、醚类、酮类等有机物质。

（4）符合下列条件之一的场所不宜选择光电感烟探测器：

1）可能产生黑烟；

2）有大量粉尘、水雾滞留；

3）可能产生蒸气和油雾；

4）在正常情况下有烟滞留。

（5）符合下列条件之一的场所宜选择感温探测器：

1）相对湿度经常大于95%；

2）无烟火灾；

3）有大量粉尘；

4）在正常情况下有烟和蒸气滞留；

5）厨房、锅炉房、发电机房、烘干车间等；

6）吸烟室等；

7）其他不宜安装感烟探测器的厅堂和公共场所。

（6）不宜选择感温探测器的场所，其包括：

1）可能产生阴燃火，发生火灾来不及早报警将造成重大损失的场所；

2）温度在0℃以下的场所；

3）温度变化较大的场所。

（7）符合下列条件之一的场所宜选择火焰探测器：

1）火灾时有强烈的火焰辐射；

2）无阻燃阶段的火灾（如液体燃烧火灾等）；

3）需要对火焰做出快速反应。

（8）符合下列条件之一的场所不宜选择火焰探测器：

1）可能发生无焰火灾；

2）在火焰出现前有浓烟扩散；

3）探测器的镜头易被污染；

4）探测器的镜头"视线"易被遮挡；

5）探测器易受阳光或其他光源直接或间接照射；

6）在正常情况下有明火作业以及X射线、弧光等影响。

（9）在下列场所宜选择可燃气体探测器：

1）使用管道煤气或天然气的场所；

2）煤气站和煤气表房以及储存液化石油气罐的场所；

3）其他散发可燃气体和可燃蒸气的场所；

4）有可能产生一氧化碳气体的场所，应选择一氧化碳气体探测器。

（10）探测器的组合装有联动装置、自动灭火系统以及用单一探测器不能有效确认火灾的场合，宜采用感烟探测器、感温探测器、火焰探测器（同类型或不同类型）的组合。

C　线型火灾探测器的选择

（1）下列场所或部位宜选择缆式线型定温探测器：

1）电缆隧道、电缆竖井、电缆夹层、电缆桥架等；

2）配电装置、开关设备、变压器等；

3）各种皮带输送装置；

4）控制室、计算机室的闷顶内、地板下及重要设施隐蔽处等；

5）其他环境恶劣不适合点型探测器安装的危险场所。

（2）下列场所宜选择空气管式线型温差探测器：

1）可能产生油类火灾且环境恶劣的场所；

2）不易安装点型探测器的夹层、闷顶。

火灾报警系统是海上平台设置中重要的消防设施，主要安装在可能发生火灾的部位，对可能发生火灾实施有效的监测，及时发现火情，实施扑救。

6.2.1.5　技术要求

A　一般要求

自动火灾探测系统和手动报警系统，应当在任何情况下都要好使好用，发生火灾系统会自动启动，安装在任何处所的手动报警装置都能实时报警。为了防止手动报警按钮受到误触动，造成意外报警引起不必要的恐慌，应当设置保护措施。探测系统的设计应能承受平台上出现的电压变化和瞬时波动、环境温度变化、振动、潮湿、冲击、撞击和腐蚀。

B　区域编址识别功能

具有区域编址识别功能的探测系统，应按如下要求布置：

（1）应采取措施以保证发生在回路中的任何故障（如电源中断短路、接地）将不会导致整个回路失效；

（2）整个布置应能使系统在发生失效（电气的、电子的、信息的）时恢复到最初结构状态；

（3）最先发出的火灾报警信号应不妨碍任何其他探测器发出另外的火灾报警信号；

（4）回路不应两次通过某一处所，当这不切实际时（例如对于大的公共场所），则对第二次需要通过该处所回路部分的安装应尽量远离回路的另一部分。

C　电源

供探测系统所使用的电源应不少于两套，其中一套应为应急电源。应由专用的独立馈电线供电，这些馈电线应接至位于或邻近于探测系统的控制板上的自动转换开关

D　探测器

探测器应通过热、烟或其他燃烧产物、火焰或任何这些组合因素而动作，可考

虑采用通过能显示出早期火灾的其他因素而动作的探测器，但其灵敏度应不低于前述那些探测器。探测器分为感烟式和感温式，无论是感烟式探测器还是感温式探测器，在安装之前要对其技术指标进行检测验证。

安装在梯道、走廊和起居处所内的脱险通道的感烟探测器，在烟密度超过每米12.5%的减光率前应动作，在超过每米2%的减光率之前不应动作。安装在其他处所的感烟探测器应在合适的灵敏度范围内动作。

感温探测器当温度以每分钟不大于1℃的速率升高时，在空气温度超过78℃前动作，但在超过54℃之前不应动作，温升率更大时应在合适的灵敏度范围内动作。在干燥室和通常处于高温环境的类似处所的感温探测器的动作温度可以是130℃，桑拿室内可到140℃。

E　分区布置

在每一个独立的分区内都设置探测器和手动报警按钮，一旦探测器启动或手动报警启用时，在中央控制站或甲板控制站的显示屏或报警指示能够显示起火或报警的具体位置。在划分区域时，覆盖控制站、服务处所或起居处所探测器的分区，不应包括A类机器处所。对于具有远距离和逐一地可识别探测器的探测系统，其覆盖起居处所、服务处所和控制站探测器分区的回路不应包括A类机器处所探测器的分区。

若探测系统不具备远距离逐一识别每一探测器的功能，一般不允许一个分区在起居处所、服务处所和控制站内超过一层甲板，但包含围蔽梯道的分区除外。为了避免延误识别火源，每一分区内包括的围蔽处所的数量应有限制，在任何情况下，不允许一个分区内多于50个围蔽处所。若探火系统备有远距离和逐一识别的探测器，则分区可覆盖几层甲板，且所服务的围蔽处所数目不受限制。

F　探测器的位置

探测器的位置应便于发挥其最佳性能，应避开靠近横梁和通风管道的位置或气流模式会影响探测器性能的其他位置以及碰撞或物理损坏可能发生的位置。除走廊、小室和梯道内之外，位于顶部的探测器与舱壁至少应保持0.5m的距离。

G　电线布置

系统的电线应避免布置在厨房、A类机器处所以及具有高度着火危险的其他围蔽处所，但有必要在此类处所配置探测（或火灾报警、有必要接通至相应的电源者）除外。具有区域编址识别能力的探火系统的回路，在失火时，其损坏部位不得超过一个。

H　控制和显示

任何火灾探测器或手动报警按钮动作时，应在控制板和显示装置上发出声、光火警信号。如果2min内信号未引起注意，则应向所有人员起居处所和服务处所、控制站以及A类机器处所自动发出声响报警。这一声响报警系统不必作为探测系统的组成部分。控制板应位于驾驶室，或连续有人值班的中央控制站内，显示装置应能至少表明已经动作的火灾探测器（或手动报警按钮）所在的分区。至少有一套显示装置应位于负责船员（或工作人员）在任何时候都能容易到达的地点。如果控制板位于中央防火控制站内，则应有一套显示装置在驾驶室内。在每一显示装置上或其附近应清楚地标示该装置所保护的处所和分区的位置。

应对系统操作所必需的电源和电路，在断电或故障时作监控（如合适时）。故障发生时应在控制板上发出声、光故障信号，这一信号应与失火信号有区别。

Ⅰ 试验

火灾探测系统的功能应在安装后经过各种通风条件下的试验，其系统的功能应定期进行试验，并应达到试验要求。试验所使用设备应能产生按探测器设计要求做出反应的适当温度的热空气，或适当浓度或颗粒尺寸的烟或悬浮颗粒，或与早期火灾相联系的其他现象。

6.2.2 火灾自动报警系统的日常管理维护

随着社会经济的发展，各类建筑的规模逐渐增大，从而对消防安全的要求也越来越高，火灾自动报警系统就不断出现在人们的身边，在消防监督工作中更好地监督管理好火灾自动报警系统的运行。

6.2.2.1 火灾自动报警系统组成装置

（1）组成装置。其包括：
1）触发器件，包括火灾探测器（烟感、温感等）和手动报警按钮；
2）火灾报警装置；
3）火灾警报装置；
4）区域报警控制器和集中报警控制器；
5）电源及配电线路。

（2）火灾自动报警系统投入运行前应具备的条件。
1）火灾自动报警系统正式启用时，应具有下列文件资料：
① 系统竣工图及设备的技术资料；
② 操作规程；
③ 值班员职责；
④ 值班记录和使用图表。
2）建立火灾自动报警系统的技术档案。
3）火灾自动报警系统应保持连续正常运行，不得随意中断。

6.2.2.2 火灾报警系统设置要求

A 火灾报警控制器设置

（1）火灾报警控制器安装位置情况：
1）设备面盘前的操作距离，单列布置时不应小1.5m；双列布置时不应小于2m；
2）在值班人员经常工作的一面，设备面盘至墙的距离不应小于3m；
3）设备面盘后的维修距离不应小于1m；
4）设备面盘的排列长度大于4m时，其两端应设置宽度不小于1m 的通道；
5）集中火灾报警控制器或火灾报警控制器安装在墙上时，其底边距地面高度应为1.3~1.5m，其靠近门轴的侧面距墙不应小于0.5m，正面操作距离不应小于1.2m。

（2）控制器应安装牢固，不得倾斜。安装在轻质墙上时，应采取加固措施。

（3）引入控制器的电缆或导线，应符合下列要求：

1）配线应整齐，避免交叉，并应固定牢靠；

2）电缆芯线和所配导线的端部，均应标明编号，并与图纸一致，字迹清晰，不易褪色；

3）端子板的每个接线端，接线不得超过两根；

4）电缆芯和导线，应留有不小于20cm的余量；

5）导线应绑扎成束；

6）导线引入线穿线后，在进行管处应封堵。

（4）控制器的主电源引入线，应直接与消防电源连接，严禁使用电源插头。主电源应有明显标志。

（5）控制器的接地，应牢固，并有明显标志。

B　火灾警报装置的设置

（1）未设置火灾应急广播的火灾自动报警系统，应设置火灾警报装置。

（2）每个防火分区至少应设一个火灾警报装置，其位置应设在各楼层走道靠近楼梯出口处。警报装置宜采用手动或自动控制方式。

（3）在环境噪声大于60dB的场所设置火灾警报装置时，其声警报器的声压级应高于背景噪声15dB。

C　手动火灾报警按钮的设置

（1）每个防火分区应至少设置一个手动火灾报警按钮。从一个防火分区内的任何位置，到最邻近的一个手动火灾报警按钮的距离，不应大于30m。手动火灾报警按钮应设置在公共活动场所的出入口处。

（2）手动火灾报警按钮应设置在明显的和便于操作的部位。当安装在墙上时，其底边距地高度应为1.3~1.5m，且应有明显的标志。

D　系统接地

（1）火灾自动报警系统接地装置的接地电阻值应符合下列要求：

1）采用专用接地装置时，接地电阻值不应大于4Ω；

2）采用共用接地装置时，接地电阻值不应大于1Ω。

（2）火灾自动报警系统应设专用接地干线，并应在消防控制室设置专用接地板。专用接地干线应从消防控制室专用接地板引至接地体。

（3）专用接地干线应采用铜芯绝缘导线，其线芯截面面积不应小于25mm^2。专用接地干线宜穿硬质塑料管理设至接地体。

（4）由消防控制室接地板引至各消防电子设备的专用接地线，应选用铜芯绝缘导线，其线芯截面面积不应小于4mm^2。

（5）消防电子设备凡采用交流供电时，设备金属外壳和金属支架等应作保护接地，接地线应与电气保护接地干线（PE线）相连接。

E 配备要求

（1）一般要求：

1）应根据处所内着火后产生烟雾、高温、火光等产生的早期和主要现象来挑选感应该现象的火灾探测器；

2）在选择火灾探测器种类时，应考虑到该火灾探测器对所在处所环境的适应性；

3）当设置感光探测器时，其位置和角度应避开火炬的照射。

（2）各处所探测器的配备要求：

1）在起居处所内的住室、梯道走廊和脱险通道内应设感烟探测器；

2）在服务处所内应设自动探测系统。

（3）通用机器处所的配备要求。在非连续有人管理的通用机器处所内应设符合下列要求的探测系统。

1）系统的设计和探测器的布置应在机器处所的任何部位，在机器的任何正常工作状况和可能的环境温度范围内所发生的通风变化下，能迅速地探出火灾征兆。除处所的高度受到限制和特别适应使用的情况之外，不允许仅使用感温探测器的探测系统。

2）火灾探测系统应能发出声光报警信号，且这两种信号应不同于非火灾报警系统的信号，并且这些报警信号的设置地点要足够，以保证驾驶室和负责的轮机员听到和看到该报警的信号。当驾驶室无人值班时，应能在负责船员的值班处发出声响警报。

（4）在油、气、水处理区配备要求。在油、气、水处理区应设易熔塞回路式感温探测系统以及感光探测系统。

（5）手动火警按钮。手动火警按钮应遍及起居处所、服务处所和控制站，每一个通道出口应装一个手动火警按钮。在每一层甲板的走廊内，手动火警按钮应便于到达，并使走廊任何部分与手动火警按钮的距离不大于20m在机器处所、井口、油气处理和原油储存区以及其他认为必要的地点也应设手动火警按钮。

F 自动切断和灭火功能

火灾探测系统必须具有自动切断装置和自动灭火装置。

（1）自动切断。油、气、水处理区所安装的易熔塞火灾探测回路可以自动关断为火灾提供燃料源的管路和设备，并发出报警探测系统可在控制板上设自动关闭防火门和类似的关闭功能。

（2）自动喷洒灭火剂。在下列情况下，自动灭火系统应当启动喷洒灭火剂。

1）可靠性较高的探测系统（如易熔塞回路）可以自动释放对人体无害的灭火剂系统（如喷水灭火系统）。

2）在航行（或作业）期间无人进入的处所（如燃气轮机罩壳内），火灾自动报警系统的日常管理维护火灾自动报警系统的管理维护，是使系统长期稳定准确、可靠工作的保证。特别是火灾探测器，其对环境有一定的要求，如果达不到要求，会发生一些误报的现象，因此必须加强日常的管理维护工作。

① 火灾自动报警系统的使用单位必须具有系统竣工图、设备技术资料、使用说

明书及调试开工报告、竣工报告等文件资料，并经当地公安消防监督机构验收合规后，方可正式投入运行。

② 必须制定严格的系统管理制度，包括系统操作规程，系统操作人员消防工作职责，值班制度，系统定期保养检查，维护保养制度等，管理者要定期检查制度的落实情况。

③ 必须配备责任心强、具有较高文化程度和专业知识的人员负责系统的管理，使用和维护，其他无关人员不得随意触动设备。

④ 操作维护人员应熟练掌握火灾自动报警系统的结构、主要功能、工作原理和操作规程，对本单位报警系统的区域，探测区域的划分以及火灾探测器的分布应做到了如指掌，并经过专业培训取得上岗证，持证上岗。

⑤ 必须建立火灾自动报警系统的技术档案，填写《火灾自动系统运行记录》《火灾自动报警系统维护保养记录》等，每天做好记录发现问题及时报告，并及时恢复正常状态。

⑥ 应建立定期监测、维护程序，经常检查控制器的功能运行是否正常，并进行必要的试验。

⑦ 火灾探测器投入运行两年后，应当进行一次全面清洗，使用环境比较差的火灾探测器应每年进行一次清洗。火灾探测器的清洗应当由专业部门进行，清洗维护后要对火灾探测器逐个进行响应试验。

任务6.3　石油化工企业自动喷水灭火系统

6.3.1　自动喷水灭火系统的分类与特点

自动喷水灭火系统的类型包括湿式、干式、干湿交替式、预作用式和雨淋式。

6.3.1.1　湿式自动喷水灭火系统的技术特点

湿式系统是自动喷水灭火系统的基本类型和典型代表，其技术特点如下：

（1）湿式系统的管道内充满压力水，一旦发生火灾，喷头动作后即喷水；

（2）该系统受环境温度的影响较大，低温环境会使管道内的水结冰，高温环境会使管道内的压力增大，两者都将对处于准工作状态下的系统产生破坏作用。

闭式喷头在系统中起到定温探测器的作用，喷头的热敏元件在火灾热环境中升温至公称动作温度时动作。因此，系统可利用自身的组件实现自动探测火灾的功能，闭式喷头在系统中还起到自控阀门的作用。喷头的热敏元件动作后，释放机构脱落，压力水开启喷头。因此，系统可利用自身的组件，根据火源的位置及火的蔓延趋势，随机开放喷头，实现定点区域性局部喷水的功能，利用喷头开放喷水后管道内形成的水压差，使水流动并驱使水流指示器、湿式报警阀、水力警铃和压力开关动作，实现就地和远传自动报警。

系统的启动，只能依靠组件间的联动全自动操作，无法实现人员干预的紧急启动。喷头不动作，系统将无法实现启动，从而不能实施喷水灭火。

6.3.1.2 干式自动喷水灭火系统的技术特点

与湿式系统的不同之处是，准工作状态下报警阀后的系统配水管道内充满有压气体（空气或氮气），因此避免了低温或高温环境下水对系统的危害作用。

喷头动作后，管道内的气流驱动水流指示器、报警阀在入口压力水作用下开启。随后管道排气充水，继而开放喷头喷水灭火。因此，喷头从动作到喷水有一段滞后时间，使火灾在喷头动作后仍能有段不受控制而继续自由蔓延的时间。

6.3.1.3 预作用自动喷水灭火系统的技术特点

准工作状态下，系统报警阀后的配水管道内不充水，因此具有干式系统，不会因低温或高温环境下水危害系统的特点，且喷头误动作时不会引起水渍损失。

与之配套的火灾自动报警系统（或传动管系统）报警后，预作用阀开启，系统开始排气充水，转换为湿式系统，使系统具有喷头开放后立即喷水的特点。为了控制系统管道由干式转换为湿式的时间，避免喷头开放后的迟滞喷水现象，报警阀后配水管道的容积不宜过大。准工作状态下，报警阀后系统配水管道内充入有压气体，起到检验管道严密性的作用。为防止自动报警设备误报警或不报警，系统可有适时开放报警阀的多种保障措施，其中包括人为紧急操作启动系统。

6.3.1.4 雨淋自动喷水灭火系统的技术特点

采用开式喷头，系统启动后由雨淋阀控制一组喷头同时喷水。自动操作的系统配套设有火灾自动探测和报警控制系统（或传动管报警系统）。当被保护场所的面积较大，或系统用水量较多时，可采用多台雨淋阀分区控制喷水范围。

6.3.2 水雾灭火系统

6.3.2.1 组成和系统的特点

水雾灭火系统的组成与雨淋自动喷水灭火系统相似，两种系统仅是采用的喷头不同。水雾灭火系统采用水雾喷头，水雾喷头利用离心力或撞击的原理，在较高的水压作用下，将水流分解为呈喷射流态的细小水滴。在水雾喷头的雾化角范围内，喷出的雾状水形成一圆锥体。圆锥体内充满水雾滴，水雾滴的粒径一般为 0.3～1.0mm。在水压的作用下，水平喷射的水雾，沿雾化角的角边轨迹运行一段距离后，在水雾滴重力的作用下开始沿抛物线轨迹下落，自喷头喷口至水雾达到的最高点之间的水平距离，称作有效射程。有效射程内的喷雾，粒径小而均匀，灭火和防护冷却的效率高；超出有效射程的喷雾，部分雾滴的粒径增大，水平喷射时漂移和跌落的水量明显增加。

雨淋阀组的功能包括：
(1) 接通或关闭水喷雾灭火系统的供水；
(2) 接收电控信号，可液动或气动开启雨淋阀；
(3) 具有手动应急操作阀；

项目6 石油化工火灾消防技术装备 ·131·

（4）显示雨淋阀启、闭状态；

（5）驱动水力警铃；

（6）监测供水压力；

（7）电磁阀前应设过滤器。

水雾灭火系统适用于新建、扩建、改建工程中的生产、储存装置或装卸设施设置的水雾灭火系统的设计；不适用于运输工具或移动式水雾灭火装置的设计。

6.3.2.2 高压细水雾灭火系统

A 灭火机理

（1）高效冷却作用：由于细水雾的雾滴直径很小，普通细水雾系统雾粒直径 10～100μm，在气化的过程中，从燃烧物表面或火灾区域吸收大量的热量。按100℃水的蒸发潜热为2257kJ/kg计，每只喷头喷出的水雾（喷水速度0.133L/s）吸热功率约为300kW。实验证明，直径越小，水雾单位面积的吸热量越大，雾滴速度越快，热传速率越高。

（2）窒息作用：细水雾喷入火场后，迅速蒸发形成蒸气，体积急剧膨胀1700～5800倍，从而降低氧体积分数，在燃烧物周围形成一道屏障阻挡新鲜空气的吸入。随着水的迅速气化，水蒸气含量将迅速增大，同时氧含量在火源周围空间减小到16%～18%时，火焰将被窒息。另外，火场外非燃烧区域雾滴不气化，空气中氧气含量不改变，不会危害人员生命。

（3）阻隔辐射热作用：高压细水雾喷入火场后，蒸发形成的蒸气迅速将燃烧物、火焰和烟雾笼罩，对火焰的辐射热具有极佳的阻隔能力，能够有效抑制辐射热引燃周围其他物品，达到防止火焰蔓延的效果。水雾对辐射的衰减作用还可以用来保护消防队员的生命。

（4）稀释、乳化、浸润作用：颗粒大冲量大的雾滴会冲击到燃烧物表面，从而使燃烧物得到浸湿，阻止固体挥发可燃气体的进一步产生，达到灭火和防止火灾蔓延的目的。另外，高压细水雾还具有洗涤烟雾、废气的作用、对液体的乳化和稀释作用等。

B 高压细水雾灭火系统特点

（1）安全环保：以水为灭火剂的物理灭火，对环境、保护对象、保护区人员均无损害和污染。

（2）高效灭火：冷却速度比一般喷淋系统快100倍。高压细水雾还具有穿透性，可以解决全淹没和遮挡的问题，还可以防止火灾的复燃。

（3）净化作用：能净化烟雾和废气，有利于人员安全疏散和消防人员的灭火救援工作。

（4）屏蔽辐射热：对热辐射有很好的屏蔽作用，达到防止火灾蔓延、迅速控制火势的效果。

（5）水渍损失小：用水量仅为水喷淋系统的1%～5%，避免了大量的排水对设备的损坏和对环境的二次污染。

（6）电绝缘性好：可有效扑救带电设备火灾。

（7）可靠性高：系统安装完成后可对系统进行模拟检验，以增加系统动作的可靠性。

（8）系统寿命长：所用泵组、阀门和管件均采用耐腐蚀材料，系统寿命可长达30~60年。

（9）配置灵活：可局部使用，保护独立的设施或设施的某一部分；作为全淹没系统，保护整个空间。

（10）安装简便：相对于传统的灭火系统而言，管道管径小，仅为10~32mm，使安装费用相应降低。

（11）维护方便：仅以水为灭火剂，在备用状态下为常压，日常维护工作量和费用大大降低。

C 高压细水雾灭火系统适用范围

高压单流体细水雾灭火系统适用于扑救A类、B类、C类和电气类火灾。由于它先进的灭火机理，该灭火系统的使用基本不受场所的限制，在陆地、海洋、空间均可应用，尤其是对高危险场合的局部保护和对密闭空间的保护特别有效，例如石化行业、军事装备、煤炭行业、医药、食品加工行业、古建筑、档案馆、商业民用建筑、地铁、隧道、大型交通车辆、水面船舶、航空航天、电力、电子行业、消防队和森警等。

6.3.3 气体灭火系统

以气体作为灭火介质的灭火系统称为气体灭火系统，主要包括卤代烷1301和二氧化碳灭火系统。

6.3.3.1 适用的火灾类别

在国际标准《火灾分类》（ISO 3941—2007）和国家标准《火灾分类》（GB 4968—2008）中，根据物质的燃烧特性将火灾分为A类火灾、B类火灾、C类火灾、D类火灾、E类火灾和F类火灾六类。按照该分类，气体灭火系统适于扑救的火灾类别如下。

（1）A类火灾。A类火灾是指固体物质火灾。这类固体物质往往具有有机物的性质，一般在燃烧时能产生灼热的余烬，如木材、纤维、纸张以及其他天然与合成的固体有机材料。卤代烷1301和二氧化碳灭火系统，均适用于扑救A类火灾中固体物质的表面火灾。二氧化碳灭火系统还适用于扑救棉、毛、织物、纸张等部分固体的深位火灾；卤代烷1301灭火系统不宜用于扑救固体的深位火灾。

所谓一般固体物质，是指应用限制以外的固体物质；所谓固体表面火灾，是指未发展成深位燃烧的固体火灾。一般固体物质火灾的发生与发展存在两种形式，即表面燃烧与深位燃烧。发生于固体表面的燃烧在初始阶段往往只限于固体材料的表层，由于固体物质尚未被加热到足够的程度，燃烧尚未扩展到固体的纵深部位或在燃烧层中尚未形成灼热的余烬，仍以有焰燃烧为主，处于该阶段的火灾称为表面火灾。发生于固体材料内部的火灾（通常表现为阴燃），或虽发生于固体表面但经过较长时间燃烧已形成大量的灼热余烬，这种火灾称为深位火灾。目前，国内外对表面火灾和深位火灾的定量判断还没有一个统一的标准。对于卤代烷灭火系统，一般认为，当采用5%的灭火剂浓度和10min的浸渍时间仍不能将固体火扑灭，则认为是深位火灾。

气体灭火剂扑救A类表面火灾的关键是适时地将灭火剂施放到防护区中，使防护区内尽快达到规定的灭火剂浓度（卤代烷系统的灭火剂喷放时间一般在10s以内，最长不超过15s；二氧化碳系统的灭火剂喷放时间一般不超过1min）。同时，在喷放灭火剂后还应注意维持较长的浸渍时间（对于卤代烷系统，不应小于10min；对于二氧化碳系统，为10～20min）。

二氧化碳灭火系统用于某些固体的深位火灾时，高浓度的灭火剂将燃烧物包围，再经过较长的浸渍时间（一般为20min或更长时间），二氧化碳气体扩散到固体内部，可将深位火灾扑灭。二氧化碳灭火系统用于扑救固体的深位火灾时，需考虑一定的喷放时间（喷放时间不应大于7min，且在前2min内使二氧化碳的浓度达到30%）和足够的抑制时间。

试验表明，卤代烷1301虽然也可扑灭某些固体物质的深位火灾，但需要采用很高的灭火剂浓度和很长的浸渍时间，为此而消耗大量的灭火剂是非常不经济的，因此不推荐将这两种灭火系统用于打救固体的深位火灾。

（2）B类火灾。B类火灾是指液体火灾以及在燃烧时可熔化的某些固体的火灾。B类火灾中最常见的有汽油、煤油、柴油等液体的火灾，醇、酯醚、酮等有机溶剂的火灾以及石蜡、沥青等一些燃烧时可熔化的固体物质的火灾。卤代烷1301和二氧化碳灭火系统均适用于扑救常见的液体火灾。

（3）C类火灾。C类火灾是指气体火灾，常见的可燃气体火灾有烷烃、烯烃、炔烃等烃类气体、一氧化碳或煤气、氢等可燃气体的火灾。卤代烷1301和二氧化碳灭火系统，均适用于扑救常见的气体火灾，但同时应具备能够在灭火前切断可燃气源或在灭火后，能够立即切断可燃气源的可靠措施。及时切断可燃气源，一方面有利于迅速灭火；另一方面可以防止发生二次火灾或爆炸。卤代烷1301灭火剂对B、C类火灾的灭火机理主要是化学作用，效果极佳。

二氧化碳的灭火机理主要是物理作用，对B、C类火灾的灭火效果一般，需要高浓度。

（4）E类火灾。E类火灾是指带电火灾。气体灭火系统均适用于扑救带电设备与电气线路的火灾，这是气体灭火剂所具备的优良的电气绝缘性能所决定的。

6.3.3.2　适用场所

A　确定应用场所的基本原则

具有火灾危险的场所是否需用气体灭火系统防护，可依据下述基本原则考虑：

（1）该场所要求使用不污染被保护物的"清洁"灭火剂；

（2）该场所有电气危险而要求使用不导电的灭火剂；

（3）该场所有贵重的设备、物品，要求使用能够迅速灭火的高效灭火剂；

（4）该场所不宜或难以使用其他类型的灭火剂。

B 适用的典型场所

在国家标准《建筑设计防火规范》（GB 50016—2014）中，对应该设置气体灭火系统的一些典型场所做出了规定，比如：

（1）大、中型电子计算机房；

（2）大、中型通讯机房或电视发射塔微波室；

（3）贵重设备室；

（4）文物资料珍藏库；

（5）大、中型图书馆和档案库；

（6）发电机房、油浸变压器室、变电室、电缆隧道或电缆夹层等电气危险场所。

C 应用限制

气体灭火系统不适于扑救下列类型物质的火灾：

（1）强氧化剂、含氧化剂的混合物，以及能够自身提供氧，且在无空气的条件下仍能迅速氧化、燃烧的物质，如氯酸钠、硝酸钠、氮的氧化物、氟、火药、炸药、硝化纤维素等；

（2）活泼金属（D类火灾），如钠、钾、镁、钛、钠钾合金、镁铝合金等；

（3）金属氢化物，如氢化钠、氢化钾等；

（4）能自动分解的物质，如某些有机过氧化物、联氨等；

（5）能发生自燃的物质，如白磷、某些金属有机化合物等。

6.3.3.3 系统的分类及应用条件

气体灭火系统按其对防护对象的保护形式，可分为全淹没系统和局部应用系统；按其装配形式，又可分为管网灭火系统和无管网灭火装置。在管网灭火系统中，又可分为组合分配灭火系统和单元独立灭火系统。

A 全淹没系统

在规定时间内向防护区喷射一定浓度的灭火剂，并使其均匀地充满整个防护区的气体灭火系统，称为全淹没灭火系统。卤代烷1301全淹没系统适用于经常有人的防护区，全淹没系统适于扑救封闭空间内的火灾。

全淹没系统的灭火作用是基于在很短的时间内，使防护区充满规定浓度的气体灭火剂，并通过一定时间的浸渍而实现的，因此要求防护区要有必要的封闭性、耐火性和耐压、泄压能力。保证封闭性是为了防止在灭火、浸渍过程中灭火剂的流失，要求在防护区的围护构件上不宜开设敞开的孔洞；当必须设置敞开的孔洞时，应设在防护区外墙的上方，且应设置手动和自动的关闭装置；在施放灭火剂前，防护区的通风机、通风管道中的防火阀以及除泄压口以外的其他开口应自动关闭。一定的耐火性是要求防护区的围护构件及吊顶应有足够的耐火时间，以保证在整个灭火过程中围护构件完整和防护区的封闭性能。耐压能力是要求防护区的围护构件要有承受灭火剂对防护区增压的能力，以防由于灭火剂的增压作用损坏围护构件而影响防护区的封闭性能。全淹没系统对防护区耐压强度的最低要求是，其围护构件应能承受1.2kPa压差（防护区内外的压差）。必要的泄压能力是要求对有完全密闭的防护区（门窗上设有密封条而又无其他开口的防护区）应设泄压口，以防灭火剂增压对防护区封闭性的破坏。

B 局部应用系统

向保护对象以设计喷射强度直接喷射灭火剂，并持续一定时间的气体灭火系统称为局部应用系统。该系统在国内的应用，目前仅限于二氧化碳局部应用系统。对于卤代烷局部应用系统，尚未制定相关的设计规范二氧化碳局部应用系统的应用条件为：

（1）保护对象周围的空气流速不宜大于3m/s，必要时应采取挡风措施；

（2）在喷头与保护对象之间，喷头喷射角的范围内不应有遮挡物；

（3）当保护对象为可燃液体时，液面至容器缘口的距离不得小于150mm；

（4）灭火剂喷射时间一般不应小于0.5min，对于燃点温度低于其沸点温度的液体（含可熔化固体）喷射时间不应小于1.5min；

（5）局部应用系统的二氧化碳灭火剂储存环境温度不应低于0℃，且不应高于49℃。

C 管网灭火系统

通过管网向防护区喷射灭火剂的气体灭火系统称为管网灭火系统。

卤代烷1301管网灭火系统（全淹没）所保护的单个防护区的面积不宜大于500m^2、容积不宜大于2000m^3。二氧化碳管网灭火系统（全淹没）所保护的最大防护区容积尚无明确规定。

D 组合分配系统

利用一套灭火剂储存装置，通过选择阀等控制组件来保护多个防护区的气体灭火系统称为组合分配系统。

在气体灭火系统设计中，对于两个或两个以上的防护区往往采用组合分配系统。为保证系统的安全可靠，一方面要保证每个防护区的灭火剂用量都能达到设计用量要求（即灭火剂的设计用量由灭火剂用量最多的防护区确定）；另一方面要注意一个组合分配系统所保护的防护区数目不宜过多，防护区数目超过一定数量时，应配置备用灭火系统。当一个卤代烷1301组合分配系统的防护区数目超过8个时，或一个二氧化碳组合分配系统的防护区（或保护对象）数目不少于5个时，应配置备用灭火系统，灭火剂的备用量不应小于设计用量。

E 单元独立系统

只用于保护一个防护区的气体灭火系统称为单元独立系统。

F 无管网灭火装置

按一定的应用条件，将灭火剂储存装置和喷嘴等部件预先组装起来的成套气体灭火装置称为无管网灭火装置，又称预制灭火装置。

6.3.4 泡沫灭火系统

泡沫灭火系统由水源、水泵、泡沫液、泡沫比例混合器、管路、泡沫产生装置等组成，泡沫灭火系统可分为低倍数泡沫灭火系统、中倍数泡沫灭火系统和高倍数泡沫灭火系统。发泡倍数量在20倍以下的称为低倍数泡沫；发泡倍数在21～200倍的称为中倍数泡沫；发泡倍数在201～1000倍的称为高倍数泡沫。

6.3.4.1 低倍数泡沫灭火系统

A 适用范围及场所

低倍数泡沫灭火系统适用于开采、提炼加工、储存运输、装卸和使用甲、乙、丙类液体的场所，例如油田（海上、地面）、炼油厂、化工厂、油库（地面库、半地下库、洞库）、长输管线始末站、铁路槽车、汽车槽车的鹤管梭桥、油轮、油船付油台，加油站、码头（油化工产品）、汽车库、飞机场、飞机维修库、燃油锅炉房等场所。

低倍数泡沫灭火系统不适用于船舶、海上石油平台和储存液化气的场所。例如液化石油气，因为其在常温常压情况下属于气体状态，只有加压以后才成为液体状态。

B 泡沫液的选择

首先，要看保护对象是水溶性液体还是非水溶性液体。水溶性液体系是指与水混合后可溶于水的液体，例如化工产品（甲醇、丙酮、乙醚等）。非水溶性液体系指与水混合后不溶于水的液体，例如石油产品（汽油、煤油、柴油等）。

扑救水溶性甲、乙、丙类液体火灾时，必须选用抗溶性泡沫液。扑救水溶性液体火灾时，只能采用液上喷射泡沫，不能采用液下喷射泡沫；并且必须采用软施放，不能将泡沫直接冲击或搅动燃烧的液面，因为泡沫中含有水，通过水溶性流体时，泡沫遭到破坏，因此不能灭火。扑救非溶性液体火灾当采用液上喷射泡沫灭火时，选用普通蛋白泡沫液、氟蛋白泡沫液或水成膜泡沫液均可。

对于非水溶性液体火灾，当采用液下喷射泡沫灭火时，必须选用氟蛋白泡沫液或水成泡沫液。泡沫液的储存温度应为0～40℃，且宜储存在通风干燥的房间或散棚内。泡沫液配制成泡沫混合液，应符合以下要求：

（1）蛋白、氟蛋白、抗溶氟蛋白型泡沫液，配制成泡沫混合液，可使用淡水和海水；

（2）凝胶型、金属皂型泡沫液，配制成泡沫混合液，应使用淡水；

（3）所有类型的泡沫液，配制成泡沫混合液，严禁使用影响泡沫灭火性能的水；

（4）泡沫液配制成泡沫混合液用水的温度应为4～35℃。

C 系统形式的选择

系统形式的选择，一般应根据保护对象的规模、火灾危险性大、总体布置、扑救难易度，以及消防站的设置情况等因素综合考虑确定。

（1）宜选用固定式泡沫灭火系统的场所。固定式泡沫灭火系统，是由固定消防泵站、泡沫比例混合器、泡沫液存储设备、泡沫产生装置和固定管道及系统组件组成的灭火系统。一旦保护对象着火，能自动或手动供给泡沫及时扑救火灾。

1）储量大于或等于500m³独立的非水溶性甲、乙、丙类液体储罐区；

2）总储量大于或等于200m³水溶性甲、乙、丙类液体立式储罐区；

3）机动消防设施不足的企业附属非水溶性甲、乙、丙类液体储罐区。

（2）宜选用半固定式泡沫灭火系统的场所。半固定式泡沫灭火系统，是由固定泡沫产生装置和水源、泡沫消防车或机动消防泵，临时由水带连接组成的灭火系统；或是由固定的泡沫消防泵、相应的管道和移动的泡沫产生装置（泡沫炮、泡沫钩枪）用水带临时连接组成的灭火系统。

1）机动消防设施较强的企业附属甲、乙、丙类液体储罐区。

2）石油化工生产装置区火灾危险性大的场所。

（3）宜选用移动式泡沫灭火系统的场所。移动式泡沫灭火系统，由消防车或机动消防泵、泡沫比例混合器、移动式泡沫产生装置（泡沫炮、泡沫枪），用水带临时连接组成。

1）总储量不大于 $500m^2$、单罐容量不大于 $200m^3$，且罐壁高度不大于 7m 的地上非水溶性甲、乙、丙类液体立式储罐。

2）总储量小于 $200m^3$、单罐容量不大于 $100m^3$，且罐壁高度不大于 5m 的地上水溶性甲、乙、丙类液体立式储罐。

3）卧式储罐。因卧式储罐一般容量较小，国内常用 $30m^3$（或 $50m^3$），最大也就是 $100m^3$。

4）甲、乙、丙类液体装卸区易泄漏的场所。

6.3.4.2 高倍数、中倍数泡沫灭火系统

A 适用与不适用的物质对象

下列物质火灾可使用高倍数、中倍数泡沫灭火系统：

（1）汽油、煤油、柴油、工业苯等 B 类火灾；

（2）木材、纸张、橡胶、纺织品等 A 类火灾；

（3）封闭的带电设备场所的火灾；

（4）控制液化石油气、液化天然气的流淌火灾。

下列物质火灾不适合使用高倍数、中倍数泡沫灭火系统：

（1）硝化纤维、炸药等在无空气的环境中仍能迅速氧化的化学物质与强氧化剂；

（2）钾、钠、镁、钛和五氧化二磷等活泼性金属和化学物质；

（3）未封闭的带电设备。

B 适用范围及场所

（1）固体物资仓库，如电气设备材料仓库、高架立体仓库、汽车库、飞机库、纺织品库、橡胶仓库、烟草仓库、棉花仓库、冷藏库等。

（2）易燃液体仓库，如各种油库、苯储存库等。

（3）有火灾危险的工业厂房（或车间），如石油化工生产车间、发动机试验车间（室）、油锅炉房、电缆夹层、油泵房（站）、油码头和涂料车间等。

（4）地下建筑工程，如地下汽车库、地下仓库、地下铁道、人防隧道、地下商场、煤矿矿井、电缆沟和地下液压油泵站等。

（5）各种船舶的机舱、泵舱和货舱等。

（6）贵重仪器设备和物资，如计算机房、图书档案库、大型邮政楼、贵重设备仪器仓库。

（7）可燃、易燃液体及液化石油气和液化天然气的流淌火灾，如油库中防火堤内的火灾。

（8）中倍数泡沫灭火系统可用于立式钢制储油罐内的火灾。

C　系统类型的选择

系统类型的选择应根据防护区的总体布局、火灾的危害程度、火灾的种类和扑救条件等因素，并综合技术经济比较后确定。高倍数泡沫灭火系统可分为全淹没式灭火系统、局部应用式灭火系统和移动式灭火系统；中倍数泡沫灭火系统可分为局部应用式灭火系统和移动式灭火系统。

a　全淹没式高倍数泡沫灭火系统

自动控制全淹没式高倍数泡沫灭火系统是将全淹没式高倍数泡沫灭火系统与防护区设置的自动报警系统联动组成的灭火系统。该系统用管道输送高倍数泡沫灭火剂和水，连续地将高倍数泡沫按规定的高度充满被保护区域，并将泡沫保持到所需的时间，进行控制和灭火的固定灭火系统。该系统特别适于保护在不同高度上都存在火灾危险的大范围的封闭空间和有固定围墙或其他围挡设施的场所。

b　局部应用式高倍数泡沫灭火系统

局部应用式灭火系统是一种用管道输送水和高倍数泡沫灭火剂，按一定比例混合后，将泡沫混合液输送到泡沫发生器，并向局部空间喷放高倍数泡沫的固定式或半固定式灭火系统，该灭火系统最适宜在下述两种情况下应用：

（1）范围的局部封闭空间；

（2）大范围的局部设有阻止泡沫流失的围挡设施场所，如油罐区或液化石油气储罐区的防护堤内火灾等。

c　移动式高倍数泡沫灭火系统

移动式高倍数泡沫灭火系统主要适用于以下场所：

（1）发生火灾的部位难以确定或人员难以接近的火灾场所；

（2）流淌的 B 类火灾场所；

（3）要排烟、降温或排除有害气体的封闭空间。

d　局部应用式中倍数泡沫灭火系统

局部应用式中倍数泡沫灭火系统主要适用于以下场所：

（1）范围的局部封闭空间和局部设有阻止泡沫流失的围挡设施场所；

（2）流淌的 B 类火灾和不超过 100m² 流淌的 B 类火灾场所。

e　移动式中倍数泡沫灭火系统

移动式中倍数泡沫灭火系统主要适用于发生火灾的部位难以确定或人员难以接近的较小火灾场所，流淌的 B 类火灾场所，不超过 100m² 流淌的 B 类火灾场所。

6.3.4.3　泡沫系统的使用和维护

A　系统的使用

a　低倍数泡沫液上和液下灭火系统

（1）在系统安装、验收合格后，投入使用前应按系统设计要求和有关规定，根据本单位具体情况制定使用、维修、保养、检查规程。

（2）系统应配有专门的操作人员，并进行必要的训练，确保在任何时间内系统都处于完好的工作状态。

（3）泡沫液的储存：泡沫液一般应储存在专用的储罐内，也可以储存在原包装容器内存放在指定的地点，储存条件应满足产品技术条件所规定的要求。

（4）手动灭火系统在发生火灾后，应由专门人员按操作规程进行操作。

b　高倍数泡沫灭火系统

高倍数泡沫灭火系统在使用时除必须做到上述四点外，还应做到以下几点。

（1）确保全淹没式高倍数泡沫灭火系统启动后能达到预期的灭火效果，应防止泡沫的泄漏。对于淹没深度以下的孔口，如门窗等应在人员撤离后、泡沫喷放前或泡沫喷放的同时必须自动或手动关闭；

（2）高倍数泡沫灭火系统使用后，必须用清水对整个管道系统进行冲洗，并在24h内将消耗掉的高倍数泡沫灭火剂补充至规定的储量，并使系统重新处于完好状态。

（3）高倍数泡沫的清除：灭火后打开所有的孔口，采用强制通风的方法从建筑物内清除泡沫。对于不易造成水渍损失的场合，还可以喷射雾状射流以消除泡沫。

（4）特殊考虑的事项：当人员来不及撤离火灾区域而被浸没在高倍数泡沫中时，泡沫会刺激人的眼睛和呼吸道，听力困难辨不清方向，发泡倍数越低，这种感觉越强烈，此时应闭上眼睛，最好再用一块布或手帕盖住鼻和嘴，最大限度地减少对呼吸道的影响。高倍数泡沫可以作为临时避难场所，当人员在火场中生命受到烟气和辐射热的威胁时，可以暂时进入高倍数泡沫中，用它来屏蔽烟和热的影响，以保存生命。

B　系统的维护

a　泡沫发生器

普通和高倍数泡沫发生器的维护措施如下：

（1）泡沫发生器的滤网应定期清除杂物以保证空气通道畅通；

（2）应定期检查密封玻璃片，发现破碎应及时调换，以免储罐内气体蒸发使易燃气体外漏；

（3）使用后必须用清水冲洗干净，并更换密封玻璃片。

PF20型水轮机式高倍数泡沫发生器的维护措施如下：

（1）每次使用后，应清洗管道过滤器；

（2）定期对发生器进行检查，以确保发生器无损坏、无泄漏，确保水进口压力和高倍数泡沫进口压力正常无误。

BGP-200型防爆电机驱动式高倍数泡沫发生器的维护措施如下：

（1）每次使用后，应该用清水冲洗发生器筒体、喷嘴、叶轮及芯轴，并擦拭干净；

（2）每次使用后，要清洗和晾干棉线网，防止发泡网霉变；

（3）电动机应每6个月检修一次；

（4）经常检查筒体是否变形，其他部件是否损坏，如发现损坏，应及时修理；

（5）定期进行发泡实验，验证该机是否能够正常工作。

PF系统水轮驱动式高倍数泡沫发生器的维护措施如下：

（1）每次使用后要认真用清水冲洗干净，放掉水轮机内的积水，以保证随时可用；

（2）整机在组装完毕后，应以1.2MPa的水压进行试验，各连接部件不得有渗漏现象；

（3）应定期检查混合比，其值在2.5%~3.5%为合格，如果混合比偏低，可检查喷嘴和比例混合器喷嘴是否堵塞，吸液管是否漏气。

b　比例混合器负压比例混合器的维护措施

（1）混合器使用后必须用清水冲洗干净，并检查各部件是否完整，连接处橡胶是否损坏，如果有损坏应修复或更换。

（2）吸液口和喷嘴处应保持畅通，如果有杂物，应及时清除，过滤网每次使用后，应及时清洗干净。

（3）环泵式负压比例混合器不宜在水源大于0.05MPa的正压条件下工作，因此水泵的吸水管道不应使用有压力的水源。

c　压力比例混合器的维护措施

储罐式压力比例混合器的维护措施如下：

（1）储罐内的泡沫液必须按时抽样检验，对于失效的泡沫液应及时调换并记录调换日期；

（2）装有柔性胶囊隔膜的储罐，应每6个月做一次检漏试验，试验才可开启检查阀，如果有泡沫漏出，证明胶囊已漏，应及时修补或调换，无柔性胶囊隔膜的储罐则不必做检漏试验；

（3）定期检查压力标示值是否准确，如有损坏应予修复或调换；

（4）混合器使用后必须用清水进行全面的清洗，清除管道和储罐内的污物杂质，要特别注意混合器的孔板孔保持畅通，并检查各种阀门的密封性能，使设备处于完好状态。

平衡压力比例混合器的维护措施如下：

（1）阀片由三层橡胶布叠加而成，应定期检查，如有变形和龟裂应及时更换；

（2）应定期检查混合器孔板是否被杂物堵塞，如果有堵塞应立即清除；

（3）定期检查压力表，如有失灵应予修复和调换；

（4）检查各连接部分有无松动、渗漏现象，如果有应拧紧或修复；

（5）使用后必须开启水系统冲洗干净。

d　消防水泵

消防水泵的维护措施如下：

（1）消防水泵定期启动运转检验；

（2）阀门应保证启闭灵活可靠；

（3）电动机的接地电阻每年雨季前要测量是否符合要求；

（4）管线和阀门在冬季应采取防冻措施。

项目 6　石油化工火灾消防技术装备　　　　　　·141·

e　管道

管道的维护措施如下：

（1）长距离刚性管道应有防止热胀冷缩的设施，半固定式的管道接口应用闷盖封住，以防杂物和小动物进入管道，管道应有一定的坡度，平时应放空管内的残液或水；

（2）管道每年应冲洗一次，以清除管内锈屑和杂物；

（3）管道外面防锈涂层应保持完好。

f　供水设施

供水设施的维护措施如下：

（1）消防水池应保持正常水位，补水设施应处于正常状态；

（2）消火栓应完好，在冬季应有良好的保温措施；

（3）应定期放水，以检查启闭机构是否正常；

（4）消火栓附近不得堆放杂物，以保证消防车能够靠近。

6.3.5　海上平台消防水灭火系统的设置要求

消防水灭火系统是平台上的主要灭火设备。水消防系统设计为干式，系统满足任何一点消火栓水枪出口压力不小于 35m 水柱，每层平台能够被两支消防水枪从不同方向覆盖，油气处理压力容器及储油罐采用固定式喷淋冷却。根据《滩海石油建设工程安全规则》（SY 5747—1997），压力容器与储油罐喷淋冷却水供给强度分别取 $6.0L/(m^2 \cdot min)$、$2.0L/(m^2 \cdot min)$。储罐平台与油气生产平台之间采用水幕隔断，水幕系统供水强度，参考《自动喷水灭火系统设计规范》（GB 50084—2005）取 $2.0L/(s \cdot m)$，计划水消防最大用水量为 108L/s。

6.3.5.1　管路

消防水管路的设计应能满足消防泵同时操作所需的流量和压力要求。管路（特别是消防总管）应尽量布置在不易受损的被保护位置，当管路紧靠油气处理设备铺设时，则应考虑包敷阻火绝缘，在低温环境中作业的平台还应设有防止消防水管发生冻结的措施。消防水管路不应使用在热作用下易于失效的材料。

管路材料的选择应考虑耐火和防海水腐蚀性能。当使用碳钢材料时，应采取防腐措施；当使用玻璃钢管时，应符合有关国家或行业标准。

为隔离损坏的管段，在消防管路上，应按下列原则设隔离阀：

（1）分几个区段供水的应在每个分支处设隔离阀；

（2）环式供水系统应在环型总管上设适当数量的隔离阀。

6.3.5.2　消防泵

A　消防泵的配置数量

每一平台上应至少设置两台（一台主用，一台备用）消防泵，并应符合每一消防泵的排量不能低于 40m/h。当设有消防水炮时，则不应低于 $97m^3/h$。

总用泵、压载泵、舱底泵或卫生泵如果符合消防泵的要求，而且不会用来泵油，则可作为消防泵。

B 消防泵的排量

消防泵兼做泡沫系统的供水泵，其排量应再加上泡沫系统所需的水量。如果喷水灭火系统不设专用供水泵，则每台消防泵的排量，还应再加上喷水灭火系统保护的最大一个处所分区所需的水量。

C 消防泵、动力源及吸水源的布置

消防泵、动力源及吸水源的布置应保证当任何一个处所失火时，两台消防泵中至少一套有效。如果消防泵的原动机为柴油机，则应保证该机能在所遭遇的环境温度下随时可以启动，启动源的能量应能保证该原动机连续启动 6 次，柴油柜的容量设计应能保证消防泵连续工作 16h。若一台消防泵处所失火时，还能为另一消防泵的柴油柜供油 8h 以上，则柴油柜的容量仅满足消防泵连续工作 8h 的量。

为保证消防用水，高吸程平台上可以安装中间水柜和补水泵；从海中提取水的立管应有保护以防受损；在低温环境中作业的平台还应设有防冻措施。

中间水柜应设有低水位报警，在最低水位时供消防所用的水量不能低于 $10m^3$；服务于中间水柜的阀和泵，如果不可接近则可以进行遥控操作。

每台消防泵的吸口应设耐腐蚀的滤器。每台泵至消防总管的管段上应设截止阀，对于离心泵还应设止回阀。

D 消防泵的控制

设在无人管理处所的消防泵处，应存在中央控制室或驾驶台能够遥控启动泵及其相关的吸入阀和排出阀。

E 消防泵的压力

每台泵的输送压力应保证在任何两个消火栓通过消防水带和 19mm 水枪同时出水的情况下，能使任一消火栓处保持 0.35MPa 的最低压力。另外，如果备有用于保护直升机甲板的泡沫系统，则泵应能在泡沫系统保持 0.7MPa 的压力。

当泵为水炮、喷水灭火系统或其他泡沫系统供水时，应满足水炮、喷水灭火系统以及泡沫系统所需压力。

任何消火栓处的压力不应超过可有效控制消防水带所限制的压力。

如果消防泵所产生的压力可能超出管、栓、阀或水带的设计压力，则应在泵上设释放阀，其释放压力不应超过管路中任一部件的设计压力。

6.3.5.3 消火栓

每一消火栓应由阀和接扣组成，以便在消防泵工作时，可以拆卸任何消防水带。

A 消火栓的布置

消火栓的布置应至少能使两股不是由同一消火栓射出的水柱，从不同的方向上射到平台上、有任何失火危险的地方、在平台每层甲板的梯道口处，以及邻近每个区域或处所的出入口的地方。

B 消防水带

消防水带应由防腐、防霉、耐油和耐化学腐蚀的材料制成。每根消防水带配有一支水枪和必需的接头。本节所规定的每根消防水带应与其必要的配件与工具一起存放在消火栓或接头附近的明显部位，以备随时取用。

项目6　石油化工火灾消防技术装备　　　·143·

消防水带的长度不应大于 30m，在机器处所使用的消防水带般不大于 15m，由一人操作的消防水带，其直径不宜大于 38mm。每个消火栓处应备有一根消防水带，消防水带的存放方式应便于迅速投入使用。

C　消防水枪

标准水枪的口径为 13mm、16mm 和 19mm，一般在平台上尽可能配备口径为 19mm 的水枪，在流量达 7.5L/s 时，射程可达 17m，在流量为 6.5L/s，射程可达 15m。在起居、服务和机器处所内，以及机器处所外部位置可以使用 13mm 的水枪，可以有效减少火灾损失。

水枪应当采用直流和喷水喷雾形式的两用水枪，既可以对机器设备实施冷却、灭火，也可以对扩散的气体实施喷雾驱散。

D　消防水炮

在消防水枪不易达到的地方，根据需要可设置消防水炮。消防水炮可充分利用海水资源，有效发挥大流量、射程远的优点，控制火势的发展蔓延，冷却受到火势威胁的设备，消灭火灾。平台上设置的消防水炮应当满足灭火的实际需要，每一消防水炮的流量不能低于 57m³/h。

任务 6.4　石油化工室外消防给水系统

室外消防可以通过两种方式给水：一是利用消防车加水；二是直接从消火栓接上水带、水枪来实现灭火。室外消防供水工程满足灭火用水要求，是保证成功扑救火灾的重要设施，是整个消防工程的重要组成部分。

6.4.1　室外消防给水系统的类型及组成

6.4.1.1　类型

按其用途、水压要求、管网形式等可分为以下九种类型。

（1）生产、生活、消防合用给水系统。设置该系统可节省投资，且系统利用率高。一般城镇均采用这种消防供水形式。

（2）生产、消防合用给水系统。该系统主要适用于企事业单位，设置要求要保证生产用水达到最大时，仍能保证消防用水量，以确保消防用水时不会导致生产事故。在进行设备检修时，不会引起消防用水中断，以保证灭火用水。

（3）生活、消防合用给水系统。该系统主要适用于居住及商业物业小区，系统中的水经常处于流动状态，不会变质，便于日常维护检查，消防供水安全性较高。

（4）独立消防给水系统。该系统主要用于生产易燃、可燃液体污染性的工厂或可燃气贮罐区的工业区，提供独立给水，只在灭火时使用。一般都建成临时高压给水系统。

（5）高压消防给水系统。该系统管网内经常保持足够的水量和水压，火场上不需加压，直接在消火栓上接上水带、水枪实施灭火。

（6）低压消防给水系统。该系统管网压力较低（通过消防车或其他移动式加压设备加压），只负责消防给水，以满足灭火时水枪产生充实水柱的要求来达到灭火的目的。生产、生活、消防合用给水系统般采用这种消防给水系统形式。

（7）临时高压消防给水系统。该系统管网内平时压力较低，发生火灾时，及时开启消防泵，使系统成为高压消防给水系统。一般工厂或储罐区内多采用这种系统形式，而较少采用高压消防给水系统。临时高压消防给水系统应满足高压消防给水系统的要求。

（8）环状管网消防给水系统。该系统是指管网在平面布置上，干线各管段彼此首尾相连形成若干闭合环的给水系统。在环状管网上，管段上任一点的消防用水可由管段的两侧供给，因此供水安全。一般情况下，消防给水系统均应布置成环状管网，以确保消防用水的可靠性。

（9）枝状管网消防给水系统。该系统是指管网在平面布置上，干线成树枝状，分枝后干线彼此无联系。枝状管网消防给水系统其管网内的水流从水源地向用户（用水单位）单一方向流动。当某管段需要检修或遭到损坏时，其管段的下游就无水。因此，枝状管网供水不安全，城镇和重要的企事业单位，不应采用枝状管网消防给水系统。在城镇建设初期，某些部位可能难以布置成环状管网，可采用枝状管网但在重点保卫部位应设消防水池，并应考虑今后有形成环状管网的可能。在城镇郊区，当室外消防用水量不大于 15L/s 时，可采用枝状管网，其消防用水安全问题，由当地消防队予以解决。

6.4.1.2 组成

因室外供水系统的类型较多，因此系统的组成也不尽相同。室外消防给水系统一般由以下几部分组成。

（1）消防水源。消防水源是指储存消防用水的供水设施，消防水源应能提供足够的灭火和冷却用水，并有可靠的保证措施。

消防水源可分三类：第一类是市政供水（主要灭火用水）；第二类是天然水源；第三类是消防水池。其中，系统所采用的天然水源应符合下列要求：

1）水量确保枯水时期最低水位的消防用水量，必须保证常年有足够的水量；

2）水质消防用水应无腐蚀、无污染和不含悬浮杂质，以便保证设备和管道畅通及不被腐蚀和污染；

3）取水必须使消防车易于靠近水源，必要时可修建码头或回形车场等保障设施，同时应保证消防车取水时的吸水高度不大于 6m；

4）在寒冷地区应采取可靠的防冻措施，使冰冻期内的水仍能保证消防用水。

（2）消防水泵。大多数消防水源的消防给水，需通过消防水泵加压来满足灭火时对水压和水量的要求。设置固定消防水泵（或消防泵车）来满足灭火时的给水加压。

（3）消防管网。消防管网是输送消防用水的供水设施，如市政供水管网，将水厂中的水送到各个消火栓等消防用水设备。

（4）消火栓。消火栓是供灭火设备从消防管网取水的基本保证设施，又称消防水龙（含室内和室外两种）。

项目6 石油化工火灾消防技术装备

6.4.2 消防水池

消防水池是指人工建造的储存消防用水的构筑物，是天然水源市政管网等消防水源的一个重要补充。

6.4.2.1 设置要求

符合下列规定之一的，应设置消防水池：

（1）当生产、生活用水量达到最大时，市政给水管网或入户引入管不能满足室内、室外消防给水设计流量；

（2）当采用一路消防供水或只有一条入户引入管，且室外消火栓设计流量大于20L/s或建筑高度大于50m；

（3）市政消防给水设计流量小于建筑室内外消防给水设计流量。

6.4.2.2 一般消防水池

（1）当室外给水管网能保证室外消防用水量时，消防水池的有效容量应满足在火灾延续时间内室内消防用水量的要求；当室外给水管网不能保证室外消防用水量时，消防水池的有效容量应满足在火灾延续时间内，室内消防用水量与室外消防用水量不足部分之和的要求。当室外给水管网供水充足且在火灾情况下能保证连续补水时，消防水池的容量可减去火灾延续时间内补充的水量。

（2）补水量应经计算确定，且补水管的设计流速不宜大于2.5m/s。

（3）消防水池的补水时间不宜超过48h；对于缺水地区或独立的石油库区，不应超过96h。

（4）容量大于1000m³的消防水池，应分设成两个能独立使用的消防水池。

（5）供消防车取水的消防水池应设置取水口或取水井，且吸水高度不应大于6.0m。取水口或取水井与被保护建筑物（水泵房除外）外墙的距离不宜小于15m；与甲、乙、丙类液体储罐的距离不宜小于40m；与液化石油气储罐的距离不宜小于60m，如果采取防止辐射热的保护措施时，可减为40m。

消防水池储水或供固定消防水泵或供消防车水泵取用。对供消防车取水的消防水池规定如下。

（1）为便于消防车取水灭火，消防水池应设取水口或取水井。取水口或取水井的尺寸应满足吸水管的布置、安装、检修和水泵正常工作的要求。

（2）为使消防车水泵能吸上水，消防水池的水深应保证水泵的吸水高度不超过6m。

（3）为便于扑救，也为了消防水池不受建筑物火灾的威胁，消防水池取水口或取水井的位置距建筑物，一般不宜小于5m，最好也不大于40m。但考虑到在区域或集中高压（或临时高压）给水系统的设计上，这样做有一定困难。因此，一般规定消防水池取水口与被保护建筑物间的距离不宜超过100m。当消防水池位于建筑物内时，取水口或取水井与建筑物的距离仍须按规范要求保证，而消防水池与取水口或取水井间用连通管连接，管径应能保证消防流量，取水井有效容积不得小于最大一台（组）水泵 3min 的出水量。

（4）消防水池的保护半径不应大于 150.0m。

（5）消防用水与生产、生活用水合并的水池，应采取确保消防用水不作他用的技术措施。

（6）严寒和寒冷地区的消防水池应采用防冻保护设施。

6.4.2.3 高位水箱

高位消防水箱的消防储水量，一类公共建筑不应小于 $18m^3$。究竟如何理解规范，采用何值（对一类高层而言）才是"安全适用""经济合理"呢？$18m^3$ 是指 10min 消防总贮量，消防二字含义为所有消防手段（包括消火栓和自动喷水灭火系统），即不存在 $24m^3$ 或 $36m^3$ 的问题，说明如下。

（1）初起火灾不大，可能出现火灾层的上、下层同时"灭火"。

（2）不大可能有多人同时灭火，若有，那么在消火栓启用同时定会按启动消防泵之按钮，这样就不存在储量不够的问题了。这个时期（5~10min 内）自动喷水灭火系统一般不会动作，故 $18m^3$ 储水量即使是有 4 股水柱工作，则 10min 也只用去 $12m^3$，仍有 $6m^3$ 未动用。另外，有的设计者在高位水箱的消火栓系统出水管上设置水流指示器（设置与否有争论），当消火栓动用后，即使无人按消火栓箱处启动水泵按钮，因水流指示器动作，消防控制室有灯光和音响信号，值班人员可依据情况启动或"延时"启动消防泵。因此，一般不主张设水流指示器，更不主张由水流指示器信号经控制柜直接启动消防泵。

当发生火灾时无人在现场（如娱乐场所、仓库等），只有自动喷水灭火系统工作，并且该系统只要有一个喷头动作，压力开头将在 60s 内动作发出电信号，向控制中心报警，并经控制箱切换启动消防泵。即使几个喷头动作，$18m^3$ 储水量也仅仅动用约 $\frac{1}{3}$。

当自动喷水灭火系统不理想，火灾蔓延、扩大，消防队到达现场，消火栓开始使用时，早已不是 10min 的问题了，直接启动消防供水灭火。此时高位水箱中仍有相当量的储水。

初起火灾在 5~10min 后，消防队才到达现场，在此之前一般说来，消防泵应没有启动，如果启动了就不存在 $18m^3$ 储水量够不够用的问题。如果没有启动，则高位水箱位下降到低水位（即消防储量水位）时，生活水泵将启动供水。也就是说，在火灾发生后的 5~10min 内，生活水泵继续供水 5~10min，这样因消防储量已动用。实际上，生活泵供水基本上是供给了消防用，因水位已可能是在消防储量以下，生活出水管无水可出，即说明供 10min 内消防用水量不止 $18m^3$，是够用的。

如果是超高层建筑或普通一类高层，因水箱设置高度不够而设置增压系统，那么对于高区（或称为上区）消防来说，高位水箱的消防储水量单单对直接灭火而言，其意义几乎为零。当然，为了使增压系统正常工作，高位水箱的消防储量仍然是必须的。

项目6　石油化工火灾消防技术装备　　　　　·147·

6.4.2.4　玻璃钢消防水池

玻璃钢消防水池是采用玻璃纤维、高分子树脂等高强度耐酸碱材料一次成形。其特点是轻质高强，密封性好，永不渗漏，安装施工方便快捷，可用于消防、消防车和各类建筑小区、施工工地消防蓄水等。

6.4.2.5　混凝土消防水池

预制混凝土消防水池的特点是：结实耐用，抗压强度高，可安装于道路及停车位下，施工完成后可通过50t载重汽车。该消防水池已应用于消防蓄水和海绵城市的地下蓄水等各种蓄水工程中，起到人工现场制作及玻璃钢制品无法达到的效果。产品规格同玻璃钢消防水池，有3~50m³共10个型号可供选用，容量超过50m³可采用多个产品串联或并联方式拼装使用。

6.4.3　石油化工室外消火栓

室外消火栓一般设置在建筑物的外边，其作用是供消防车取水。而高压管网上的室外消火栓可直接连接消防水带、水枪灭火。

6.4.3.1　室外消火栓的类型

地上式消火栓由本体、进水弯管、闭塞、出水口和排水口组成。地上式消火栓有直径100mm、150mm两种型号，特点是露在外面标识明显，出水操作方便。地下式消火栓主要由弯头、排水口、阀塞、丝杆螺母、出水口等组成，型号有直径65mm、100mm两种，特点是设置在消火栓井内，不易冻结和损坏；但操作不方便，标识不明显。

6.4.3.2　室外消火栓的流量

室外消火栓的流量应根据火场供水的要求来确定。对于低压给水系统，一个消火栓通常只供一辆消防车、两支水枪用水。火场要求充实水柱长度为10~15m。每支水枪喷嘴口径按19mm计，则流量为5~6.5L/s，两支水枪流量为10~13L/s。加上接口、水带的漏损，每个消火栓的流量按10~15L/s计算。

6.4.3.3　室外消火栓压力和最大间距

低压消防给水系统在生产、生活和消防用水量达到最大时，最不利点处消火栓的压力不应小于100kPa（10m水柱），考虑到消防车取水的水头损失（约86kPa）和车罐的标高差静压（约15kPa）在充裕条件时，可提高到150kPa较为适合。

高压消火栓最不利点处的压力和最大间距可通过计算确定。

6.4.3.4　室外消火栓的操作及维护

A　操作

（1）使用地上消火栓时，用消防扳手沿顺时针方向打开出口闷盖，接上水带或吸水管，再用消防扳手打开阀塞，即可供水。

（2）使用后，应关闭阀塞，上好出水口闷盖。

（3）使用地下消火栓时，先打开井盖，拧下闷盖，再接上消火栓与吸水管的连接器（也可将吸水管接到出水口上），或接上水带，用消防扳手打开阀塞，即可供水。使用完毕后复位。

B　维护

（1）清除阀塞启闭杆端部周围的杂物，将消防扳手套于杆头，检查是否合适，转动启闭杆，加注润滑油。

（2）用油纱头擦洗出水口螺纹上的锈渍，检查闷盖内的橡胶垫圈是否完好。

（3）逐个打开消火栓，做水性能测试，检查供水情况，放掉锈水后再关闭，并观察有无漏水现象。

（4）如果有红色涂料剥落，应及时补涂。

（5）不得圈埋、圈占消火栓；发现附近有障碍物、绿化等时，应及时清除；井内积聚的垃圾、砂土等杂物亦应及时清除。

（6）消火栓不能挪作他用，以保证消防给水充足。

（7）室外消火栓应定期抽检（出水性能试验）。

（8）凡发现冒水、滴漏、锈死和开启不灵时，应立即维修，并涂以润滑油保养。

任务 6.5　石油化工消防车

消防车又称灭火车，是专门用作灭火或其他紧急抢救用途的车辆。消防车按功能可分为泵车（抽水车）、云梯车和其他专门车辆。消防车通常驻扎在消防局内，遇上警报时由消防员驾驶开赴现场。多数地区的消防车都是喷上鲜艳的红色（部分地区亦有鲜黄色的消防车），在车顶上设有警号及闪灯。消防车是装备各种消防器材、消防器具的各类消防车辆的总称，是目前消防部队与火灾做斗争的主要工具，是最基本的移动式消防装备。消防车的质量水平，反映出了国家消防装备的水平，甚至体现该国整个消防事业的水平。经过一百多年的发展，如今的消防车已包括多种门类。

水罐消防车仍然是消防队最常备的消防车辆。车上除了装备消防水泵及器材以外，还设有较大容量的储水罐及水枪、水炮等，可将水和消防人员输送至火场独立扑救火灾。它也可以从水源吸水直接进行扑救，或向其他消防车和灭火喷射装置供水，适合扑救一般性火灾。

用化学灭火剂扑灭特殊火灾，代替用水来灭火，这是千百年来灭火方法的一次革命。1915年，美国国民泡沫公司发明了世界上第一种以硫酸铝和碳酸氢钠制成的双粉泡沫灭火药粉，很快这种新的灭火材料也在消防车上使用。

泡沫消防车主要装备消防水泵、水罐、泡沫液罐、泡沫混合系统泡沫枪、炮，以及其他消防器材，可以迅速喷射发泡 400~1000 倍的大量高倍数空气泡沫，使燃烧物表面与空气隔绝，特别适于扑救石油及其产品等油类火灾。

干粉消防车主要装备干粉灭火剂罐及整套干粉喷射装置、消防水泵和消防器材等,可以扑救可燃和易燃液体、可燃气体火灾、带电设备火灾,也可以扑救一般物质的火灾。对于大型化工管道火灾,扑救效果尤为显著,是石油化工企业常备的消防车。

随着现代建筑水平的提高,高层建筑越来越多、越来越高,消防车也随之发生了变化。云梯消防车上的多级云梯可以直接将消防队员送到高层楼上的失火地点及时救灾,可以将被困在火场的遇险者及时救出,极大地提高了灭火救灾的能力。如今,消防车已经有了越来越专业化的区分,比如二氧化碳消防车主要用于扑救贵重设备、精密仪器、重要文物和图书档案等火灾;机场救援消防车专用于飞机失事火灾的扑救和营救机上人员;照明消防车为夜间灭火、救援工作提供照明;排烟消防车特别适宜于扑救地下建筑和仓库等场所火灾时使用等。

6.5.1 常用消防车的分类

6.5.1.1 泵浦消防车

泵浦消防车上装备消防水泵和其他消防器材及乘员座位,以便将消防人员输送到火场,利用水源直接进行扑救,也可用来向火场其他灭火喷射设备供水。国产泵浦消防车多数为吉普底盘和 BJ130 底盘改装,适用于有水源的道路狭窄的城市和乡镇。

泵浦消防车如图 6-3 所示。

图 6-3 泵浦消防车

6.5.1.2 水罐消防车

水罐消防车上除了装备消防水泵及器材以外,还设有较大容量的储水罐及水枪、水炮等。该类车可将水和消防人员输送至火场独立进行扑救火灾它也可以从水源吸水直接进行扑救,或向其他消防车和灭火喷射装置供水。在缺水地区也可作供水、输水用车,适合扑救一般性火灾是公安消防队和企事业专职消防队常备的消防车辆。

水罐消防车如图 6-4 所示。

图 6-4　水罐消防车

6.5.1.3　泡沫消防车

泡沫消防车适用于扑救石油及其产品等油类火灾，也可以向火场供水和泡沫混合液，是石油化工企业、输油码头、机场以及城市专业消防队必备的消防车辆。

高倍泡沫消防车装备高倍数泡沫发生装置和消防水泵系统，可以迅速喷射发泡400~1000倍的大量高倍数空气泡沫，使燃烧物表面与空气隔绝，起到窒息和冷却作用，并能排除部分浓烟，适用于扑救地下室、仓库、船舶等封闭或半封闭建筑场所火灾，效果显著。二氧化碳消防车主要装备有二氧化碳灭火剂的高压储气钢瓶及其成套喷射装置，有的还设有消防水泵，主要用于扑救贵重设备、精密仪器、重要文物和图书档案等火灾，也可扑救一般物质火灾。干粉消防车主要装备干粉灭火剂罐及整套干粉喷射装置、消防水泵和消防器材等。

泡沫消防车如图 6-5 所示。

图 6-5　泡沫消防车

6.5.1.4　泡沫干粉联用消防车

泡沫干粉联用消防车主要使用干粉扑救可燃和易燃液体、可燃气体火灾、带电设备火灾，也可以扑救一般物质的火灾。对于大型化工管道火灾，扑救效果尤为显著。该类车是石油化工企业常备的消防车。泡沫－干粉联用消防车车上的装备和灭火剂是泡沫消防车和干粉消防车的组合，它既可以同时喷射不同的灭火剂，也可以单独使用，适用于扑救可燃气体、易燃液体、有机溶剂和电气设备以及一般物质火灾。

6.5.1.5 机场救援消防车

机场救援消防车专用于飞机失事火灾的扑救和营救机上人员，是一种大型化学消防车。其特点是车上装载着大量的水和一定比例的泡沫灭火剂及干粉灭火剂，还配备有各种消防救援装备和破拆工具，车辆具有良好的机动性能和越野性能，并可在行进中喷射灭火剂。这与一般灭火消防车有显著的区别。

机场救援消防车如图 6-6 所示。

图 6-6　机场救援消防车

6.5.1.6 登高平台消防车

登高平台消防车上设有液压升降平台，可供消防人员进行登高扑救高层建筑、高大设施、油罐等火灾，营救被困人员。

6.5.1.7 举高喷射消防车

举高喷射消防车上装备有折叠、伸缩或组合式臂架、转台和灭火喷射装置，如图 6-7 所示。

图 6-7　举高喷射消防车

6.5.1.8 云梯消防车

云梯消防车上设有伸缩式云梯，可带有升降斗转台及灭火装置，供消防人员登高进行灭火和营救被困人员，适用于高层建筑火灾的扑救，如图6-8所示。

图6-8 云梯消防车

6.5.1.9 通信指挥消防车

通信指挥消防车上设有电台、电话、扩音等通信设备，是供火场指挥员指挥灭火、救援和通信联络的专勤消防车。

6.5.1.10 照明消防车

照明消防车上主要装备发电和照明设备（发电机、固定升降照明塔和移动灯具），以及通信器材。为趁夜间灭火、救援工作提供照明，并兼作火场临时电源供通信、广播宣传和用作破拆器具的任务。

6.5.2 消防车奔赴火场的注意事项

消防车在奔赴火场及到达火场后，占据灭火有利位置，迅速投入灭火作战。

（1）消防车在奔赴火场的行驶过程中，必须确保安全迅速行驶。消防车应选择距火场最近的消防车通道行进。多台车出动时，各车间保持足够的安全距离（50～80m为宜）行进。到达火场后，切忌多台车同时进入同一作战区域，以妨碍火场指挥员调动车辆及时投入灭火战斗，进而延误战机。

（2）消防车驾驶员在火场上必须坚决服从火场指挥员的指挥，机智灵活地执行指挥员的命令，保证整个灭火战斗的顺利实施。在火情发生不可逆转的变化，直接危及消防车安全的情况下，可以先把车辆转移到较为安全的地方继续投入战斗，并及时报告车辆停放位置。

6.5.3 消防车的操作要求

6.5.3.1 特种消防车

（1）消防车辆进入火场后，应当按照火场指挥员指定的位置停稳车辆。车辆的

项目6 石油化工火灾消防技术装备　　·153·

停放姿态能够满足对火场进攻与撤退的需要，必须确保灵活自如地随时撤出危险位置。车辆发动机必须保持运转状态切不可盲目熄火，贻误战机。消防车开始供水时，应逐步升高水压避免因水枪的反作用力以及突然升压产生的水锤现象造成战斗人员伤亡或水带爆破，影响灭火救援工作的顺利开展。消防水带在铺设过程中，如果要通过公路和地面有锐利物品（如火场常见的碎玻璃）时，要做好水带的保护，防止水带被割伤爆裂和汽车通过碾压水带影响救火。

（2）在接入水源的过程中，应注意消火栓供水压力是否能够满足消防车需要。调取天然水源应注意河塘的水深情况、淤泥情况等，防止过浅水深以及进水管吸水口受淤泥影响而导致火场供水中断。

（3）在水源离火场超过消防车的直接供水能力时，应采用消防车接力供水方式进行火场供水。供水车驾驶员应注意受水车溢水管的溢水情况，保持适当的供水量。在后车无法观察前车的溢水情况时，前车驾驶员可以打开本车水罐上部的人孔，防止因供水量过大发生的涨罐现象。在供水过程中，受水车应选择坚硬的路面停放，在无法停放坚硬路面时，应采取必要的措施，防止因溢水而使车辆陷入泥潭。直接耦合接力供水时，应尽量使用同一型号的消防车辆，各车之间必须相互协调，防止因操作不当使供水中断。在直接供水压力较高时，应注意保持适当水压，防止伤及战斗人员。

6.5.3.2　泡沫消防车

火场中正确使用泡沫消防车（炮车）是扑灭石油化工类火灾的基础。

泡沫消防车（炮车）是扑救石油、化工、厂矿企业、港口货场等火灾的必要装备。该类车同时具有水罐消防车的性能，因此，正确使用泡沫消防车对每位火场指挥员来说，都是一个值得重视的问题。泡沫消防车所具备的特殊性能，决定了这种消防车面临的火场大多数为石油化工等危险性较大的火灾现场。这类火灾具有燃烧速度快、火场情况变化多、爆炸燃烧概率大，以及对消防车及战斗人员的威胁大等特点。因此，为了使泡沫消防车到达火场有利位置后，能够迅速展开灭火战斗，必须注意以下几点。

（1）泡沫消防车应当用侧后部对向火场，迅速出水，增至适当压力（以东风消防车为例，使用 PQ8 枪时压力不小于 0.686MPa，使用车载炮时压力不小于 0.785MPa）后，打开压力水旋塞，再打开泡沫罐出液球阀，将混合器调至适当位置，对准火焰中心，喷射泡沫液。

（2）当使用泡沫炮枪进行近战时，应当根据火势情况对消防车进行必要的保护，可用石棉布遮盖车体，需要时可并用水雾水掩护。

（3）在整个灭火战斗过程中，驾驶员必须坚守岗位，不断注意本车泡沫液的即时余量，及时加注泡沫液。泡沫液一旦用尽再加注，必然影响整个灭火战斗行动。

6.5.3.3　防止水锤

有压力的水在管道、消防水带内流动时，由于消防阀门、消火栓水枪等的迅速关闭以及车辆自重等重物跨压水带，管道、消防水带内的水流瞬时停止流动，从而造成管道、消防水带内的水压瞬时升高。升高的水压对管道、消防水带等的作用，如同锤击一样，这样的现象称为水锤作用。水锤作用形成管道、消防水带内增加的压力可达到几个甚至几百个大气压，造成管道、消防水带等消防设备、器材的损坏，直接影响火场救援工作。因此，在消防救援中，必须防止发生水锤作用。

6.5.3.4　干粉车

干粉车和干粉泡沫联用消防车的日常维护，以及火场使用的注意事项如下。

（1）定期检查干粉罐内的干粉是否结块，加入干粉时要防止杂物混入其中。

（2）每5年按照规定压力对干粉罐进行1次水压和气密试验，保持3min，压力表值不应下降，各焊接处不应有渗漏和异常现象。

（3）干粉枪（炮）用后应及时吹扫内腔，以免腐蚀、堵塞干粉枪（炮）。

（4）经常检查氮气、干粉管路接头、阀门情况，发现问题，及时解决。每3个月检查1次氮气钢瓶内的压力，当瓶内压力低于12MPa时，应当重新充气。

（5）干粉车（干粉泡沫联用车）在火场使用时应根据火场的实际情况，准确地计算出扑灭火灾所需要的干粉量，同时使干粉车（干粉泡沫联用车）尽可能靠近火源，瞄准火点，力求一次扑灭成功。在使用干粉车进行石油化工类火灾救援时，火场指挥员应根据需要调集相应的力量，做好掩护工作，同时应考虑运用泡沫车随后进攻，防止复燃，为成功扑救火灾提供有力的保证。

思考题

6-1　简述固定式气体检测报警系统的结构和特点。
6-2　气体检测报警系统维护中应注意什么？
6-3　自动报警系统由哪些部件组成？
6-4　自动报警系统日常如何维护？
6-5　简述不同自动喷水灭火系统的技术特点。
6-6　简述室外消防给水系统的类型。
6-7　消防给水系统由哪些部分组成？
6-8　简述石油化工消防车的分类。
6-9　消防车的操作要求有何不同？
6-10　奔赴火场要注意什么？

项目 7　石油化工火灾应急救援技术及案例

任务7.1　石油化工道路运输事故救援技术

近年来，随着石油化工产业的迅猛发展，化工原料和产品运输需求旺盛。道路运输以其机动灵活、方便经济的特点，在危险化学品运输中占有极其重要的地位，特别是危化品从生产、储存向消费领域转移时，以车辆道路交通运输为主。有关部门的统计数据显示，我国通过车辆道路交通运输的危险化学品在2亿吨左右，相关运输车辆超过12万辆，规模庞大。

道路运输过程中，由于运输车辆处于移动状态，受热、振动、追尾、碰撞、摩擦、坠落等不安全因素，以及道路交通事故容易导致车辆盛装容器和相关辅助设施发生断裂、击穿、破裂、损坏，引发运输危险化学品的泄漏、燃烧、爆炸险情。本任务在介绍相关知识的基础上，较为系统地阐述了LPG、LNG、CNG罐车的结构，针对每种罐车可能出现的灾情和事故特点，归纳总结了相应的灭火救援措施。

道路运输罐车类型繁杂、数量巨大，约占货车总数的18%，其运输介质种类众多，属性复杂。了解罐车的基本分类、运输管理等基础知识，有助于处置人员对道路运输罐车进行全面、深入的了解，为科学处置提供重要支撑。

7.1.1　道路运输罐车分类

罐车是指车体呈罐形的运输车辆，按运输方式，罐车可以分为铁路运输罐车和道路运输罐车两大类。道路运输罐车主要用于装运各种液体、液化气体和粉末状固体，包括汽油、原油、各种黏油、植物油、酒精、各种酸碱类液体、液氨、石油液化气、液化天然气、压缩天然气、水泥、氧化铅粉等；按运输的危险化学品介质理化性质，道路运输罐车可分为储罐车、液罐车、气罐车、粉罐车等。按拖挂方式，可分为拖挂式和半挂式。

7.1.1.1　按运输介质分类

（1）储罐车。储罐车一般用于装运汽油、煤油、柴油等成品油，不可以装运其他的任何介质。常见的汽油、柴油加油车和运油车均属于储罐车的范畴。

（2）液罐车。根据装载、运输液体理化性质不同，液罐车分为以下三类。

1）主要用于装载、运输第三类易燃危险化学品液体的罐车。常见的运输介质有酒精、乙二醇等醇类、苯类等易燃化工。这类罐车不允许设车载加油机，也不能装载任何柴油、汽油。

2）主要用于装载、运输第八类腐蚀危险化学品液体的罐车。运输介质有硫酸、盐酸、氢氧化钠、油漆原液、甲醛等强酸强碱性液体。这类罐车的罐体通常进行防腐处理，并配有专用的化工泵。

3）主要用于装载、运输一般化工液体的罐车。运输介质有润滑油、食用油、石蜡、洗井液、供井液等普货液体。此类罐车装载运输介质不属于危险品，危险性较小。

（3）气罐车。根据装载、运输气体状态不同，气罐车分为两类。

1）主要用于装载、运输第二类液化气体危险化学品的罐车。运输介质有甲烷、丙烷、液化石油气（LPG）、液化天然气（LNG）液体等。这类罐车也不能装载任何柴油、汽油。罐体一般为不锈钢材质，分为常温罐车和低温罐车两种。

2）主要用于装载、运输第二类压缩气体危险化学品的罐车。常见的运输介质有压缩天然气（CNG）等。这类罐车罐体一般具备耐高压功能。

（4）粉罐车。粉罐车全称为粉粒物料运输车，主要用于装载、运输粉煤灰、水泥、石灰粉、颗粒碱等直径不大于0.1mm粉粒干燥物料的散装运输。此类罐车一般危险性较小。

从罐车的压力设计来看，储罐车、液罐车和粉罐车都属于常压罐车，气罐车则属于压力容器。从装运介质看，粉罐车危险性小，储罐车装运汽油、柴油较为常见；液罐车装运液态危险化学品，气罐车装运压缩气体、高压液化气体及冷冻液化气体，危险性较大。

7.1.1.2　按拖挂方式分

罐车的拖挂方式有固定式和半挂式两种。固定式是指与罐体行走装置或者框架采用永久性连接组成的运输车；半挂式是指罐体通过牵引销与半挂车头相连接的罐车。发生事故时，当考虑要起吊事故车辆时，要根据罐车的拖挂方式选择相应的方法。此外，固定式和半挂式LPG罐车的紧急切断阀安装形式、操作方式也有所不同。

7.1.2　危险化学品道路运输管理

我国对危险化学品道路运输有着严格的管理规定，《安全生产法》《中华人民共和国道路交通安全法》《道路运输条例》《危险化学品安全管理条例》《道路危险货物运输管理规定》等法律法规，对危险化学品货物的运输有具体的规定和要求。消防部队掌握相关管理规定，在事故处置过程中，保持与职能部门联动协同，可快速、有效获取事故罐车装运介质、理化性质、生产使用企业、装运数量、运输路线等重要信息。

7.1.2.1　主管部门和职责

我国对危险化学品道路运输负有安全监督管理责任的部门，主要有安全生产监督管理、交通运输、公安机关、工业和信息化、工商行政管理、质量监督检验检疫等部门。上述部门主要负责：

（1）组织确定、公布、调整危险化学品目录，组织建立危险化学品安全管理信息系统；

（2）开展危险化学品运输车辆的登记、道路交通安全管理，划定危险化学品运输车辆限制通行区域；

（3）负责核发危险化学品道路运输企业及其从业人员、运输车辆装备、包装物、容器的生产、经营、使用、从业资格许可，核发危险化学品生产、储存、经营、运输企业营业执照；

（4）负责危险化学品生产、使用、经营、运输过程的监督管理，以及违法行为的查处。

7.1.2.2　运输人员规定和要求

法律法规对从事危险化学品运输人员具有严格的从业要求。运输人员应通过专门的培训，并经过交通运输主管部门的考核方可持证上岗，对所承运的危险化学品理化性质、装运量、危害特性、基本处置方法要求有一定的了解和掌握。

在危险化学品运输过程中，除驾驶员外还配备押运人员，确保危险货物处于押运人员监管之下。驾驶人员（或押运人员）在运输过程中，随车携带从业资格证、道路运输证、道路运输危险货物安全卡等，证件上可查明允许运输的危险货物类别、项别或者品名等信息。危险货物托运人托运危险化学品的，还应当提交与托运的危险化学品完全一致的安全技术说明书和安全标签。在处置过程中，要尽可能第一时间询问运输员、押运员等第一责任人，筛选正确有效信息，为后期的处置提供支撑。

7.1.2.3　运输车辆规定和要求

从事危险化学品道路运输的专用车辆应符合国家标准要求的安全技术条件，并在相关职能部门有详细备案，备案信息包括：

（1）车辆类型、技术等级、总质量、核定载质量、车轴数及车辆外廓尺寸；

（2）通信工具和卫星定位装置配备情况；

（3）罐式专用车辆的罐体容积；

（4）罐式专用车辆罐体载货后的总质量与车辆核定载质量相匹配情况；

（5）运输剧毒化学品、爆炸品、易制爆危险化学品的专用车辆核定载质量；

（6）压力容器检验期限等有关情况。

专用车辆按照国家法律、法规的规定，根据车辆用途、载客载货数量、使用年限等不同情况，定期进行安全技术检验。载货汽车10年以内，每年进行1次安全技术检验，超过10年的，每6个月检验1次。

专用车辆按照国家标准《道路运输危险货物车辆标志》的要求悬挂标志，对装运介质名称、数量、危害特性、处置措施等有明显标识。

处置运输罐车事故时，要根据上述知识了解罐体使用年限、危化品标识等情况，根据上述知识对罐体进行初步研判。需要特别指出的是，尽管我国从法律、制度、监管上都对危化品运输罐车实行严格的监管监控，但在实际操作过程中，运输罐车不按设计、不按要求、超负荷运载、不按标识装运等情况时有发生，在实际处置过程中，既要第一时间通过观察、询问掌握第一手信息，更要进一步核实、研判，切忌情况不明时盲目采取行动。

随着新能源的不断开发与利用，运输 LPG（液化石油气）、LNG（液化天然气）、CNG（压缩天然气）的罐车数量激增。LNG 罐车属于低温低压移动容器、LPG 罐车属于常温中高压移动容器、CNG 罐车属于常温中高压移动容器。相比于其他罐车，这三类罐车火灾危险性较大、结构复杂，一旦发生事故，极易发生泄漏、火灾爆炸事故，给人民群众生命财产、道路交通安全带来严重的威胁与损失，对消防部队专业化处置要求较高，是消防部队必须面对的新问题、新挑战。因此，消防部队有必要全面加强对 LPG、LNG、CNG 道路罐车储运介质性质、结构特征、安全附件知识的掌握，提高事故应对能力。

7.1.3 石油化工危险品的性质

7.1.3.1 理化性质

LPG、LNG、CNG 属于液化气体和压缩气体，是指经过液化、压缩或加压溶解的气体。当受热、撞击或强烈震动时，容器内压力会急剧增大，致使容器破裂爆炸，或导致气瓶阀门松动泄漏，酿成火灾爆炸事故。

A 液化石油气理化性质

液化石油气（LPG，Liquefied Petroleum Gas）是一种透明、低毒、有特殊臭味的无色气体或黄棕色油状液体，闪点 −74℃，沸点 −42 ~ 0.5℃，引燃温度 426 ~ 537℃，爆炸极限 1.5% ~ 9.65%，不溶于水，气化时体积扩大 250 ~ 350 倍。液化石油气气态密度较大，为空气的 1.5 ~ 2 倍。

LPG 有低毒，中毒症状主要表现为头晕、头痛、呼吸急促、兴奋、嗜睡、恶心、呕吐、脉缓等，严重时会出现昏迷甚至窒息死亡。直接接触 LPG 会造成冻伤，对人体有麻醉作用和刺激作用。

LPG 的主要成分是 C_3、C_4，主要包括丙烷、正丁烷、异丁烷、丙烯、1 − 丁烯、异丁烯、顺 2 − 丁烯、反 2 − 丁烯八种。LPG 汽车罐车的介质充装比（质量分数）通常为 60% 丁烷、30% 丙烷和 10% 的烯烃、炔烃类碳三、碳四。不同厂家的产品，或同一厂家不同批次的产品，各种烷烃、烯烃的含量会在此基础上有所差异。

需要特别注意的是，装载丁二烯的运输车辆不能轻易采取倒罐法处置。丁二烯在常温下能与氧气反应，在金属铁离子的催化作用下，生成过氧化物聚合物，这是一种极不稳定的物质，它在外界的撞击力、摩擦、冲击、热刺激等作用下容易发生爆炸。装载有丁二烯的 LPG 罐车一般会在罐体上进行特别标识。

B 压缩天然气理化性质

压缩天然气（CNG，Compressed Natural Gas）是指压缩到压力大于或等于 10MPa 且不大于 25MPa 的气态天然气，是天然气加压并以气态储存在容器中。它与管道天然气的组分相同，主要成分为甲烷（CH_4）。CNG 可作为车辆燃料使用，是一种无色、无味、无毒且无腐蚀性的气体，在低温高压下可变成液体，临界温度为 −82.11℃，临界压力为 4.64MPa，爆炸下限 5%，爆炸上限 15%。CNG 不溶于水，比空气轻，气态密度常态下约为空气的 0.5548 倍。

CNG 的主要危险性在于易燃易爆的特性。此外，CNG 还具有沸腾与翻滚、麻醉、窒息、高压气体切割等危险。

7.1.3.2 LPG、LNG、CNG 罐车结构

LPG、LNG、CNG 罐车因储存介质不同，其结构和安全附件有一定差异。在事故处置过程中，了解三类储罐具体差异细节，熟悉结构及安全附件设计特点，才能确保事故处置过程的安全、科学、高效。

A LPG 道路运输罐车结构及安全附件

按照功能来划分，LPG 罐车主要包括底盘、罐体、装卸系统与安全附件四个部分。LPG 罐车是用于道路运输液化石油气的特种车辆，从外部来看主要由罐体、安全阀、检修人孔、液位计、阀门箱及前支座等构成。罐体的设计压力为 $1.8 \sim 2.2 MPa$，设计温度为 50℃。目前，国内主要使用的液化石油气汽车罐车分为半拖挂式和固定式两种。

B LPG 罐车内部结构及装卸系统

为保证装卸液化石油气时液相和气相的平衡，罐体内设有液相管线和气相管线，液相管线处于罐体下方，气相管线处于罐体上方。为防止在运输过程中物料对罐壁的冲击，以及减少车辆转弯产生的离心力，罐体内部安装有防波板进行分隔，罐体后部安装有滑管式液位计。

装卸系统位于罐体两侧的操作箱内，分为液相进料管线及接口和气相排气管线及接口。液相管线分别设有液相管路控制阀、液相管路紧急切断阀、液相管路泄压阀；气相管线分别设有气相管路控制阀、气相管路紧急切断阀、气相管路泄压阀。在 LPG 装卸过程中管道内都带压操作，LPG 装卸完成后，打开液相管路泄压阀和气相管路泄压阀排空连接管压力，便于拆卸充装连接管。

C 安全附件

安全附件主要包括紧急切断阀、消除静电装置、安全泄放装置、液位计、压力表、温度计等，在事故处置过程中各自具有重要作用。

a 紧急切断阀

紧急切断阀是 LPG 罐车运输设备中重要的安全附件，液相紧急切断阀和气相紧急切断阀安装在罐车底部，分别设置在液相管路和气相管路上。其主要作用是出现意外时，实施液/气相管路紧急切断，阻止液相或气相的泄漏，防止事故发生。紧急切断阀常用的有液压式、机械牵引式两种。

紧急切断阀安装在罐底部气相、液相进出料阀门之前，固定式罐车一般采用机械牵引式紧急切断阀，机械牵引式紧急切断阀控制拉杆在阀箱和车辆尾部两处设置，用钢丝绳连接，事故状态手动推拉阀门箱或车辆尾部拉杆，即可打开或关闭紧急切断阀。半拖挂式罐车一般采用液压式紧急切断阀，液压式紧急切断阀由紧急切断阀手摇液压泵、液压控制阀、液压管路组成。罐车装卸 LPG 时，连续摇摆手动摇臂给液压泵加压，液压管路传递压力到液压控制阀，将紧急切断阀开启装卸车作业。事故状态时，将手摇液压泵液压转换开关，或设在车尾部的液压管路泄压阀开启，液

压管路泄压紧急切断阀即关闭。液压控制开关和易熔塞一般安装在车体尾或车体下部，在液压加压泵失效时，也可通过破拆易熔。

b 消除静电装置

消除静电装置在装卸作业时，高速运动的石油液化气由于摩擦作用，或是汽车在运行过程中，会产生数千伏甚至上万伏的静电电压，如果不及时消除，有可能引起火灾或爆炸。

消除静电装置是罐车在装运过程中，在罐体、管路、阀门和车辆底盘间设置的导电良好的静电接地装置，该装置严禁用铁链代替。

c 安全泄放装置

安全泄放装置主要指安全阀与爆破片组合的安全泄放装置。此装置的安全阀与爆破片串联组合，并与罐体气相相通，设置在罐体上方。安全阀有凸起式和下凹式两种。在罐体内超压时会自动跳起进行泄压，因此在处置过程中严禁对安全阀进行射水，防止安全阀冻结影响泄压。

d 液位计

液位计是用来观察与控制罐车充装液体量（容积或质量）的装置，一般设于罐车尾部，常用的有螺旋式、浮筒式和滑管式。当罐车倾翻角度大于30°时，液位计会失灵，即无法根据其判断液位。

使用时，旋松固定螺帽，逆时针旋转把手，待把手指针自动顺时针旋转，排放口出气相时的指针刻度即罐车液位。

e 压力表

压力表是用来监测罐内压力的装置。位于罐车的侧操作箱内，LPG 罐车的设计压力为 1.6 ~ 2.2MPa。由于碰撞翻滚、热辐射、超温等原因可能导致罐体超压，在事故处置过程中要严格监控压力表的度数对相应灾情进行评估，观察压力表过程必须打开紧急切断阀，否则容易导致误判。

f 温度计

温度计是用来监测罐内介质温度的装置，位于罐车的侧操作箱。在事故处置过程中，温度控制有时比压力更加严格，因为液化石油气的体积膨胀系数是同温度水的 10 ~ 16 倍，当温度升高到罐体设计安全系数值时，安全阀会频繁跳起，严重者甚至会造成管线、罐体破裂或物理爆炸。观察温度计过程必须打开紧急切断阀，否则容易导致误判。

7.1.3.3 LNG 道路运输罐车结构及安全附件

A LNG 罐车罐体及外观结构

a 罐体

LNG 罐车的罐体通过 U 形副梁固定在汽车底盘上，罐体夹层内为真空粉末绝热卧式夹套容器，由内胆和外壳套合而成。LNG 罐车属于三类压力容器，设计温度为 -196℃。此类罐体材质为低压双层低温钢，所以事故处置过程中的泄压极为重要。

b 外观结构

LNG 罐车由底盘、燃料箱、增压蒸发系统、安全帽、紧急泄压口、操作箱等组成，发动机行车燃料箱分为柴油燃料箱和 LNG 燃料箱两种。安全帽及爆破板是用于泄压的装置，管路控制系统集中布置在尾部后操作箱内。有的 LNG 罐车自带增压蒸发器，一般置于车的后胎前侧，其作用是低温 LNG 液体经蒸发气化后返回罐体内将液相的 LNG 导出。

B　LNG 罐车管路控制系统

LNG 罐车的管路操作系统集中设置在罐体后部的操作箱内，操作箱内管路阀门较多，主要由充装泄液系统、增压减压系统、安全系统、仪表检测系统、抽真空，以及测量系统、紧急控制系统等组成。

a　充装泄液系统

LNG 罐车充装是低温泵提供动力，根据新充装的 LNG 密度与罐内残留 LNG 的密度选择顶部进料或底部进料（罐体内底部液相管道为 U 形管，保持罐内低温环境与压力平衡），在充装过程中气化产生的气体由气相管道排出。充装时，LNG 由液相接口、底部进液阀、紧急切断阀实施底部充液；也可经顶部进液阀、止回阀从顶部充液，根据 LNG 的密度来选择顶部进料或底部进出料，防止 LNG 出现自翻滚、分层的现象。

LNG 罐车泄液是利用液态 LNG 易气化的原理，经过增压减压系统产生气体返回罐内产生压差，将物料倒出。泄液系统包括液体泄放和气体泄放。液体泄放由紧急切断阀、底部进液阀、液相接口进行泄液（顶部进液管道安装有止回阀，只能从位置较低的底部管道出料）；气体泄放经紧急切断阀、气体排放阀，最终进入气体回收装置。

b　增压减压系统

增压过程是 LNG 液体经由紧急切断阀、增压器液相阀、增压器液相接口、外接增压器（或自带增压蒸发系统）气相接口、气体排放阀、紧急切断阀等附件返回罐车，这个过程是低温 LNG 液体经过增压蒸发系统加热后，变成气体回到槽车以达到增加压力的目的，为 LNG 液体的倒料提供动力。增压蒸发系统分为两种：一种是在装卸时利用外接设备增压气化；另一种是 LNG 罐车自带增压蒸发系统。当罐体压力过高需要减压时，可通过气相超压排放阀，排放气体压力。

c　安全系统

安全系统由罐体安全系统管路安全系统、外壳安全系统组成，罐体安全系统由组合安全系统阀、安全阀、阻火器、气相超压排放阀等附件构成。该系统与气相管路相连，其作用是在罐体超压时进行释放。正常情况下，安全阀自动起跳进行泄压，全启式安全阀防止一个失效时，另一个能动作，安全系统阀可自由切换控制任一安全阀。阻火器在气体排放时，可防止超压排放过程中气相排放管回火。例如，罐体内压力持续上升，打开气相超压排放阀进行直排泄压。

罐体外壳设置有安全帽。正常状态下，安全帽由真空吸住，当罐体内胆泄漏引发真空夹层压力升高时，安全帽能自动打开进行泄压。需要特别注意的是，如果安全帽打开，说明内胆已经发生泄漏，真空保温层遭到破坏，耐低温能力大大下降，极易导致 LNG 在短时间内大量气化泄漏引发蒸气爆炸，处置时要特别注意。

d 仪表监测系统由压力监测和液位监测两部分组成

压力监测分为后端压力监测和前端压力监测。后端压力监测由压力表、液位计气相阀等附件组成；前端压力监测由压力表阀、压力表等附件组成。罐体压力数值可由压力表直接读出。

液位监测由液位计气相阀、液位计平衡阀、液位计液相阀、液位计等附件组成。液位数值可由液位计直接读出，还可通过液位对照表铭牌换算罐体储存介质容积等。

e 抽真空及测量系统由抽真空装置、真空隔离装置、测真空装置等附件组成

LNG 长期使用或罐体出现破坏时，外壳和内胆间的真空度会逐渐散失，使真空层失去隔热保温作用。使用抽真空及测量系统，可通过检测或抽取气体，使夹层处于真空状态。真空夹层是 LNG 罐车本质安全的根本保障，抽真空及测量系统附件不可轻易破坏和使用，应有专业技术人员实施操作。

f 紧急控制系统

紧急控制系统是指设在操作箱内由三通电磁阀控制的 3 个紧急切断阀，在罐体的两侧设有总开关。

紧急切断阀具有气动和手动开闭的操作功能，且装有易熔塞装置。当火灾达到一定温度后，易熔塞会融化，从而自动关闭紧急切断阀。正常使用过程中，紧急切断阀为常闭阀，只有在充装、泄液时采用气动手动方式打开，遇紧急状况可用电磁阀、罐体两侧的总开关关闭紧急切断。如果上述两个阀门都已失效，可通过破拆电磁阀气相管路，也可达到关闭紧急切断的目的。

LNG 罐车操作箱内安全附件较多，管路相对复杂，一旦操作错误，会导致灾情规模加大，处置过程中，应有专业技术人员指导。

7.1.3.4　CNG 道路运输罐车结构及安全附件

CNG 道路运输罐车分为高压式和中压式两种，这是根据压力容器耐压等级来分，高压式运行压力为 20 ~ 27.5MPa，中压式运行压力为 4 ~ 6.4MPa，两者的外形结构也有所差异。

A　CNG 高压气体运输车

常见 CNG 长管拖车包括框架式和捆绑式两种，其中框架式长管拖车在我国数量最多，应用最为广泛。两者的区别主要在于对钢瓶的固定方式不同，框架式用框架确保罐车在行驶过程中保持气瓶稳定，捆绑式则主要用捆绑的方式进行固定。CNG 高压气体运输车压力一般为 20MPa，水容积分别为 $18m^3$、$19m^3$、$23.22m^3$、$23.8m^3$，分别可装气 $4000m^3$、$4500m^3$、$5600m^3$、$6000m^3$ 以上。CNG 罐车主要由半挂车、框架、大容积无缝钢瓶、前端安全舱、后端操作箱五大部分组成。

（1）燃料系统。高压 CNG 长管拖车的车用燃料分为两种：一种使用柴油作为燃料；另一种使用自带 CNG 作为燃料，自带 CNG 燃料罐也属高压气体储罐，通常包括天然气气瓶、减压调压器、各类阀门和管件、混合器（或者天然气喷射装置）、各类电控装置等，具有泄漏、燃烧、爆炸危险性。

（2）大容积无缝钢瓶为储运设备，是主要承压部件，钢瓶两端分别有一个出口，连接前端安全舱和后端操作箱。高压 CNG 气瓶是压缩天然气汽车的主要设备之

一，气瓶的设置和生产都有严格的标准控制，按材质可以分为四类：第一类气瓶是全金属气瓶，材料是钢或铝；第二类气瓶采用金属内衬，外面用纤维环状缠绕；第三类气瓶采用薄金属内衬，外面用纤维完全缠绕；第四类气瓶完全是由非金属材料制成，比如玻璃纤维和碳纤维。

（3）前端安全舱位于钢瓶组前端、半挂车和车头间部位。前端安全舱依据钢瓶数量对应设置有超压放空管、超压爆破板，当罐车处于超压状态时，可从放空管紧急排放或使压缩气体从爆破板处冲出爆破放散。有的 CNG 罐车前端安全舱设有行车CNG 燃料罐注气孔，可为行车燃料罐实施充气。

（4）后端操作箱位于钢瓶组后端（即车尾）。后端操作箱依据钢瓶数量对应设置有超压放空管、超压爆破板、单瓶截止阀、紧急切断阀、超越停车制动连锁、导静电装置、温度计、压力表等附件，并有管道连接。

1）当罐车处于超压状态时，可从放空管紧急排放或使压缩气体从爆破板处冲出爆破放散。

2）单瓶截止阀主要作用是实现对单个钢瓶的针对性控制，截断事故钢瓶和其余钢瓶的联通。

3）紧急切断阀设置在充气管道上，紧急状态下，可切断对钢瓶装卸气过程。

4）CNG 装卸气过程中，当后端操作箱处于开启状态时，如果不慎造成罐车启动运行，会造成装卸软管等连接部位断裂，造成高压 CNG 气体泄漏。设置超越停车制动连锁与罐车制动系统连锁，可确保操作箱开启状态时，罐车处于制动状态无法行驶，只有关闭舱门后，制动状态解除，罐车方可正常行驶。

5）CNG 罐车尾部设置有静电导出装置，可随时导出罐车运行和装卸时产生的静电荷。

6）后端操作箱设置有温度计和压力表，可及时读取相关数据。

需要特别指出的是，在对 CNG 高压气体运输车的处置过程中，禁止在长管的前端和后端，以及燃料箱的封头处长时间站立，防止爆破板突然爆裂造成人员伤亡。

B　CNG 中压气体运输车

目前，市场上 CNG 中压运输车有两种规格：一种是 4MPa 压力中压运输车，水容积 56m，可装气 2200m；另一种是 6.4MPa 压力中压运输车，水容积 56m^3，可装气 4000m^3，配合牵引车头即可向用户配送天然气。用户端设置简单的接气减压撬即可向用户管网供气，适合常规低压燃气使用。操作系统有双阀门箱和双液控式两种。需要指出的是，CNG 中压气体运输车外形与 LPG 罐车相似，都属于单层全压力储罐，LPG 罐车装载介质是液化石油气，主要组分是丙烷和丁烷的混合物；CNG 中压罐车装载介质是压缩天然气，其主要组分是甲烷。两种罐车处置时要注意罐车的辨识和处置方法的确认，LPG 罐车按液化气体处置，CNG 中压罐车按压缩天然气处置。

7.1.4　石油化工常见事故特点

7.1.4.1　事故类型

LPG、LNG、CNG 道路运输罐车事故按事故发生形式分为未泄漏、泄漏、泄漏燃烧爆炸三类事故。

（1）未泄漏事故。未泄漏事故是指罐车受损未泄漏和倾翻受损未泄漏两种事故类型。由于罐体受到损伤，其耐压性能降低，任何偶然因素都可能造成罐体超过设计压力，造成大规模的瞬间泄漏。

（2）泄漏事故。泄漏事故包括罐车因撞击、擦碰等原因受损泄漏，以及因倾翻、坠落等原因受损泄漏两种事故类型。由于事故罐体发生泄漏，根据泄漏相态不同，与空气形成爆炸蒸气云或蒸气-液滴气云。

（3）泄漏燃烧爆炸事故。泄漏燃烧爆炸事故是指罐车受损、倾翻导致泄漏燃烧、爆炸的事故。常见情况包括：

1）由于轮胎起火引发，操作箱阀门失效发生泄漏，物料在热辐射的影响下发生燃烧；

2）罐体由于受热易发生热失效，沸腾液体迅速蒸发扩散发生蒸气云爆炸，产生火球；

3）发生爆炸时，由于泄漏物动量并未完全损失，风力对爆炸影响较小。爆炸的破坏范围主要与载液量有关，通过冲击波和火球对周边人员、建筑造成伤害与破坏。

7.1.4.2 事故特点

三类罐车作为石化行业的下游运输环节，其事故具有以下特点。

（1）具有高发性。这三类罐车的基数庞大，且随着新能源LNG的发展，其数量还在增加，导致此类事故具有高发性。随着我国公路网建设的日趋完善，此类事故的处置是每一个基层消防中队都要面临的问题。

（2）兼具交通事故和危化品事故的特点。三类罐车道路交通事故既是一种特殊的交通事故，也是一种特殊的危化品事故，兼具两者的特点，即具有警戒难、供水难、现场易燃易爆等特点。

（3）情况复杂。三类罐车的道路交通事故，有可能是擦碰、追尾、侧翻、翻滚、轮胎起火等复杂原因造成的罐车泄漏、着火和爆炸，同时，涉及低温、低压和中压、高压三种移动压力容器事故处置；且每一种罐车结构、阀门管路又有所不同，要根据现场的情况进行综合研判，对事故处置的技战术和实践经验要求较高。

7.1.4.3 防控理念

三类罐车属于移动压力容器，常温下物料泄漏后迅速气化，遇点火源易发生爆炸燃烧。若处置不当，突破罐车安全设计底线会导致灾情扩大，造成不可预知的后果。三类罐车事故的防控理念为：尽量保证罐体的压力设计底线，防止因超压造成罐体破坏突然发生大规模泄漏而引发物理或化学爆炸。

道路交通事故情况复杂，现场无定式、无特别规律可循，在处置时要特别注意做好以下三方面的工作。

（1）高度重视警戒工作。道路交通事故车辆来往通行，地势复杂，物料泄漏量、泄漏范围难以估算，做好警戒工作能有效杜绝点火源，有利于处置的顺利进行。

（2）防止爆炸。三类罐车发生事故时，罐体有可能遭到破坏，一旦泄漏将迅速气化，运输介质将随风向在低洼处聚集，处置要采取正确措施抑制爆炸。

（3）采取正确的技战术措施。要根据现场情况，综合研判采取堵漏、倒罐、放空、引流控烧等正确技战术措施，切忌盲目行动。

任务 7.2　石油化工事故救援措施

7.2.1　LPG 罐车事故灭火救援措施

LPG 罐车发生事故，在完成好灾情侦察、现场警戒、安全防护、人员搜救等工作外，应紧紧结合 LPG 罐车事故类型和特点，根据现场情况进行综合研判，灵活机动采取冷却降温、稀释抑爆、放空排险、关阀断料、堵漏封口、倒罐输转、引流控烧、吊装转运、安全监护等技战术措施，彻底消除险情。

7.2.1.1　冷却降温

冷却降温是指当 LPG 罐车罐体受损、泄漏或着火时，利用雾状水对罐体冷却降温，以达到降低罐体内压、防止罐体破裂目的的一种处置措施。冷却降温应注意以下两点：

（1）应均匀冷却罐体，不留空白，防止罐内温升与压力变化导致气相部分膨胀、液相部分出现冷缩、罐体受力不均出现裂缝；

（2）对于满液位倾翻状态的罐车，不能对安全阀部位射水，防止液态石油气泄漏过程气化吸热，喷射水流冻结安全阀引起罐内压力剧升。

7.2.1.2　稀释抑爆

稀释抑爆是指当 LPG 罐车发生泄漏时，利用喷雾水枪、水幕水枪喷出雾状水、移动摇摆炮喷雾水对泄漏的液化石油气进行不间断稀释，降低现场可燃气体浓度，以达到抑制爆炸的目的。

稀释抑爆时的注意事项如下：

（1）由于直流水与罐壁碰撞时会产生静电，在稀释抑爆时，禁止喷射直流水；

（2）液化石油气从管口、喷嘴或破损处高速喷出时易产生静电，因此在稀释抑爆的过程中，应及时将罐体尾部及阀门箱内的接地线接入大地。

7.2.1.3　放空排险

当 LPG 罐车罐体泄漏无法处理必须实施放空排险时，应在冷却罐体的同时，使用喷雾水稀释泄漏的液化石油气，等待罐内液体自然泄完。

事故罐车放空排险注意事项包括：

（1）采取放空排险措施前，应根据地理环境、风向确定危险区范围；

（2）划定警戒区后应严格管控火源，气相排放时要控制好排放流速，待排放完毕，经检测具备安全条件后，方可起吊转运。

7.2.1.4　关阀断料

关阀断料是指当液化石油气罐车发生撞击、碰擦、倾翻等意外事故，导致阀门箱内充气液相阀门或管路破裂泄漏时,通过关闭紧急切断阀制止泄漏的应急措施。若液压式紧急切断阀无法正常关闭,处置人员需在水枪组的掩护下,携带无火花工具,通过破拆管路或构件的方法应急泄压达到关闭紧急切断阀的目的。可选择的破拆部位有两处:一处是液压油管路;另一处是油管路上的易熔塞。

7.2.1.5 堵漏封口

堵漏封口是指有针对性地使用各种堵漏器具和方法实施封堵漏口,是制止泄漏的常见措施。根据罐车罐体构件构成及功能不同,事故状态下易发生泄漏的部位主要有罐车本体、安全阀、气(液)相装卸阀门、其他安全附件等。

A 罐车本体堵漏

罐车本体的泄漏主要发生在两个部位,即筒体和封头。

筒体部位易出现小孔或裂缝,可利用堵漏枪工具进行堵漏;若漏口压力较小,可利用木楔堵漏;若漏口压力较大且不规则,可利用外封式堵漏袋或者强磁堵漏工具进行堵漏;若泄漏发生在罐体下半部,堵漏不易实施,可通过注水抬高罐内液化石油气液位,使罐底形成水垫层并从破裂口流出,再进行堵漏作业;若泄漏口压力过大,也可采取边倒液边注水的方法配合堵漏。

封头部位因为其半球形的特殊结构,现有的很多堵漏工具都难以与之契合,在实际处置中大多数情况利用软体强磁堵漏工具或堵漏枪进行堵漏。

B 安全阀堵漏

安全阀堵漏主要有安全阀异常开启堵漏、安全阀法兰密封堵漏、安全阀整体断裂堵漏三种情况。

安全阀异常开启的堵漏主要有两种情况:一种是安全阀内置弹簧疲劳或发生折断,使阀瓣始终处于被顶起的状态,导致发生气相泄漏,此时可通过调整安全阀机械结构来消除泄漏;另一种是满液位液化石油气汽车罐车发生倾覆,罐内气压升高顶开安全阀泄压,满液位液相部分从阀口溢出,此时可利用泡沫对流出的液相部分进行覆盖,但不能向安全阀喷水。

安全阀法兰密封处的堵漏主要有两种情况:一种是当泄漏压力较低时,可以通过缠绕金属丝或捆扎钢带进行注胶堵漏;另一种是若泄漏压力较大,可以根据安全阀座法兰同罐体连接法兰的间隙大小选择合适的法兰夹具,通过对夹具位置形成的密闭空腔注胶来实现堵漏。

安全阀整体断裂的堵漏:罐车安全阀略微突起于罐体顶部,液化石油气罐车通过桥涵、限高架时,安全阀很容易因机械碰撞而发生整体断裂。堵漏方法主要有三种:第一种是利用外封式堵漏袋和棉被进行捆绑堵漏;第二种是利用强磁堵漏工具进行罩盖堵漏;第三种是现场制作堵漏夹具进行堵漏。

C 气(液)相装卸阀门的堵漏

若阀门连接法兰处发生泄漏,处置人员可以通过缠绕金属丝或捆扎钢带进行注胶堵漏。若阀门内填料发生泄漏,处置人员可以开孔注胶进行堵漏;若阀门法兰连接处的球体发生泄漏,可根据漏口形状的不同采取木楔或堵漏枪进行堵漏。

D　其他安全附件堵漏

（1）液位计堵漏时，多采用嵌入式木楔堵漏。

（2）温度计堵漏时，由于其连接法兰过小，应用缠绕金属丝或捆绑胶带注胶法进行堵漏。

（3）压力表的堵漏。当压力表或其外部连接管路被撞断时，只要针形阀没有遭到破坏，处置人员就可通过关闭针形阀来制止泄漏。若针形阀连同压力表一齐被撞断，可拆下断裂接管，利用法兰盲板堵漏。

7.2.1.6　倒罐输转

倒罐输转是指通过自然压差（或利用输转设备）将液化石油气液态组分通过管线，从事故罐体中倒入安全罐内的操作过程。

倒罐输转适用于两种情况：一种是罐车罐体受损未泄漏或泄漏被封堵，由于载重大不宜直接起吊，需通过倒罐导出一部分液体；另一种是罐车罐体泄漏无法完全封堵或发生小量泄漏不能止漏，可通过倒罐输转的方法控制泄漏量以配合其他处置措施的实施。

倒罐输转的注意事项包括：

（1）倒罐方案必须经过专家咨询组的反复论证，在安全的操作环境下组织实施；

（2）实施过程中要有专家在场，以应对突然出现的技术性难题；

（3）倒罐过程中，要在罐体周围及下风方向布置喷雾水枪及移动摇摆炮喷雾射流，以应对突发情况；

（4）使用压缩气体加压法倒罐时，若罐车发生倾翻，罐内气相管被液相液化石油气淹没，要将事故罐气相阀门与转移空罐液相阀相连、液相阀与转移空罐气相阀相连来进行倒罐；

（5）使用泵加压法倒罐和压缩机加压法倒罐时，要使用防爆设备；

（6）使用压缩气体加压法和压缩机加压法倒罐时，需确定事故罐的漏口已完全被封堵，不会因为罐内压力的升高而再次破裂泄漏；

（7）根据罐车事故所处状态，决定事故罐车与空罐车的气液相连接管口。

7.2.1.7　引流控烧

引流控烧是通过主动点燃、控制燃烧的方式消除现场危险因素的一种处置措施。引流控烧主要适用于当液化石油气罐车发生泄漏，经初步处置泄漏量已经减小，或者液化石油气事故罐车未发生泄漏，又不具备介质倒罐、吊装转运条件的情况，可以通过阀门接出引流管至安全区域排放点燃，以消耗事故罐内液化石油气组分，达到排险的目的。

例如，现场气体扩散已达到一定范围，点燃很可能会造成爆燃或爆炸，产生巨大冲击波，危及救援力量及周围群众安全，造成难以预料的后果，因此不能采取引流控烧措施。

7.2.1.8 吊装转运

吊装转运是将液化石油气事故罐车或罐体起吊后，利用平板车拖运或牵引车牵引将事故罐车安全转移的一种处置措施。

吊装转运主要适用于两种情况：一种是罐车虽受损或倾翻，罐体处于安全受控状态，但车辆不具备行驶条件，需吊装转运消除危险源；另一种是罐车罐体或阀门管线泄漏，经采取冷却降温、稀释抑爆、关阀断料、堵漏封口、引流控烧等措施排险后，需要转移至安全区域进一步处置。

吊装转运的注意事项如下。

(1) 在捆绑罐体时，须先用黄油浸湿吊索和吊钩，防止吊索扭曲及摩擦产生火花。

(2) 若事故罐内液相液化石油气较多，不宜使用单钢丝绳起吊，以防止事故罐在起吊过程中出现晃动或掉落。起吊前，要检查罐体内压力有无异常，如果发现压力异常，应先行处置，保证压力正常后才能吊装。

(3) 起吊作业吊车选择可通过起重机厂商提供汽车吊机额定性能表查询，估算出吊车的需求数量及额定起重量。例如，要吊起一台总质量（罐车及其载液量）为 50t 的事故罐车，至少需要调集两辆 50t 的吊车。若罐体温度已降至常温，压力降至 $0.3 \sim 0.4MPa$，或罐体内液面降至 $\frac{1}{4}$，可按罐车及其载液质量正常状态选择起重吊车，否则要在此质量的基础上增加一倍来选择吊车和吊索。

(4) 半挂式罐车的罐体通过转盘与牵引车的后轴支点相连接。若车头损毁严重，或车头损毁较轻，但动力系统损坏，可分开吊装车头和罐体，通过就近调集半挂车车头来完成对此类事故罐的转运；若车头并未损毁，尚可以行驶，可通过整车起复的吊装方式让事故罐车自行开到安全区，由消防和交警部门负责沿路监护。

(5) 固定式罐车的储液罐永久性牢固地固定在载重汽车底盘大梁上，不易将车头与罐体分离，因此只能采取整车起吊的方式。若罐车未损毁，尚可以行驶，可由其自行行驶至安全区；若罐车动力系统损毁，轮胎及刹车系统完好，可由牵引拖车牵引至安全区；若罐车整体损毁严重，不能被牵引，可将整个罐车固定于大吨位平板拖车上运往安全区。

7.2.1.9 安全监护

安全监护是对需要转移的事故罐车实施的行进过程监护。安全监护主要适用于事故罐车经初步处置后，仍不能完全排除险情，而现场又不具备进一步处置条件的情况，可通过监护的方式将罐车转移到安全区域进行二次处置。

安全监护注意事项：安全监护主要由消防和交警部门协同实施。护送过程中，交警部门派一辆警车作为先导车开道，在事故罐车后方消防部门出一辆重型水罐车监护，若发现罐体发生泄漏，应立即停车，在液化石油气应急救援专家的指导下对事故罐车出现的紧急情况进行应急处置。

7.2.2 LNG 罐车事故灭火救援措施

LNG 罐车储存低温液化天然气。发生道路交通事故后，容易在泄漏口附近形成大面积蒸气云，遇火源（或静电火花）极易发生燃烧爆炸事故，危险性极高。LNG 罐体损坏形式也各有不同，因此在处置过程中，应认真实施侦察检测工作，根据罐车泄漏形式和特征，灵活机动采取科学合理的处置措施。

7.2.2.1 罐体无泄漏、无霜冻时处置措施

当 LNG 罐车发生交通事故，但罐体无泄漏、无霜冻时，罐体发生碰撞、侧翻容易造成储罐真空层破损，容易导致罐内 LNG 液体分层加速，产生自翻滚、自沸腾现象。此类情况下，需反复检查确认内外罐真空状态及管线是否完好。如果真空完好，应重点进行排压操作（确保压力表指针不大于 1%）；应实时观察并不间断排压，减少罐内天然气分层、涡旋、沸腾压力；车体完好且条件成熟时应按转移危险源处置，条件不成熟时按倒罐输转或放空排险处置；处置期间要保证罐体不失真空，禁止向罐体、管线、安全阀部位射水。

7.2.2.2 罐体无泄漏、有霜冻时处置措施

当 LNG 罐车发生交通事故，罐体、阀门、法兰、管线无泄漏，罐体有霜冻时，说明内罐出现渗漏，绝热层受到破坏，罐车已经逐渐失去真空（罐体外罐完好，内罐有沙眼，真空度逐渐下降）。此类状况下，应根据罐体的状态，实时从气相管路排放液化天然气，以减轻罐内压力，具备放空条件时应果断实施放空，不具备放空条件可采取引流点燃处置方法；应实时加大气相紧急放空操作频次，减少罐内天然气分层、涡旋、沸腾压力，尽快做倒罐输转或转移危险源准备；如果罐体外壳保险器已打开，并明显出现蒸气云（真空夹套压力达到 0.02 ~ 0.07MPa），则说明内罐漏点逐步扩大，真空层遭到破坏，罐体底部液相泄漏介质随时间积累，外罐高强度钢强度逐渐下降，有可能出现罐体破裂，前沿处置人员应做好紧急避险准备。

罐体结霜处置过程中不论出现任何状况，严禁向罐体结霜面打水。安全帽、管线、阀门如出现局部液化天然气泄漏，可在扩散气体云团下风向 5 ~ 15m 处部署水幕水枪、移动摇摆水炮稀释驱赶。严禁直流水直接冲击扩散云团，防止蒸气云爆炸。

7.2.2.3 罐车垂直倾翻未泄漏时处置措施

满液位罐车发生坠落、倾翻事故，如罐体长时间处于 90°或倒 180°状态，罐车安全附件失去作用，罐内液化天然气分层、涡旋、沸腾，罐内压力无法导出，受气温影响，罐体压力会急剧上升。如果压力超过储罐设计安全系数，外罐材质的承压能力会在介质的冷冻效应下减弱，严重者会造成罐体变形解体。此种情况下，须在专业技术人员的指导下进行排压处置，泄压消除储罐压力风险（内罐或外罐）。如果出现槽罐垂直倾翻，可采取进料线反向管路排压，将罐体压力经进（出）料管路引流泄压或倒罐（液相管路）。作业前，应在排流点周围提前部署两层以上水雾稀释保护圈，防止危险范围扩大和回火引爆。

紧急情况下，可采取液相出口连接消防水带引至下风向就地直接排放，消除危险源，液相下风向排放 LNG。如果以降低罐车压力为目的，应以罐车气相出口排放为主；如果以加快排放速度为目的，应以罐车液相出口排放为主。处置时应着防冻服，防止人员冻伤。

7.2.2.4　罐车安全阀泄漏时处置措施

如果罐车撞击、倾翻，罐体完好，仅出现安全阀泄漏，可复位安全阀消除泄漏；如果安全阀出现液相冻结，可采取直流水融化解冻或木槌轻敲复位消除泄漏。

处置作业时，应注意避开安全阀 – 爆破片双联保险装置，防止爆破片瞬间爆破泄压造成物体打击伤害。

7.2.2.5　罐车管线阀门泄漏时处置措施

如果罐车撞击、倾翻，罐体完好，出现管线阀门泄漏，应实时进行罐体排压操作，减少罐内天然气分层、涡旋、沸腾压力，及时采取木材封堵、缠绕滴水封冻等方法临时堵漏，尽可能采取倒罐输转等进一步消除危险源措施。若无法实现倒罐输转或起吊作业，可采取在罐车气（液）相出口延长管路下风向就地直排或安全控烧的方法，消除危险源。

7.2.2.6　罐车泄漏，灾情异常时处置措施

如果罐体压力表读数快速升高，则说明罐体的内罐破损严重，内外罐之间的真空绝热层受到破坏，罐车内胆与外界直接发生热交换，出现安全阀频繁开启状态，应采取泄压处置法，慎重应对。

若封堵措施无法实现，应进一步加大安全警戒区和火源控制区距离，提高防护等级，一线处置人员着防化服、防静电内衣，应使用本质安全型无线通信和符合相应防爆等级的摄录像工具设备。在泄漏点下风向冷蒸气雾与爆炸性混合物区之间（泄漏云团下风向 10~20m 处）部署移动水炮、水幕发生器，呈扇形递进喷雾水稀释控制扩散范围，必要时采取紧急疏散措施扩大警戒范围。

7.2.2.7　罐车火灾事故处置措施

如果 LNG 罐车已发生起火事故，应在上风向部署移动摇摆水炮冷却保护燃烧罐体，严防内外罐体超压破裂，引起储罐解体发生物理爆炸。处置过程中应严格遵守气体火灾扑救原则，在关阀、封堵等切断气源措施未完全到位前，一般不应直接扑灭燃烧火焰，可采取控制燃烧战术稳妥处置。处置后期应逐步降低冷却强度，保持罐内 LNG 持续蒸发，直至燃尽，防止回火闪爆。

LNG 罐车火灾处置重点是强制冷却、控制燃烧，防止罐体升温过快导致事故扩大。罐体破裂燃烧，以控制燃尽处置为妥；管线阀门泄漏火灾，着火部位火焰及辐射热如果对其他关联管线、阀门无影响，则可积极扑灭并采取堵漏措施；如果已造成邻近管线、阀门钢材质强度下降，多处部位受损无法采取封堵措施时，应控制燃尽为佳；现场出水处置时，重点在于保护着火的地方。

7.2.3 CNG 罐车事故灭火救援措施

高压 CNG 气体运输车储存高压天然气，发生道路交通事故后，容易产生泄漏口，造成压缩气体强烈喷出、凝霜，并燃烧爆炸。常见的 CNG 罐车道路交通事故有车体分离、阀门老化泄漏、轮胎着火及罐体高压气体泄漏、集束管组燃烧等。其中，以 CNG 罐体高压气体泄漏和集束管组燃烧两种类型最为危险。

7.2.3.1 罐体高压气体泄漏

高压气体泄漏是指 CNG 长管拖车发生追尾、撞击、碰擦、坠落等道路交通事故，后操作箱内管道、阀门等易破损部位遭到破坏，高压气体从泄漏口瞬间喷出并迅速扩散到高压气瓶组吸热结霜。

当 CNG 罐车发生泄漏时，应采取如下具体措施：

（1）应及时封闭道路，以事故罐车为中心划定 500～1000m 警戒区，消除警戒区内火源；

（2）划定 100～150m 为处置区，选择上风向车辆集结；

（3）在事故罐车两侧部署长干线移动摇摆水炮对集束管组表面强制冷却降温，周边可部署水幕水带、水幕水枪稀释扩散气体；

（4）在保证安全的前提下，关闭其他未受损的集束管截止阀；

（5）如果 CNG 长管拖车发动机使用该车集束管组燃料，应及时关闭连接阀门，原则上不堵漏、不输转、不倒罐，监控将事故集束管介质泄放完为止。

7.2.3.2 集束管组燃烧

高压 CNG 道路运输罐车行车部分刹车淋水系统缺水，重型车辆长时间行驶或连续下坡行驶状态下，容易导致车辆轮胎起火，进而引发罐体着火。罐体着火一般发生在后操作箱各集束管阀门及管道连接处，呈带压火炬式燃烧，火焰长、辐射热强。

处置时，应选择上风向车辆站位，事故车两侧部署长干线移动摇摆水炮对集束管组表面强制冷却降温，力量部署到位后，人员应及时撤离到安全区。控制燃烧的关键是保障水源持续供给，编程时应组织两台大流量车各出两支移动摇摆水炮干线，其他车辆转运供水，控制集束管组不爆炸、不扩展即达到战术目的。

高压集束管燃烧后期，火焰逐渐缩短、辐射逐渐降低，应避免直流射流直接冲击集束管口，防止集束管回火闪爆，同时处置人员禁止站于封头正对面，防止爆炸冲击。明火熄灭后，检查确认集束管组是否带压，如仅为个别集束管燃烧，其他集束管需继续冷却至常温，后续按事故车转移处置。

中压 CNG 运输车发生追尾、刮碰、翻滚、坠落等事故，在冷却罐体的同时，应及时排出罐体压力，并根据罐体受损情况决定就地放空排险或安全控烧排险措施。需要指出的是，LPG 的九种技战术措施理念有的也适用于 LNG 和 CNG 罐车，但不同罐车采取具体措施时有所不同。处置 LNG 罐车事故时选择冷却稀释等射水战术时，要特别注意使用时机，放空、关阀、堵漏、倒罐等要根据 LNG 罐车的特点来进行，吊装和安全监护与 LPG 一致。处置 CNG 罐车事故时采取冷却稀释、吊装和安全监护与处置 LPG 事故时相近。但高压 CNG 运输车和中压 CNG 运输车事故原则上不进行堵漏，因为气压过高，风险较大。

7.2.4　注意事项

处置三类罐车事故，应严格落实事故处置程序，着重做好以下工作。

7.2.4.1　正确辨识罐车类型

LPG、LNG、CNG 罐车储存介质理化性质、储存方式、罐体结构各不相同，发生事故时，灾害特性有一定差异，对处置措施也有不同要求，因此有必要通过外观、结构差异，迅速辨识罐车类型，掌握罐车特点，制定针对性处置措施。

（1）应通过储罐外形迅速辨识储罐类型。LPG、LNG 罐车为卧式单罐，封头为圆顶形；CNG 罐车分为集束管式高压罐车和中压整体罐车两种，高压 CNG 罐车也称鱼雷管式，封头为平面，罐体由多根长管组成，外形上与 LPG、LNG 相比有较大差异；中压 CNG 罐车外形类似 LPG 车型，处置过程中应特别注意。

（2）可通过操作箱位置辨识罐车类型。一般情况下，LPG 罐车和中压 CNG 气体运输车操作箱均位于罐体中部两侧位置，LNG 和 CNG 罐车操作箱位于罐体尾部。

（3）可通过操作箱结构辨识罐车类型。一般情况下，LPG 罐车和中压 CNG 气体运输车操作箱内安全附件相对较少；LNG 罐车装运介质为低温液体，对装卸液体条件要求较高，相关安全附件较多、较复杂；CNG 罐车主要防止集束罐超压事故，安全附件以爆破片、放空管、紧急切断等附件为主，类型较为单一。

7.2.4.2　快速确认装运介质

快速确认装运介质、掌握介质理化性质是事故现场制定科学合理处置措施的重要前提条件。近年来，由于过度追求经济利益，运输介质与罐车类型不符，违法违规运输现象时有发生，应引起高度重视。

（1）可通过标识迅速确认装运介质。根据国家危险化学品货物运输管理相关规定，道路运输罐车上一般都绘制有明显标识，标注装运介质、数量、危害、处置措施等信息，处置过程中，应优先通过查找危险化学品标识确认装运介质。

（2）当因发生交通事故挤压、遮挡，危险化学品标识或标识不清楚时，可通过驾驶员、押运员等询问详情。

（3）一般情况下，危险化学品罐车均随车携带《道路运输证》《道路运输危险货物安全卡》等资质证书，可通过现场查找证书确认装运介质基本信息。

（4）当上述措施均无法有效实施时，可通过相关职能部门查询事故车辆生产企业、托运单位、运输路线、运输介质等信息。

（5）应尤其注意装有丁二烯类物质的 LPG 罐车。

7.2.4.3　侦察检测工作要始终贯穿全程

LPG、LNG、CNG 罐车道路交通事故危险性大，任何小的交通碰撞、侧翻、倾覆等都有可能造成储存介质的大规模泄漏、燃烧、爆炸。同时，储存介质本身存在的分层、翻滚、沸腾等现象都有可能发展成恶性事故。因此，在事故处置过程中，应自始至终采取贯穿全程的侦察检测工作，并根据侦检结果，实时调整处置方案。

（1）处置过程中应选派经验丰富的人员或厂方技术人员担任安全员，全程观察罐车安全状况。

（2）重点监控罐体变形、泄漏量、火焰颜色、声音等变化情况；LNG 罐车发生交通事故时，应重点观察罐体上结霜、凝冻等现象，进而判断罐体完好情况。

（3）应始终通过压力表、温度计、液位计等安全附件监控罐体内压力变化，当读数发生急剧变化时及时报告指挥部。需要指出的是，事故状态下车辆由于倾覆、碰撞等原因，上述安全附件读数可能失效，要根据现场情况灵活处置。

（4）可通过仪器侦检方法加强侦察检测工作。当消防部队携带侦检器材不足时，可积极联动环保、安检、厂方等部门、单位共同实施仪器侦检。现阶段，仪器侦检尚有定性、定量困难等诸多不利因素，因此处置工作不宜过于依赖仪器侦检结果。

7.2.4.4 高度重视现场警戒

LPG、LNG、CNG 极为易燃易爆，且爆炸波及范围广，处置现场应高度重视现场警戒工作，结合事故发生地道路、周边环境及储存介质特性，严格落实各项警戒措施。

（1）处置力量到场后，应在事发地 300~500m 处集结，派出侦检人员到现场核对灾情信息（具体部位、灾情状态、涉及范围、可控程度），向相关部门预警通报灾情信息，严禁靠前处置。

（2）实施现场警戒时，应严格封闭公路上下行线区域，警戒线以事故车为中心设置双向（上下行线）1000m 距离警戒线，山区弯路需加大直线安全距离，同时也应兼顾考虑低洼处、峡谷、盘山路对警戒距离的影响。

（3）设立指挥部应设置在事故区域上风方向，应科学划定抢险区、工作区、安全区范围，控制抢险区、工作区火源。

（4）警戒区域内应严禁一切火源。当事故区域周围有居民生活区时，应及时派出处置人员仔细巡查，消除居民用火，采取断电措施；人员进入警戒区域或处置险情过程中，应采取防火花、防静电、防爆等措施。

7.2.5 预防措施

7.2.5.1 严格落实安全防护措施

LPG、LNG、CNG 罐车事故对人员造成的伤害类型多样，处置过程中应严格落实安全防护措施。

（1）进入警戒区人员应严格按等级进行防护，结合介质理化性质，针对性采取防静电、防热辐射、防冻伤、防麻醉、防高浓度窒息等个人安全措施。

（2）应设置安全员，对进出警戒区人员及其防护状态进行全面检查记录。

（3）现场应提前统一紧急撤离信号和信号发布方式，发现不可控制的险情时，及时撤离处置人员；指挥部应赋予一线指挥员发布紧急撤离的权限，确保一线人员遇到紧急情况时，可不经上级指示直接撤离。

（4）处置高压、中压CNG罐车泄漏事故时，严禁处置人员身体正面面对泄漏口处置，防止高压气体造成切割伤害；当检测CNG罐车泄漏口时，严禁用手直接去感受泄漏部位和泄漏气体流量，防止高压气体造成切割伤害；严禁人员站在罐体封头正面和行车燃料箱侧面处置。

（5）处置LNG罐车泄漏事故时，对处置设备、器材防爆等级要求极高，消防部队现有常见的防爆对讲机等设备防爆等级并不能满足处置要求，应引起重视。

7.2.5.2 科学合理实施处置措施

LPG、LNG、CNG罐车储存介质为常温、中高压，低温、低压，中压、高压状态，对处置技术要求高，处置过程应充分结合侦察检测结果，科学合理实施技战术措施。

（1）堵漏封口只是临时性处置措施，应综合考虑现场情况，实施倒罐输转、引流控烧、吊装转运、安全监护转移等措施，彻底消除险情。

（2）CNG罐车发生泄漏、燃烧时，因罐车储存高压气体，压力不可控，原则上不堵漏、不输转、不倒罐，一般采取现场监控保护条件下，将事故罐车集束管储存介质泄放完毕为止。CNG罐车多使用CNG燃料罐，当发生火灾时，为防止燃料罐和运输钢瓶相互影响，应及时采取措施分离车头和拖车。

（3）实施冷却保护时，应注意射流保护部位。LPG、CNG罐车可使用射流对罐车整体实施冷却降温，但LPG罐车应避开安全阀部位，防止安全阀冻结引发储罐压力上升；LNG罐车储存低温介质，发生泄漏时严禁对整个罐体表面出水冷却，防止罐体吸热导致压力上升；LNG罐车罐体为双层结构，但不能承压，泄压是处置的关键，因其内罐为低温微正压罐体，要采取定时排压措施保证罐体压力维持至0.2MPa以下。

（4）实施倒罐输转或吊装转运时，应在起吊前使罐体保持静止状态15min以上，确保液位计、压力表等读数稳定、处于安全范围方可实施；当LPG储罐储存丁烯类介质时，因介质对含氧量控制要求高，不可按常规方法实施倒罐输转。

（5）实施吊装转运时，应预先估算罐车总质量，调集起吊吨位合适的吊车实施，一般情况下，采用两台吊车同时起吊，不宜采用单台吊车起吊；起吊过程中，罐体捆绑应采取双绳捆绑，确保罐体稳定；吊装过程中应注意防火花、防静电、防坠落保护措施。

（6）实施引流控烧、放空排险措施时，应保证现场安全条件，确保实施过程始终处于可控状态。

（7）指挥部应纳入罐车生产或运营厂家技术人员，应对事故现场反复勘验、集体会商、综合研判，形成决策方案和行动方案，并在技术人员指导下实施。

项目 7　石油化工火灾应急救援技术及案例　　　　　·175·

任务 7.3　石油化工火灾应急救援案例

7.3.1　石油化工生产火灾应急救援案例——吉林石化分公司双苯厂爆炸事故

2005 年 11 月 13 日，吉林石化分公司双苯厂苯胺二车间发生爆炸事故，造成 8 人死亡，1 人重伤，59 人轻伤，并引发了松花江重大水污染事件，直接经济损失为 6908 万元。

7.3.1.1　事故经过

2005 年 11 月 13 日，因苯胺二车间硝基苯精馏塔塔瓮蒸发量不足、循环不畅，替休假内操顶岗操作的徐某组织停硝基苯初馏塔和硝基苯精馏塔进料，排放硝基苯精馏塔塔釜残液，降低塔瓮液位。10 时 10 分，徐某组织人员进行排残液操作。在进行该项操作前，错误地停止了硝基苯初馏塔 T101 进料，没有按照规程要求关闭硝基苯进料预热器 E102 加热蒸气阀，导致物料温度升高，在 15min 内温度超过 150℃ 量程上限。11 时 35 分左右，徐某回到控制室发现超温，关闭了硝基苯进料预热器蒸气阀，硝基苯初馏塔进料温度开始下降至正常值。13 时 21 分，在组织 T101 进料时，再一次错误操作，没有按照"先冷后热"的原则进行操作，而是先开启进料预热器的加热蒸气阀，7min 后，进料预热器温度再次超过 150℃ 量程上限。13 时 34 分，启动了硝基苯初馏塔进料泵向进料预热器输送粗硝基苯，当温度较低的（26℃）粗硝基苯进入超温的进料预热器后，由于温差较大，加之物料急剧气化，造成预热器及进料管线法兰松动，导致系统密封不严，空气被吸入系统内，与 T101 塔内可燃气体形成爆炸性气体混合物，引发硝基苯初馏塔和硝基苯精馏塔相继发生爆炸。5 次较大爆炸，造成装置内 2 个塔、12 个罐及部分管线、罐区围堰破损，大量物料除爆炸燃烧外，部分物料在短时间内通过装置周围的雨排水口和清净下水井由东 10 号线进入松花江，引发了重大水污染事件。

7.3.1.2　案例评析

爆炸事故的直接原因是：

（1）硝基苯精制岗位外操作员违反操作规程，在停止粗硝基苯进料后，未关闭预热器蒸气阀门，导致预热器内物料气化；

（2）恢复硝基苯精制单元生产时，再次违反操作规程，先打开了预热器蒸气阀门加热，后启动粗硝基苯进料泵进料，引起进入预热器的物料突沸并发生剧烈振动，使预热器及管线的法兰松动、密封失效，空气吸入系统，由于摩擦、静电等原因，导致硝基苯精馏塔发生爆炸，并引发其他装置、设施连续爆炸。

爆炸事故的主要原因是：吉林石化分公司及双苯厂对安全生产管理重视不够，对存在的安全隐患整改不力，安全生产管理制度存在漏洞，劳动组织管理存在缺陷。

污染事件的直接原因是：双苯厂没有在事故状态下防止受污染的"清净下水"流入松花江，爆炸事故发生后，未能及时采取有效措施，防止泄漏出来的部分物料和循环水及抢救事故现场消防水与残余物料的混合物流入松花江。

污染事件的主要原因：

（1）吉林石化分公司及双苯厂对可能发生的事故会引发松花江水污染问题没有进行深入研究，有关应急预案有重大缺失；

（2）吉林市事故应急救援指挥部对水污染估计不足，重视不够，未提出防控措施和要求；

（3）中国石油天然气集团公司和股份公司对环境保护工作重视不够，对吉林石化分公司环保工作中存在的问题失察，对水污染估计不足，重视不够，未能及时督促采取措施；

（4）吉林市环保局没有及时向事故应急救援指挥部建议采取措施；

（5）吉林省环保局对水污染问题重视不够，没有按照有关规定全面、准确地报告水污染程度；

（6）环保总局在事件初期对可能产生的严重后果估计不足，重视不够，没有及时提出妥善处置意见。

此次事故对12名事故责任人给予党纪、政纪处理。

7.3.2 石油化工储存火灾应急救援案例——新疆独山子在建原油储罐特大爆炸事故

7.3.2.1 事故经过

2006年10月28日19时16分，中国石油天然气股份有限公司独山子石化分公司在建的10万立方米原油储罐内浮顶隔舱在进行刷漆防腐作业时，发生爆炸。该工程是由安徽省防腐工程总公司承包施工，造成13人死亡、6人轻伤。

施工单位安徽省防腐工程总公司成立于1989年12月31日，注册资金1500万元，注册经济类型为集体经济；2002年6月28日，获建设部颁发的防腐保温工程专业承包一级资质；2004年12月28日获安徽省建设厅颁发的安全生产许可证。

发生爆炸事故的原油储罐为浮顶罐，全高21.8m，全钢材质结构。储罐的浮顶为圆盘状，内径80m，高约0.9m，从圆盘中心向外被径向分隔成1个圆盘舱（半径为9.6m）和5个间距相等、完全独立的环状舱，每个环状舱又被隔板分隔成个数不等的相对独立的隔舱，每个隔舱均开设人孔。事故发生前，储罐在进行水压测试，储罐内水位高度约13m。2006年10月28日，安徽省防腐工程总公司在原油储罐浮顶隔舱内进行刷漆作业的施工人员有27人，其中施工队长、小队长及配料工各1人，其他24人被平均分为4个作业组。防腐所使用的防锈漆为环氧云铁中间漆，稀料主要成分为苯和甲苯。当日19时16分，在作业接近结束时，隔舱突然发生爆炸，造成13人死亡、6人轻伤，损毁储罐浮顶面积达850m²。

7.3.2.2 事故原因

事故的直接原因是：

（1）在施工过程中，安徽省防腐工程总公司违规私自更换防锈漆和稀料，用含

项目7　石油化工火灾应急救援技术及案例　　·177·

苯及甲苯等挥发性更大的有机溶剂替代原施工方案确定的主要成分为二甲苯、丁醇和乙二醇乙醚醋酸酯的防锈漆和稀料，在没有采取任何强制通风措施的情况下组织施工，使储罐隔舱内防锈漆和稀料中的有机溶剂挥发、积累达到爆炸极限；

（2）施工现场电气线路不符合安全规范要求，使用的行灯和手持照明灯具都没有防爆功能。

初步判定是电气火花引爆了达到爆炸极限的可燃气体，导致这起特大爆炸事故的发生。

事故的间接原因如下。

（1）负责建设工程施工单位安全管理存在严重问题。安全管理制度不健全，没有制定受限空间安全作业规程，没有按规定配备专职安全员，没有对施工人员进行安全培训；作业现场管理混乱，在可能形成爆炸性气体的作业场所火种管理不严，使用非防爆照明灯具等电气设备，施工现场还发现有手机、香烟、打火机等物品；施工组织极不合理，多人同时在一个狭小空间内作业。

（2）负责建设工程监理的公司监理责任落实不到位。该公司内部管理混乱，监理人员数量、素质与承揽项目不相适应，监理水平低；对施工作业现场缺乏有效的监督和检查措施，安全监理不规范，不能及时纠正施工现场长期存在的违章现象。

7.3.2.3　案例评析

这起特大事故性质恶劣，伤亡惨重，教训极为深刻。各地、各有关单位要深刻吸取教训，采取有效措施，切实加强在建工程的安全生产工作，防止类似事故的发生。

（1）各地、各单位组织对在建工程施工的安全检查，切实做好在建工程的安全管理。工程建设期间，建设单位、施工单位和监理单位要认真贯彻《安全生产法》《建设工程安全生产管理条例》等法律法规的有关规定，落实各项安全规章制度，明确各自的安全管理职责。真正做到施工作业现场安全共同管理，各负其责，确保在建工程的安全施工。

（2）建设单位要加强对建设工程全过程的安全监督管理，通过招投标选择有资质的施工队伍和工程监理。所选单位安全管理制度要健全，具有较丰富的工程经验，人员安全素质较高。加强施工过程中对施工单位、监理单位安全生产的协调与管理，持续对施工单位和监理单位的安全管理和施工作业现场安全状况进行监督检查。发现施工现场安全管理混乱的要立即停产整顿，对不符合施工安全要求和严重违反施工安全管理规定的，要坚决依法处理。建设单位要切实加强对承包方的监管，不能"以包代管"，要安排专人监督承包方安全制度执行情况，及时发现纠正承包方的违章行为。要发挥建设单位安全管理、人才、技术优势，共同做好在建工程的安全工作。

（3）施工单位要增强安全意识，完善安全管理制度，强化施工现场的安全监管，大力开展反"三违"活动。针对施工单位从业人员安全意识不强、人员流动性大等情况，要加大安全培训力度，提高从业人员安全素质。要加强施工现场安全监管力度，及时发现、消除事故隐患，及时纠正"三违"现象，切实做到安全施工。

（4）监理单位要严格执行建设部《关于落实建设工程安全生产监理责任的若干意见》的有关要求，认真落实建设工程安全生产监理责任。加强施工现场安全生产巡视检查，规范监理程序和标准，对发现的各类安全事故隐患，及时通知施工单位，并监督其立即整改；情况严重的，要求施工单位立即停工整改，并同时将有关情况报告建设单位。

（5）各地、各单位要高度重视受限空间作业安全问题，加强对进入容器等受限空间作业的安全管理。防腐刷漆作业要贯彻执行《涂装作业安全规程有限空间作业安全技术要求》（GB 12942—2006）等标准和规定，对受限空间作业危险有害因素进行全面辨识，采取有效的防范措施，确保作业安全。

（6）各地要继续深化建设施工安全专项整治工作。对已取得资质证书和安全生产许可证的施工企业开展"回头看"专项检查，发现降低安全生产条件的，责令限期改正，对经整改仍未达到与其资质等级相适应安全生产条件的，责令停业整顿，降低其资质等级，直至吊销资质证书和安全生产许可证。

7.3.3 化工生产装置火灾扑救与救援案例——九江市"1·24"星火化工厂火灾扑救

7.3.3.1 事故经过

2015 年 1 月 24 日 19 时 51 分，江西省九江市永修县消防大队接到报警，称永修县星火有机硅厂合成装置发生爆炸起火，火势燃烧猛烈。永修大队接警后，立即出动 3 辆消防车、1 辆指挥车、20 余名消防员，同时调派星火化工厂专职消防队 4 辆消防车赶赴现场。在出动过程中，大队随即向支队指挥中心报告情况并请求增援。支队接到报告后，立即调派共青城、德安、柴桑区、特勤、保障、武宁、港兴路、前进路共 8 个大（中）队 12 辆消防车、100 余名消防员进行增援。22 时 30 分，火势基本得到控制。1 月 25 日 24 时，大火被彻底扑灭，永修大队、共青大队留守，其他增援力量陆续撤离现场。1 月 25 日 4 时，经有机硅厂技术人员确认，合成装置已稳定，无复燃复爆危险，现场留守人员全部撤离。

7.3.3.2 基本情况

A 地理位置

星火有机硅厂位于九江市永修县艾城镇，厂区西临昌九高速公路，南临永修县云居山经济开发区管委会，东面、北面为星火化工厂生活区，厂区距永修县公安消防大队约 19km，距九江市约 70km。

B 起火装置基本情况

起火装置为星火厂的有机硅单体 10 万吨合成装置，装置分 A、B、C 三个区域，A 区与 B、C 区中间有 8m 的过道。其中，A、B 区为 6 层，高 20m 左右；C 区为 9 层，高 33m 左右。

C 有机硅合成装置

硅粉、铜粉和氯甲烷加热后，进入流化床内反应生成一、二、三甲基氯硅烷，

项目7　石油化工火灾应急救援技术及案例　　　　　·179·

再经过洗涤塔、中间塔生成有机硅粗单体。燃烧的位置主要在 C 区流化床顶部的管道，管道内的物质 90%（质量分数）为二甲基二氯硅烷。

D　理化性质

二甲基二氯硅烷为无色液体，易溶于苯和醚，在潮湿空气中会发烟，有毒，对呼吸道和眼睛、皮肤有强烈刺激作用，闪点为 -8.9℃，易燃，遇明火、高热或与氧化剂接触，有引起燃烧爆炸的危险。

E　现场水源情况

起火装置 500m 范围内有室外消火栓 12 个，环状管网，管径 300mm。厂区内消火栓增压后达到 0.8MPa 以上。起火装置周边有固定炮 4 架，使用正常。厂区东面有一个 800 立方米的蓄水池。

F　现场天气情况

当天小雨，气温 6~13℃，偏北风，风力 2~3 级，风速 3m/s。

7.3.3.3　扑救经过

A　第一阶段：灾情侦察，疏散周边群众，设置警戒区

20 时 13 分，大队指战员到达现场。起火装置仍在不断发生爆炸，经侦察得知，爆炸起火部位为 C 区生产装置的流化床顶部，爆炸导致大量导热油泄漏形成流淌火在 B 区装置燃烧，并蔓延至连通 A 区的生产管线。各工艺段尚有 90 余吨物料和其他各类易燃易爆化工原料和衍生产品。

20 时 23 分许，永修县主要领导及分管领导相继赶到现场，现场迅速成立以消防、安检、环保、公安、园区等部门组成的火场指挥部，并立即启动应急预案，火场指挥部根据现场情况，迅速下达命令：

（1）立即确认人员被困情况，组织现场人员疏散，并将北面下风方向 2km 内的村民疏散至安全区域；

（2）在没有确认火场无连续爆炸前，灭火力量集结在外部做好灭火准备；

（3）要求公安、交警在起火单位现场 1500m 外进行警戒；

（4）要求厂部的负责人及工程技术人员迅速对现场进行侦察，了解爆炸起火装置的情况。

B　第二阶段：果断出击，控火抑爆

20 时 56 分许，经厂部的技术人员确认化工装置暂时无爆炸危险，并对起火装置进行了关阀断料。此时，支队队长率支队全勤指挥部和共青、德安中队增援力量先期赶到现场。其他增援力量陆续赶到，支队全勤指挥部根据现场情况，迅速做出战斗部署：永修、共青、企专队五辆消防车迅速进入厂区，在上风方向对起火装置进行控火、冷却；永修中队高喷车在火场东面设立水枪阵地，单干线两出水堵截火势向 A 区蔓延；共青中队高喷车架设移动炮同永修中队 8t 水罐车双干线三出水，在南面设立阵地对 B、C 区装置进行冷却灭火；企专队高喷车在火场西面设立水炮阵地对 C 区装置进行冷却抑爆，企专队水罐车向高喷车供水；厂区内部开启固定水炮对 B 区装置进行冷却灭火。同时，设立安全观察哨，明确所有参战力量的撤离信号，其他增援力量在厂区外做好供水及力量轮换准备。

C 第三阶段：科学决策，合理部署

21 时 50 分许，总队全勤指挥部到场，并第一时间会同厂方技术人员深入装置区侦察核实情况。经侦察，爆炸导致 B、C 区火势燃烧猛烈，现场火势如果得不到有效控制，各工艺段的物料和其他易燃易爆化工原料储罐将会有燃烧爆炸的危险。

根据灾情侦察情况，火场总指挥迅速命令支队调整力量；东面由港兴路中队增设一门遥控炮对 B 区装置进行冷却灭火，柴桑区水罐车占据消火栓向港兴路中队供水。南面共青中队高喷车转移阵地，在靠近 B 区装置的位置，利用高喷车载炮对装置较高的火点进行打击；特勤中队 A 类泡沫车出一支泡沫枪对 B 区南面装置底部的流淌火进行泡沫覆盖；永修中队水枪阵地更换移动炮对 B 区装置进行冷却抑爆。西面企专队继续对 C 区装置进行冷却，并启动厂区临时高压供水系统。保障大队照明车在起火装置东南面对火场进行照明，6t 泡沫车进入现场做好准备。同时，指定专人会同厂方技术人员采取氮气填充等工艺实施灭火，命令下达后，战术措施逐渐发挥作用，火势得到有效控制。

D 第四阶段：全面进攻，扑灭火灾

22 时 30 分许，B 区装置及地面流淌火被基本扑灭。C 区顶部的火势由于位置较高，除了高喷车载炮，其他灭火力量无法有效扑救，火场总指挥再次调整力量，在 B 区装置南面增调企专队高喷车利用车载炮与共青高喷车合力向 C 区顶部进攻，永修中队撤下移动炮向企专队高喷车供水，西面企专队高喷车车载炮替换移动水炮向 C 区顶部进行全面总攻，其他固定炮和移动炮继续冷却生产装置。1 月 25 日 24 时左右，大火被彻底扑灭。

7.3.3.4 案例评析

在此次火灾扑救中，总队、支队、大队各级指挥员能够根据厂方技术人员提供的依据和火场实际情况，迅速做出判断和指挥，灵活运用技战术措施，落实各项安全防护措施，控火抑爆，防止了连环爆炸恶性事故的发生。

此次火灾具有如下特点：

（1）物料易燃、易爆，有毒害性，有机硅合成装置内的物料比较复杂，特别是氯甲烷，是可燃的有毒气体，与空气混合能形成爆炸性混合物，遇火花或高温能引起爆炸；

（2）易形成立体火灾，生产装置内存有大量的易燃物料，且生产设备高大、呈立体分布，框架结构空洞较多，一旦初期火灾控制不力，就会使火势沿上、下、左、右迅速扩展，从而形成大面积火灾。

通过分析可知，灭火救援中暴露出以下几点问题：

（1）全程落实安全防护措施不到位。由于灭火阵地处于上风方向，且猛烈燃烧部位较高，靠近火场底部灭火的部分指战员没有佩戴空气呼吸器，部分指战员在战斗过程中个人防护装备未全程佩戴，安全防护意识还不够强；

（2）指挥通信网络不统一，由于现役队和专职队使用对讲机的型号和频率不一致，导致在整个灭战斗过程中经常出现指挥不畅通，无法有效地将指挥部的战斗命令贯彻到所有救援人员中；

项目7　石油化工火灾应急救援技术及案例　　　·181·

（3）应急响应缺乏操作性，化工厂生产工艺流程复杂、储存的化工产品种类较多，大队、支队未与厂部工程技术人员确定联系方式和制定各种突发的应急预案，导致发生火灾时应急预案与实际不符，且不能第一时间与工程技术人员沟通，影响初期处置。

7.3.4　石油化工常温常压储罐火灾应急救援——上海市"7·25"石化油罐爆燃火灾扑救

7.3.4.1　事故经过

2014年7月25日10时35分，中国石化上海石油化工股份有限公司保水务部湿式氧化车间含油污水装置调节D813号罐，因工人违章操作爆炸起火，发生火灾。市应急联动中心接警后，先后调集金山、化工、奉贤、特勤4个支队、13个中队、1个战勤保障大队共66辆消防车、300余名消防救援人员，以及公安、医疗救护等社会联动力量赶赴火场处置。同时，由于着火油罐处于上海浙江边界，西北侧均为浙江地界，浙江消防总队嘉兴支队也接到辖区群众报警，并先后调派9个中队共18辆消防车、71名消防员按照跨区域应急救援预案赶赴增援。事故发生后，上海金山区领导、市消防总队领导及总队全勤指挥部及战区全勤指挥部在火灾发生后以最快的速度相继赶到火灾现场听取汇报，审判灾情，科学决策，指挥作战。经过全体救援人员近2h的奋力扑救，明火于11时55分熄灭。

7.3.4.2　基本情况

A　单位基本情况

中国石化上海石油化工股份有限公司环保水务部湿式氧化车间位于北随塘河路3621号，负责上海石化炼化部各装置、罐区和码头等排出的含油污水的处理，使处理后的污水水质达到环保中心污水生化处理装置的进水要求。含油污水集中处理装置设计规模为处理含油污水1200t/h（2.88万吨/日），目前实际处理能力为800t/h（1.92万吨/日）。

B　爆炸着火的油罐概况

燃烧区域为含油污水装置调节D813号罐，该罐主要负责对含油污水的储存和油水分离。油罐类型为立式拱顶罐，罐体高度为25m，直径为35m，罐中心有直径为9m的内罐，与外罐相流通，装有油水分离装置，主要功能为回收浮油。满罐容积为$2.0 \times 10^4 m^3$，发生爆炸燃时罐内存有含油污水5500t左右、浮油500t左右。

C　燃烧物质理化性质

调节罐中的含油污水主要来源于储运部，储存的主要是含水的重油。重油常态下为暗黑色液体，相对密度为0.82~0.95，不溶于水，燃烧热值高，并产生刺激性、有毒气体。

D　消防设施及水源情况

厂区内消防设施：厂区内设置稳高压消防水系统，管网呈环状布置，管网压力为0.8~1.0MPa；着火单位内有地上消火栓14个，管径300mm；起火罐体安装有固定式液上泡沫灭火系统，在罐体东南侧，共 8 个供液口，供液口为 65mm 内扣。

厂区外消防水源：500m 范围内有市政消火栓共 19 个；厂区东侧为随塘河，水源充足。

E　气象状况

当日阵雨，气温 27～35℃，风向南风，风力 4～5 级。

7.3.4.3　扑救经过

A　第一阶段：主动出击，冷却抑爆，积极防御

10 时 35 分，辖区纬九中队在营区发现油罐罐顶发生爆炸，有明火并伴有大量浓烟，立即出动 7 辆消防车赶赴现场。同时，上海市应急联动中心接到报警后，迅速调派金山支队全勤指挥部和金卫、纬三等 4 个中队 5 辆特种车辆前往增援。

10 时 41 分，辖区中队 7 辆消防车、36 名消防员到场，中队指挥员根据火场及到场力量情况，在下达作战命令的同时要求厂区人员做好以下几项工作：

（1）做好厂区的警戒工作，立即划分一个以储罐为中心的 200m 警戒区域；

（2）立即进入厂区油罐监控室侦察液位，并要求厂区负责人及相关技术人员到场，成立技术指导小组，为灭火工作提供技术支持；

（3）要求工作人员立即关闭管道上的排污阀，防止流淌火从管道向其他区域扩散；

（4）通知厂区立即启动消防水泵，确保火场供水不间断。

10 时 44 分，主管中队根据化工火灾事故处置程序，迅速出水对着火罐实施冷却，在罐体周边架设 3 门移动炮和 1 门车载炮对着火罐实施冷却，防止罐体变形。

10 时 45 分，第一时间出动的纬六、金卫、纬八、纬三、直属 5 个中队 29 辆消防车相继到场，现场爆燃油罐正处于敞开式猛烈燃烧阶段，罐体顶部已有部分变形，全体指战员英勇顽强，冒着猛烈的辐射热和罐体爆炸的危险强攻近战，在油罐的东侧、东南侧、北侧共架设 12 门移动炮、2 门车载炮和 1 门高喷炮燃烧罐进行冷却，防止灾情继续扩大。

B　第二阶段：及时响应，统筹指挥，主动进攻

10 时 48 分，支队全勤指挥部到场，支队长在听取辖区主管中队况汇报之后接领指挥权，立即成立火场指挥部，根据现场情况调整火场战斗部署，命令除部分水炮继续负责冷却之外，其他车辆和水炮全部向罐内喷射泡沫灭火剂，并根据风向变化和现场燃烧态势调整力量部署，对着火罐展开合围态势。

11 时 14 分，化工支队应援车辆到达现场，火场指挥部要求其对着火罐侧下风方向进行补位，化工支队在火场西北侧出 2 门泡沫移动炮打击火势。

11 时 35 分，总队全勤指挥部和支援的 8 个中队相继集结到场，优势兵力基本形成。通过再次核实，得知该油罐内共有含油污水 5500t 左右，其中油品约 500t。经过现场观察，火势已经明显处于下降态势，火场指挥部随即部署灭火力量，调整后续力量继续不间断地对着火罐实施冷却抑爆。在着火罐南侧和东北侧各部署 1 门高喷车载炮，在西侧和东侧分别部署 3 门泡沫移动炮，并遵循以固为主、固移结合的油罐火灾灭火原则，通过固定液上泡沫喷射系统向罐内灌注抗溶性泡沫，并根据油罐面积和泡沫的供给强度计算出一次灭火需要的泡沫量和灭火供水量，准备了数

倍灭火强度的灭火力量。总攻条件具备后，现场总指挥发出总攻命令，11 时 55 分大火被一举扑灭。

C 第三阶段：冷却降温，现场监护，防止复燃

火灾扑灭后，经测温仪检测，着火罐体温度较高，火场指挥部命令，继续对着火罐进行冷却，并对罐内不间断地喷射泡沫，防止发生复燃。同时协调环保部门做好现场检测，防止发生次生灾害。

15 时 15 分，经测温罐体温度降至常温，指挥部将现场交由主管中队继续实施驻防监护，其余车辆返队，战斗结束。

7.2.4.4 案例评析

此次着火单位恰好位于上海、浙江边界，发生火灾后，上海总队先后调集金山、化工、奉贤、特勤等 4 个支队、13 个中队、1 个战勤保障大队共 66 辆消防车、300 余名消防救援人员，以及公安、医疗救护等社会联动力量赶赴火场处置。浙江总队接到辖区群众报警后，先后调派 9 个中队共 18 辆消防车、71 名指战员，按照跨区域应急救援预案赶赴增援。经过全体官兵近 2h 的奋力扑救，大火被彻底消灭并对罐体持续冷却至常温，圆满地完成抢险救援任务。

此次火灾具有以下特点：

（1）发生爆炸油罐呈敞开燃烧态势，燃烧速度快，火焰高、火势猛，热辐射强，易引起相邻装置及其他可燃物的燃烧；

（2）燃烧罐的罐存液位较低，通过燃烧极易蒸发出大量的可燃油蒸气，通过上升气流与空气混合很容易达到爆炸极限形成轰燃或者二次爆炸；

（3）该厂区周围没有环形通道，火场规模大，参战力量多，消防车进退不便，尤其是油罐火灾所需的重型水罐泡沫消防车部署调整较难；

（4）钢结构建筑耐火等级低，钢构件爆炸罐体除拱顶被掀掉外，罐体上部也有部分变形，如果冷却不及时很有可能发生坍塌导致着火油品泄漏，造成大面积流淌火，增加了作战行动的危险性和复杂性。

值得肯定的是，爆炸事故发生后，调派力量充足，各级消防部队快速反应，迅速启动灭火救援预案，第一时间到场、第一时间增援，掌握了作战行动的主动权；各参战力量严格落实作战安全制度，配齐个人防护装备，救援人员到场后首先明确撤退信号，确定好撤退路线，安排观察哨密切监视罐体情况，出现爆炸征兆立即撤离，有效确保了参战力量的自身安全，实现了参战人员零伤亡。

透过这场灭火救援行动，也清楚地意识到以下几个问题。

（1）大型油罐火灾需要大量人员、车辆和灭火剂，多采用跨区域作战战术。大兵团作战具有投入兵力多、作战时间长、指挥协调难度大等特点，需要多次演练磨合。因此，各合作区域应事先确定方案、定期开展演练。特别是对指挥层级等关键问题，应定职、定岗反复操练，避免火场盲目指挥，提高指挥效能。

（2）油罐装置周围一般都设有各类消防设施，如果第一时间使用罐上的消防设施，就能及时遏制火势的发展，控制火灾蔓延，减少经济损失，降低扑救难度。

（3）大兵团作战需要特别强调增援力量的领受任务和指挥意识，避免盲目展

开，导致灭火冷却等力量密集但不均匀，对油罐冷却不全面，不能一次到位，使后期调整力量部署发起总攻增加难度。

7.3.5 石油化工承压储罐火灾应急救援案例——南京市"2·5"天然气泄漏爆炸事故

7.3.5.1 事故经过

2007年2月5日6时15分，江苏南京支队119指挥中心接市局转警：鼓楼区牌楼巷与汉中路交叉路口北侧（金鹏大厦门口）正在施工的南京地铁二号线出现渗水塌陷，造成天然气管道开裂并发生泄漏。指挥中心立即调集了邻近的莫愁路中队、汉中门中队共6辆消防车、31名官兵赶往现场。赶赴现场途中，泄漏的天然气发生爆炸，并迅速向北侧的金鹏大厦蔓延。支队接到莫愁路中队报告后，随即又增调了鼓楼中队、逸仙桥中队、夫子庙中队、特勤一中队共14辆消防车、73名救援人员赶赴现场增援。救援人员冒着高温烈焰，先后从楼内疏散出220余人，营救被困人员10人。7时25分，大火被扑灭。此次救援行动受到了各级党委、政府和人民群众的高度赞扬。

7.3.5.2 基本情况

A 单位概况

金鹏大厦地处南京市新街口闹市区，位于鼓楼区牌楼巷与汉中路交叉路口北侧。其占地面积3000m²，建筑面积 $5.5 \times 10^4 m^2$，建筑高度50m，共19层，3层以下为商业用房，以上为居民住宅楼，地下1层为避风塘、桑拿浴室。室内消火栓每层2个，消防地下水池容量为500t，此外还有50具手提式灭火器、消防泵6台、水泵结合器5套、疏散通道4个。楼内共有住户416户，常住人口约1500人。

B 水源情况

金鹏大厦周围200m内有6个市政消火栓，但因天然气管道爆炸，造成汉中路主干道供水管网损坏，2个市政消火栓无法使用。

C 天然气的理化性质和危险特性

理化性质：无色无臭易燃气体，微溶于水；与氯气、液氧等强氧化剂接触会剧烈反应。天然气含甲烷（体积分数）83%~99%，相对密度为0.55，爆炸极限为5%~15%，自燃点为537℃，沸点为-161℃。

危险特性：极易因受热、火花或火焰作用而燃烧，泄漏的气体易积聚在并会和空气形成爆炸性混合气体，遇高温、容器或原热也可能会发生爆炸。高浓度时，人体吸入会产生头晕，甚至引起窒息；直接接触液化甲烷会严重灼伤皮肤和黏膜。

7.3.5.3 救援经过

A 第一阶段：接警调度

6时15分，南京支队119指挥中心接到市局转警，迅速调集莫愁路中队、汉中门中队共6辆消防车、31名消防员赶往现场。6时19分，泄漏的天然气发生爆炸，

项目7　石油化工火灾应急救援技术及案例　　　　　　·185·

赶往途中的莫愁路中队立即向指挥中心汇报。支队调康大中心接到情况后，当即向支队指挥长、总值班长报告火场情况，支队长政委、副支队长迅速赶往火场组织扑救，并调集邻近鼓楼中队、逸仙桥中队、夫子庙中队、特勤一中队共 14 辆消防车、73 名消防员赶赴现场，支队长在赶赴火灾现场的途中，针对火势变化情况提出以下四点要求：

（1）要全力抢救疏散楼内居民；

（2）要加强冷却保护，防止火势蔓延；

（3）要逐层搜索，扑灭火势；

（4）要加强个人防护，确保自身安全。

B　第二阶段：初战处置

6 时 20 分，莫愁路中队、汉中门中队到场后，迅速组织人员进行战斗和火情侦察，发现汉中路金鹏大厦地下天然气供给主管道破裂爆炸，引起火灾及路面大面积塌方，火焰高达 30 余米，火势直接向北侧金鹏大厦楼上蔓延，情况万分危急。6 时 24 分，支队指挥长赶到现场，立即命令指挥中心与市港华天然气公司联系，要求其迅速关闭汉中路方向的管道供气阀，并联系供电部门切断地下电缆电源。另外，迅速组织莫愁路中队、汉中门中队各出 2 支水枪对金鹏大厦靠近火场一侧进行冷却，组成 4 个搜救小组进入金鹏大厦内部搜救疏散被困人员。

首批力量到达火场进行战斗部署，莫愁路中队一号车占据恰景花园门口一个消火栓出两支枪压制火势，二号车灭火小组穿着隔热服出 2 支水枪冷却、堵截火势向交通银行蔓延。其他号员组成 2 个搜救小组，分别由指挥长带领第一组进入大厦 B 座，由中队长带领第二组进入 C 座。搜救小组佩戴空气呼吸器，携带照明设备及部分破拆工具，逐层进行破拆、疏散、营救被困人员。

在作战行动中，第一搜救小组搜索至 9 层时，发现有 3 人在烟雾较大的楼道走廊无法逃生，其中一名为老人，营救人员迅速给被救人员分发空气呼吸器，背上老人，带领其他两名居民，迅速沿疏散楼梯逃至安全地点；第二组搜索到 3 层时，发现 3005 房间有一住户被困，共 3 人（其中一名为两岁儿童）。该用户睡前已将自家防盗门反锁，由于慌乱钥匙无法找到，房屋浓烟很大，搜救小组立即利用金属切割机破拆防盗门，房门打开后，将多用途空气呼吸器给被救人员佩戴好后，将其快速救至安全地点。2 个营救小组在整个营救行动中，共破拆 12 个房间，疏散被困人员约 160 人，其中营救被困老人、儿童 10 人（因行动不便、烟雾较大，不能及时疏散）。疏散完毕后 2 个搜救小组又利用 3 层、5 层的墙壁消火栓出水枪，对在搜索过程中发现的被外部火势蔓延的相关房间进行了灭火。由于大厦内部供水管网断裂缺水，现场指挥部人员迅速作战部署，将一号车 2 支外部控制火势的水枪移至大厦内部进行内攻灭火，阻止火势蔓延。

汉中门中队一号车停靠在起火点西侧 60m 处，出 2 支水枪，阻止火势向金鹏大厦蔓延；二号车、三号车全部人员组成 2 个搜救小组，由作战参谋带领 1 个小组进入金鹏大厦西侧 A 座搜救 7 层至 18 层的被困人员，由中队指挥员带领 1 个小组搜救地下 1 层至 6 层的被困人员，并指挥水枪消灭房间内的明火，从 A 座疏散出群众 80 余人。

C 第三阶段：搜救灭火

6时45分，总队当日总值班班长赶到现场，组织疏散人员和火灾扑救工作。6时50分至6时55分，支队长、支队政委、支队参谋长先后赶到现场，成立火场指挥部，统一实施灭火指挥工作，命令增援的鼓楼、逸仙桥、夫子庙中队立即组成搜救小组，对金鹏大厦再次进行逐层搜索，疏散人员，扑灭明火。6时59分，天然气管道供气源关闭，天然气管道口喷火熄灭，但金鹏大厦1层门面房及2层至6层有不同程度的明火继续蔓延。

7时05分，江苏总队队长、总队政委先后赶到现场指挥，并亲自深入火场内部查看，随即做出指示："要加强参战人员的个人防护，全力抢救被困人员，阻止火势蔓延。"火场指挥部根据领导指示，立即命令灭火小组迅速扑灭楼内残火，同时利用举高平台车水炮对金鹏大厦正面进行火势压制，消灭阳台、窗户上的明火，形成内外夹攻的态势。7时20分，现场所有明火被扑灭。

7.3.5.4 案例评析

这次火灾发生在闹市区，如果处置不及时，将造成大量居民受灾，以及极大的经济损失和社会影响。南京支队接警后，迅速调集莫愁路、汉中门、建仙桥、太子庙和特勤一中队共6个中队的20辆消防车、104名消防员赶赴现场救援，所有消防员面对高温烈焰，沉着应对，及时关闭气源，疏散救人。由于处置及时得当，没有造成人员伤亡，圆满地完成了此次抢险救援任务。

此次火灾具有以下特点。

（1）火场环境险恶，影响官兵的作战行动。此次火灾源于渗水塌陷，塌陷在路面上形成了一个深15m、长20m、宽13m的大坑，随时可能发生再次塌陷。

（2）形成立体燃烧，大爆裂的天然气管道直径达500mm，火焰呈喷射状燃烧，战斗人员无法靠近。大火不但将周围的树木、临近的门面房和3~6层的居民房引燃，还蔓延到位于地下1层的避风塘、桑拿浴室。从地下到楼上，从A座到C座，作战的范围非常大，扑救难度也大。

（3）经济损失大，社会影响大。火灾造成金鹏大厦内90余户居民受灾，过火房间100余间，直接损失达320余万元。塌陷使南京市新街口地区的供水、供电、供气及通信一度中断，间接损失很大。另外，火灾发生的地点处在南京市最热闹的新街口附近，又是在早上上班时间，如果处置不及时，将造成巨大的经济损失和重大的社会影响。

此次灭火救援之所以顺利完成，得益于调度指挥有力。火灾发生后，重特大火灾事故应急预案启动及时，社会联动部门和人员也相继赶往现场协助进行处置。此次救援除先后调集6个中队共20辆消防车、104名指战员赶往现场外，还调集了2辆50m云梯车、2门克鲁斯炮到现场待命，集中优势兵力于火场，进一步保障了救援工作的有序开展。此次火灾为典型高层、地下、人员密集场所火灾，极易造成大量人员伤亡。参战力量到场后，一方面组织力量阻止火势蔓延，另一方面组织多个搜救小组进入大厦逐层搜救人员。由于营救及时，没有造成人员伤亡。

项目7　石油化工火灾应急救援技术及案例　　　　·187·

7.3.6　公路运输常压危险品事故应急救援案例——铜川市油罐车爆燃事故

7.3.6.1　事故经过

2014年3月25日19时20分，陕西省铜川市消防支队119指挥中心接到群众报警称，在西延高速西耀段K786+800m处，1辆由陕北开往西安方向的载有30t汽油的罐车在铜川赵氏河大桥爆炸起火。现场火势凶猛，远在10余公里外的市区都能看到滚滚浓烟连天接地。经过全体救援人员近3个小时的奋力扑救，大火终被扑灭，不仅保住了赵氏河大桥的安全，也保证了陕北、内蒙古石油煤炭能源运输要道的畅通。

7.3.6.2　基本情况

A　现场情况

赵氏河大桥于2013年建设完工并正式通车，大桥全长1857m，距地面高度约为106m，为双向六车道。大桥横跨铜川和咸阳，是铜川、延安、榆林、鄂尔多斯等地石油、煤炭等能源运输的重要通道。事故发生时，油罐车撞开中间隔离带，逆向滑行100余米在赵氏河大桥上发生爆炸燃烧，罐体与车头分离，罐体破裂，罐体瞬间被大火覆盖，泄漏的汽油形成流淌火在桥面开始猛烈燃烧，并引起桥下植被着火。剧烈的爆炸致使大桥水泥护栏出现裂缝，如果不及时处置，很有可能发生再次爆炸，同时引起森林火灾，情况万分危急。

B　汽油的理化性质

汽油是淡黄色易流动液体，具有黏性较小、流动性好、蒸气压低、挥发性强、闪点低等特点，当其在空气中含量为74~123g/m³时，与空气混合能形成爆炸性混合物，遇明火、高热能引起燃烧爆炸。其蒸气密度比空气密度大，能在较低处打散到很远的地方，遇火源引起回燃。此类火灾爆炸具有危险性高、燃烧速度快、放热量大、破坏性强等物理特性。

7.3.6.3　救援经过

火灾发生后，支队迅速启动市级跨区域灭火应急救援预案，第一时间调集特勤、王益、印台、耀州4个中队火速赶赴现场灭火，并将现场情况及时向省消防总队、市委、市政府、市公安局进行了汇报。同时，支队长、政委全勤指挥部随行出动。

19时40分，支队特勤中队作为辖区力量第一时间到达事故现场，此时油罐车已经发生爆炸，罐体正猛烈燃烧，流淌火在桥上和桥下四处蔓延。中队指挥员果断下达作战命令：

（1）副中队长带2名消防员着避火服深入现场进行侦察，水枪手做好掩护工作；

（2）利用高喷炮对罐体进行冷却，出2支水枪对流淌火进行阻截；

（3）副中队长带领2名消防员联系协调高速公路交通大队做好警戒工作，进行双向车辆管控，划定警戒区域；

（4）及时向119指挥中心反馈现场情况，并请求增援。

20时10分，支队长、政委率支队全勤指挥部及耀州中队增援力量赶到事故现场，现场迅速成立指挥部，指挥部下设灭火组、警戒组、政治鼓动组、后勤保障组，支队长任灭火总指挥、参谋长任前沿灭火指挥长。政治处主任任政治鼓动组组长、后勤处长任后勤保障组长。指挥部听取了第一时间到场的指挥员汇报火场基本情况及初期采取的处置措施。指挥长带领2名同志深入着火罐体附近进行火情侦察，并着重查看爆炸后桥面裂痕的情况。经再次侦察和讨论灭火方案指挥，指挥部随即下达作战命令。

（1）耀州中队出1支水枪、1支泡沫管枪，1台移动水炮从北面对火势进行压制和冷却；特勤中队出2支水枪、1台车载泡沫炮从罐体南面压制和冷却，尝试扑灭大火；其他车辆做好供水和泡沫供给准备。

（2）设立安全哨，随时观察罐体燃烧情况，防止发生二次爆炸。

（3）协调高速公路交通大队疏导堵塞车辆有序撤离。

（4）及时调集泡沫，确保灭火充足用量。

（5）将现场情况向总队指挥中心进行汇报，请求西安、咸阳临近支队做好增援准备。

参战人员迅速各就各位，水枪、水炮直击火魔，但由于火势过于凶猛，车载的50t水、4t泡沫很快近乎用完，水和泡沫的供给速度远远不能满足现场灭火需要，中队增援力量仍在赶赴途中，火灾扑救一时陷入僵持阶段。此时，指挥部下令暂时后撤，只留2支水枪对罐体进行冷却，等待增援力量到来再发动总攻。

20时40分，中队增援力量到达现场，对前线作战人员进行替换和补充。

20时50分，铜川市市长、副市长、市公安局局长等领导赶到事故现场，指导火灾扑救工作，政委汇报了火灾的情况及消防支队采取的措施。市长马上做出指示，同意先期处置方案，积极协调各方力量做好油罐车火灾扑救工作，防止事故进一步扩大，同时要坚决做好安全防护工作，确保作战人员自身安全。

21时，20t泡沫调集到位，指挥部审时度势对现场力量进行重新布置和调整，确定总攻作战方案。特勤中队利用高喷车载泡沫炮从南面发动进攻，耀州中队出2支泡沫管枪从北面发动进攻，中队利用2门移动水炮对罐体实施冷却，同时出4支水枪对前线作战人员进行冷却和保护，其余车辆做好泡沫、水的供给工作。21时10分，总攻正式发起，所有救援人员团结协作，抓住这一有利时机，逐步有序推进。后方保护人员也及时利用开花水枪向前方救援人员和车辆进行不间断的喷水降温保护。经过近230分钟的艰苦鏖战，21时33分大火基本被扑灭。按照现场指挥部的指令，救援人员继续出2支泡沫枪对火场进行全覆盖，彻底消除残火。

21时47分，经过全体消防员3h的奋力扑救，大火终于被彻底扑灭。随后，辖区特勤中队派2辆消防车留守现场防止火势复燃，并做好倒罐的监护工作。26日凌晨5时，倒罐成功。

7.3.6.4　案例评析

陕西铜川消防支队119指挥中心接到报警后，先后调集新区特勤中队、王益中队、耀州中队、印台中队共4个中队的77名消防员、11辆消防车参加灭火战斗，共计用水约161.5t、泡沫约14.5t。大火经过全体参战官兵近3h的奋力扑救终被扑灭，保住了越氏河大桥的安全，保证了陕北、内蒙古地区石油、煤炭等能源运输重要通道的畅通，事故处置得到了各级领导和人民群众的高度肯定。

此次灾害事故的特点如下。

（1）位置特殊，社会影响大。赵氏河大桥位于西延高速铜川出口处约 2km 处，是通往陕北能源基地的重要干道，一旦大桥发生坍塌事故，会导致交通瘫痪，将造成无法估量的经济损失。同时，大桥与市政府直线距离约 5km，浓烟和大火在市区内清晰可见，如果不及时处置，将造成不良的社会影响。

（2）火灾危险性高。在支队到达现场前，油罐车已发生了 3 次爆炸事故，经侦察发现，桥面已出现几处不同程度的裂痕，如果不及时控制火势，会造成更大程度的火灾爆炸事故发生，且桥面很有可能因爆炸造成的巨大冲击力发生坍塌，爆炸和坍塌的危险随时威胁着消防员的生命安全。

（3）火灾扑救困难。该起火灾是由汽油罐车侧翻引起的爆炸起火，桥面流淌火较多，需要泡沫全面覆盖；并且火灾发生地点位于高架桥，场地狭窄，作战空间较小。

（4）供方式单一。因高速路高架桥远离市区，附近无水源供给，供水只能依靠消防车和市政洒水车运水供水，火场供水难度较大。

在灾害处置中，火场指挥部能适时根据现场情况审时度势，合理调整部署作战力量，正确判断、科学扑救，为成功扑救本次火灾奠定了坚实的基础。在战斗中，全体参战官兵面对极度危险的油罐爆炸泄漏火灾，毫不畏惧，表现出了消防救援人员过硬的业务和心理素质；同时全勤指挥部始终坚持靠前指挥，多次冒险进入现场侦察，激发了全体消防员的参战斗志，增强了必胜的信心和决心。

很遗憾，这场救援也有不尽如人意之处。

（1）政府应急联动机制还需要提升。本起火灾暴露了政府在应急联动机制建设中存在的诸多问题。例如，联动单位的到场时间较晚、携带装备器材较少，火场任务分工不明，市政管网局部临时加压压力不足等问题。

（2）灭火药剂储备不够充分。初战力量对火灾危险性预判不够准确，在增援力量到场之前，火场供水和泡沫的供给无法满足火场需求，致使明火被扑灭后再度复燃，拉长了作战时间。

（3）个人防护装备存在佩戴不齐全的情况。部分消防员还存在手套、头灯、呼救器等佩戴不齐全的现象，忽视自身安全防护。

（4）应急通信保障能力建设有待加强。本起火灾内部通信相对畅通，火场指令的上传下达较为及时准确。但和社会联动单位之间的通信不畅，在一定程度上延误了灭火战机。

7.3.7 公路运输储压危险品事故应急救援案例——洛阳市"10·11"液氨槽车泄漏事故

7.3.7.1 事故经过

2013 年 10 月 11 日 19 时 07 分，河南省洛阳市洛龙区王城大道与牡丹大道交叉口 1 辆满载 26t 液氨的槽罐车发生泄漏，现场弥漫大量氨气。洛阳市公安消防支队接到报警后，先后调集 5 个公安消防中队和 1 个战勤保障大队共 19 辆消防车、110 多名消防员前往现场进行处置，支队长、副支队长、参谋长、后勤处长带领支队全勤指挥部到场指挥。市委常委、政法委书记、副市长、政府副秘书长等市领导也先后亲临现场指挥战斗。在全勤指挥部的正确指挥下，公安、安监、交通、环保等有关部门及技术专家积极配合，参战官兵经过 8h 的艰苦奋战，成功处置了该起事故，未造成人员伤亡。

7.3.7.2 基本情况

A 事故情况

事故槽车车长 17.5m、宽 2.49m。槽车储罐长 12.99m、直径 2.52m，形状为圆柱体。罐顶前、后共有 2 个内置安全阀，安全阀突出罐体 0.11m。储罐设计容量为 44.4m³，核载为 23.1t。该车是由汝阳开往焦作途经市区走至王城大道时，司机在慢车道停车休息，槽罐内安全阀突然出现故障，导致液氨泄漏。经市民提醒后，司机立即报警。

经调查，事故发生时罐内装有液氨 26t，系超载状态。事故原因是槽车在行进过程中，路面颠簸，加速了液氨蒸发，罐内压力增高至 14MPa，超过 10MPa 的安全压力，引发位于罐顶后部的安全阀门损坏，发生泄漏。

B 周边情况

事故现场位于洛阳市洛龙区王城大道与牡丹大道交会处南 150m 东侧非机动车道，东侧一渠之隔为洛阳市一级重点单位红星美凯龙和居民区，西侧为洛阳市理工学院南校区、国宝花园住宅区。事故路段王城大道为洛阳市南北交通大动脉，事发时该路段正是人流和车流的高峰期。

C 当日气象

当日夜间气温 16℃，风力 2 级，风速为 2m/s，风向东北风。

D 液氨的理化性质

液氨是一种无色液体，有强烈刺激性气味，分子量为 17.03，密度为 0.7714g/L，熔点为 -77.7℃，沸点为 -33.35℃，自燃点为 651.11℃，蒸气的相对密度为 0.6，蒸气压为 1013.08kPa（25.7℃），蒸气与空气混合物爆炸极限为 16% ~ 25%（最易引燃浓度为 17%）。氨气作为种重要的化工原料，应用广泛，为运输及储存便利，通常将气态的氨气通过加压或冷却得到液态氨。

液氨不能与乙醛、丙烯醛、硼、卤素、环氧乙烷、次氯酸、硝酸、汞、氯化银、硫、锑、过氧化氢等物质共存。氨在 20℃ 水中的溶解度为 34%。25℃ 时，在无水乙醇中溶解度为 10%，在甲醇中溶解度为 16%，溶于氯仿、乙醚，它是许多元素和化合物的良好溶剂。其水溶液呈碱性，水溶液 pH 值为 11.1。氨和空气混合物达到上述浓度范围遇明火会燃烧和爆炸，如果有油类或其他可燃性物质存在，则危险性更高。与硫酸或其他强无机酸反应放热，混合物可达到沸腾。

7.3.7.3 救援经过

A 第一阶段：迅速调集力量，科学部署警戒，严控事态发展

接到报警后，支队 119 指挥中心一次性调集特勤一中队、体育中心中队、特勤

二中队3个中队赶往现场处置，同时报告支队全勤指挥部，协调公安、安检、交通、环保等相关联动部门配合处置。

19时11分，主管中队特勤一中队到场，大队指挥员也随车到达，在离现场还有200m左右的位置便能闻到强烈的刺激性气味。随即迅速派出精干小组立即进行侦察，经询问发现泄漏物质为液氨（共26t），泄漏部位为罐体顶部安全阀处。根据现场情况，大队指挥员下达作战命令：组织2个警戒小组、1个稀释小组和1个攻坚处置小组。警戒组负责封闭警戒泄漏事故现场的两个路口，防止无关人员和车辆进入事故区域中；稀释小组出2支水枪，对泄漏气体进行稀释、水溶；攻坚处置小组在罐车司机的配合下，准备实施关阀堵漏。

19时25分，经现场指挥员通过电话与技术人员沟通，了解到安全阀可以通过震动自动关闭，中队指挥员带领副中队长、中队长助理在技术人员的指导下，通过2节梯登顶，并在水枪的掩护下，利用木制锤子敲击安全阀，试图让其恢复关闭状态。但由于内部压力过大，超出安全压力，安全阀无法通过震动自行关闭，处置失败。

19时27分，洛龙大队体育中心中队在教导员、大队长的带领下到达现场。在了解情况后，中队指导员根据现场情况命令2名消防员佩戴空气呼吸器，单干线出2支开花水枪，进入事故现场进行稀释，同时命令成立警戒组、供水组和后勤保障组，具体由副中队长负责，做好安全警戒、保证空气呼吸器供应，并查找附近500m范围内的消防水源，确保前方不间断供水以及购买毛巾和饮用水等后勤保障工作。

B　第二阶段：扩大警戒范围，科学进行研判，反复实施堵漏

19时41分，支队全勤指挥部到达现场。特勤大队政委带领特勤一中队、体育中心中队指挥员向全勤指挥部汇报现场情况。根据现场情况，支队长果断下令：

（1）挑选精干力量组建抢险救援攻坚组，佩戴好个人防护装备，深入事故现场对泄漏槽罐车进行近距离侦察；

（2）协同配合现场民警，做好防护隔离及周围群众的紧急疏散工作，并沿途扩大警戒范围，明确警示标志；

（3）将现场情况向市政府汇报，请求启动应急联动预案，调集公安、交警、安检、环保、卫生等联动单位力量增援，同时联系槽罐车厂家技术人员火速赶赴现场。

参谋长命令战训科长、特勤一中队中队长和技术人员3人成立堵漏小组，并携带堵漏工具进入事故现场，对泄漏安全阀实施手动关闭，特勤一中队、体育中心中队各出1门自摆炮负责稀释掩护，特勤一中队副中队长担任观察员负责观察现场情况。因泄漏时间过长，安全阀已经结冰冻死，安全阀无法手动关闭。

在处置过程中，由于泄漏压力增大，安全阀突然发生崩盖儿，氨气大量泄漏，泄漏点冲起7m多高的白雾，事故现场弥漫大量氨气。安全员立刻发出撤离信号，参谋长命令全体人员撤出事故现场。同时迅速调整战斗力量，命令体育中心中队和特勤一中队所有车辆停在距槽罐车200m以外，利用2具遥控水炮对事故现场和泄漏处进行稀释。体育中心中队副中队长负责利用洛阳理工学院东教学楼消火栓确保前方不间断供水，同时调集战勤保障大队充气车到场负责保障空气呼吸器供应。

21时50分，在手动关阀失败的情况下，现场指挥部决定组织攻坚组，利用强

力堵漏胶进行堵漏，攻坚小组分为 2 组，一组由参谋长带领 2 名成员，一组由战训科科长带领 2 名成员。攻坚组消防员佩戴个人防护装备，携带强力堵漏胶进入现场，登顶实施堵漏。由于堵漏部位温度过低，堵漏胶迅速冷冻后失去堵漏效果，无法有效堵漏。

22 时 35 分，在多种措施均不奏效的情况下，指挥部决定使用湿被褥覆盖泄漏位置的方法，打湿的棉被遇冷结冰，可以延缓泄漏。在参谋长的亲自指挥下，攻坚组再次登顶，利用棉被覆盖泄漏部位。湿棉被在低温下迅速冻结，泄漏量明显减少。

C 第三阶段：严密进行监控，全程实施监护，安全进行转移

成功实施堵漏后，指挥部立即决定迅速将罐车转移至化工厂进行倒罐，并命令特勤一中队出 2 辆水罐车和 1 辆抢险救援车护送槽罐车转移，防止发生意外，其他力量有序撤离。

22 时 52 分，转移的槽罐车在瀛洲桥出现故障抛锚，寸步难行。面对突发情况，指挥部利用事故牵引车将罐车拖离。在牵引车到达之前，调集先期准备撤离的处置力量赶往现场，出水炮稀释降毒，同时增调周山中队增援。消防救援人员充分发扬不怕苦、不怕累的连续战斗精神，再次集结，对泄漏气体进行稀释降毒，同时防止爆炸事故发生。直到牵引车到达，战斗才阶段性宣告结束。之后罐车重新上路，特勤一中队水罐车跟随保护，同时支队全勤指挥部在支队长的带领下，实时对转移路途实施直接指挥。

次日 2 时 25 分，经过近 4h 的艰苦跋涉，罐车终于到达化工厂。指挥部命令特勤一中队监护车辆撤离，由孟津中队接力监护，保证倒罐过程的安全。4 时 25 分，倒罐完毕，全部力量撤离。

7.3.7.4 案例评析

此次液氨槽车泄漏事故抢险救援，情况复杂、危险性大、处置难度大、动用警力多，是洛阳支队近年来参与处置危险化学品灾害事故中比较艰苦、比较危险的一次抢险救援行动。洛阳消防支队接到报警后，先后调集 5 个中队和 1 个战保大队共 19 辆消防车、110 多名消防救援人员前往现场进行处置，支队领导带领全勤指挥部到场指挥。在全勤指挥部的正确指挥下，公安、安检、交通、环保等有关部门及技术专家积极配合，参战官兵经过 8h 的艰苦奋战，成功处置了该起泄漏事故，最大限度地降低了事故的危害，圆满完成了抢险救援任务。

此次液氨槽车泄漏事故特点如下。

（1）事故突发性强。该事故发生在主干道上，正值下班高峰期，事发突然；司机安全意识淡薄，防范能力、处置能力欠缺，经人提醒方知报警。

（2）事故危险性大。事故发生在洛阳新区，位于城市主城区，事故中心 500m 范围内是居民区和大学，人员密集，有上万名群众，路上车流密集，极易引起大量人员中毒、伤亡和区域性污染，一旦发生爆炸燃烧，后果更是不堪设想。

（3）处置困难。液氨具有爆炸、燃烧、毒害、腐蚀等性质，罐车内部压力大，泄漏阀门损坏，周围形成冰冻，现有的堵漏工具无法在高压和低温下操作，给消防处置工作带来了极大的困难。

项目7　石油化工火灾应急救援技术及案例　　　·193·

这起液氨槽车泄漏事故的成功处置如下。

（1）支队在第一时间向相关部门通报情况，洛阳市委市政府各相关部门、洛龙区委书记等相关领导先后到达现场。各级领导积极协调、科学指挥，为这起事故的成功处置提供了强有力的保障。

（2）接警迅速，力量调集充足。接到报警后，支队指挥中心立即调3个中队共19辆消防车、110名指战员前往事故处置现场进行处置。在处置中，根据情况又调集2个中队、1个战勤保障队到场，同时向市政府、公安局和总队报告，确保了泄漏事故的成功处置。

（3）事故发生后，确保支队立即启动相关应急预案，成立指挥部，明确责任，细化分工。依据化学危险品处置辅助决策系统，科学划定警戒范围，疏散周围车辆和人员。不断进行稀释防爆，采取多种方法实施堵漏，设立安全员，加强安全防护，确保了参战官兵的安全。

（4）分工合理，各部门协同作战。消防部门进行堵漏；环保、安检部门进行水样采集，控制、中和消防废水，防止流入江河，对周围空气质量进行监测；槽罐车运输公司和技术人员到场准备倒罐、输转。

（5）敢打必胜，英勇顽强。支队长始终在一线指挥，参谋长带领攻坚组实施堵漏，战训科长、特勤一中队队长担任突击队员，反复实施堵漏。支队科学决策，加强安全防护、加强后勤保障，广大官兵发扬不怕艰险、连续奋战的作风，连续战斗8个多小时，直至安全转移，成功倒罐。

很遗憾，这场救援也存在一些不足之处。

（1）个别官兵安全意识不强，个人防护不到位，未佩戴空气呼吸器深入危险区域。部分中队协同配合意识不强，器材装备准备不到位，人员力量不能及时更换。

（2）上下联络不畅。现场防爆电台不足，前沿指挥人员不能携带安全通信设备，通信联络不畅。

（3）部队开展危险化学品泄漏事故训练较少，官兵处置此类事故不多，实战经验不足。缺少相对应的堵漏器材，支队现有的堵漏器材不能适应高压、低温等特别危险、特别复杂灾害事故的需要，需要及时进行更新，配备。

参 考 文 献

[1] 梁锋，王海勇，任登涛. 化工火灾应急救援技术 [M]. 北京：气象出版社，2017.

[2] 叶继红. 石油化工防火防爆技术 [M]. 北京：海洋出版社，2016.

[3] 罗勇强，杨国宏. 石油化工事故灭火救援技术 [M]. 北京：化学工业出版社，2017.

[4] 王玉晓，石油与化工火灾扑救及应急救援 [M]. 北京：中国人民公安大学出版社，2016.

[5] 何学秋. 安全工程学 [M]. 徐州：中国矿业大学出版社，2000.

[6] 陈英，高峰. 突发性环境污染事故应急监测预案的研究 [D]. 镇江：江苏大学，2007.

[7] 吴大鹏. 石油化工行业安全生产分析 [J]. 当代化工，2007，36（2）：125 – 127.

[8] 赵岩，徐建华. 我国石油化工行业事故风险分析 [J]. 北京大学学报（自然学科版），2017.